土木建筑工人职业技能考试习题集

钢筋工

何仲愈　梁令枝　主编

中国建筑工业出版社

图书在版编目（CIP）数据

钢筋工/何仲愈，梁令枝主编．—北京：中国建筑工业出版社，2014.6
（土木建筑工人职业技能考试习题集）
ISBN 978-7-112-16793-7

Ⅰ.①钢…　Ⅱ.①何…　②梁…　Ⅲ.①建筑工程—钢筋—工程施工—技术培训—习题集　Ⅳ.①TU755.3-44

中国版本图书馆CIP数据核字（2014）第088488号

土木建筑工人职业技能考试习题集
钢　筋　工
何仲愈　梁令枝　主编
*
中国建筑工业出版社出版、发行（北京西郊百万庄）
各地新华书店、建筑书店经销
北京永峥印刷有限公司制版
北京云浩印刷有限责任公司印刷
*
开本：850×1168毫米　1/32　印张：9¾　字数：260千字
2014年9月第一版　2014年9月第一次印刷
定价：**30.00**元
ISBN 978-7-112-16793-7
（25439）

本习题集根据现行职业技能鉴定考核方式，分为初级工、中级工、高级工三个部分，采用选择题、判断题、简答题、计算题、实际操作题的形式进行编写。

本习题集主要以现行职业技能鉴定的题型为主，针对目前土木建筑工人技术素质的实际情况和培训考试的具体要求，本着科学性、实用性、可读性的原则进行编写。可帮助准备参加技能考核的人员掌握鉴定的范围、内容并自检自测，有利于建筑工程工人岗位等级培训与考核。

本书可作为土木建筑工人职业技能考试复习用书。也可作为广大土木建筑工人学习专业知识的参考书。还可供各类技术院校师生使用。

* * *

责任编辑：胡明安
责任设计：张　虹
责任校对：陈晶晶　赵　颖

前　言

随着我国经济的快速发展，为了促进建设行业职工培训、加强建设系统各行业的劳动管理，开展职业技能岗位培训和鉴定工作，进一步提高劳动者的综合素质，受中国建筑工业出版社的委托，我们编写了这套《土木建筑工人职业技能考试习题集》，分10个工种，分别是：《木工》、《瓦工》、《混凝土工》、《钢筋工》、《防水工》、《抹灰工》、《架子工》、《砌筑工》、《建筑油漆工》、《测量放线工》。本套习题集根据现行职业技能鉴定考核方式，分为初级工、中级工、高级工三个部分，采用选择题、判断题、简答题、计算题、实际操作题的形式进行编写。

本套书的编写从实践入手，针对目前土木建筑工人技术素质的实际情况和培训考试的具体要求，以贯彻执行国家现行最新职业鉴定标准、规范、定额和施工技术，体现最新技术成果为指导思想，本着科学性、实用性、可读性的原则进行编写，本套习题集适用于各级培训鉴定机构组织学员考核复习和申请参加技能考试的学员自学使用，可帮助准备参加技能考核的人员掌握鉴定的范围、内容及自检自测，有利于建筑工程工人岗位等级培训与考核。本套习题集对于各类技术学校师生、相关技术人员也有一定的参考价值。

本套习题集的内容基本覆盖了相应工种“岗位鉴定规范”对初、中、高级工的知识和技能要求，注重突出职业技能培训考核的实用性，对基本知识、专业知识和相关知识有适当的比重分配，尽可能做到简明扼要，突出重点，在基本保证知识连贯性的基础上，突出针对性、典型性和实用性，适应土木建筑工人知识与技能学习的需要。由于全国地区差异、行业差异及企业差异较大，使用本套习题集时各单位可根据本地区、本行业、本单位的具体情况，适当增加或删除一些内容。

本书由广州市市政职业学校何仲愈、广州市建筑工程职业学校梁令枝主编。

在编写过程中参照了部分培训教材，采用了最新施工规范和技术标准。由于编者水平有限，书中难免存在若干不足甚至错误之处，恳请读者在使用过程中提出宝贵意见，以便不断改进完善。

编　者

目　录

第一部分　初级钢筋工

第二部分　中级钢筋工

第三部分　高级钢筋工

第一部分 初级钢筋工

1.1 单项选择题

1. 点画线是表示（D）。

A. 地下管道　B. 不可见轮廓线

C. 可见轮廓　D. 定位轴线、中心线

2. 比例尺的用途是（D）。

A. 画直线用的　B. 画曲线用的

C. 截取线段长度用的　D. 放大或缩小线段长度用的

3. 有一栋房屋在图上量得长度为50cm，用的是1∶100比例，其实际长度是（B）。

A. 5m　B. 50m　C. 500m　D. 5000m

4. 力的三要素是（C）。

A. 弯矩、剪力、集中力　B. 力矩、力偶、剪力

C. 大小、方向、作用点　D. 内力、外力、自重

5. 结构平面图内横墙的编号顺序（B）。

A. 顺时针方向从左下角开始编号　B. 从左到右编号

C. 从右到左编号　D. 从上到下编号

6. （A）元素是影响钢筋可焊性的重要元素。

A. 碳　B. 锰　C. 硅　D. 铁

7. 要使构件能够安全、正常工作，除了满足承载力和刚度要求外，还要满足（D）要求。

A. 形状　B. 尺寸　C. 对称性　D. 稳定性

8. 结构自重，是一种（D）荷载。

A. 集中　　B. 特殊　　C. 活　　D. 均布

9. 偏心受压构件中，如纵向只有一个方向偏心，则这种构件叫做（D）。

A. 双向偏心受压构件　　B. 单向偏心受拉构件

C. 双向偏心受拉构件　　D. 单向偏心受压构件

10. 梁搁在墙上，梁端对墙的压力是（A）荷载。

A. 集中　　B. 均布　　C. 线　　D. 活

11. 当含（A）量增加时，钢筋的强度、硬度和脆性随之增加。

A. 碳　　B. 硅　　C. 锰　　D. 硫

12. 电渣压力焊接头每（C）个作为一个检验批，抽取一组做力学性能试验。

A. 500　　B. 400　　C. 300　　D. 100

13. 钢筋的摆放，受力钢筋放在下面时，弯钩应向（A）。

A. 上　　B. 下　　C. 任意方向　　D. 水平或45°角

14. 悬挑构件受力钢筋布置在结构的（B）。

A. 下部　　B. 上部　　C. 中部　　D. 没有规定

15. 柱中纵向钢筋用来帮助混凝土承受压力，钢筋直径不宜小于（B）。

A. 14mm　　B. 12mm　　C. 10mm　　D. 8mm

16. 有抗震要求的柱钢筋绑扎，箍筋弯钩应弯成（B）。

A. 180°　　B. 135°　　C. 90°　　D. 15°

17. 对于双向双层板钢筋，为确保筋体位置准确，要垫（C）。

A. 木块　　B. 垫块　　C. 铁马凳　　D. 钢筋凳

18. 箍筋的间距不应大于（C）。

A. 200mm　　B. 200～300mm　　C. 400mm　　D. 500mm

19. 当柱中全部纵向受力钢筋的配筋率超过3%时，则箍筋直径不宜小于（C）。

A. 12mm　　B. 10mm　　C. 8mm　　D. 6mm

20. 当梁中有两片及两片以上的焊接骨架时，应设置（A），并用点焊或绑扎方法使其与骨架的纵向钢筋连成一体。

A. 横向联系钢筋　　B. 纵向联系钢筋

C. 架立钢筋　　D. 构造钢筋

21. 用砂浆垫块保证主筋保护层的厚度，垫块应绑在主筋（A）。

A. 外侧　　B. 内侧　　C. 之间　　D. 箍筋之间

22. 钢筋搭接处应用钢丝扎紧。扎结部位在搭接部分的中心和两端至少（C）mm 处。

A. 1　　B. 2　　C. 3　　D. 5

23. 绑扎独立柱时，箍筋间距的允许偏差为 ±20mm，其检查方法是（A）。

A. 用尺连续量三档，取其最大值

B. 用尺连续量三档，取其平均值

C. 用尺连续量三档，取其最小值

D. 随机量一档，取其数值

24. 有接头的非预应力受压钢筋截面的面积占钢筋总截面面积的百分率不宜超过（A）。

A. 50%　　B. 40%　　C. 30%　　D. 20%

25. 钢筋在拉力增加时，变形也增加；当卸去拉力，试件能恢复原状。材料在卸去外力后能恢复原状的性质，这一阶段叫作（A）。

A. 弹性阶段　B. 屈服阶段　C. 强化阶段　D. 颈缩阶段

26. 对焊接头合格的要求有（C）。

A. 接头处弯折不大于 4°，钢筋轴线位移不大于 $0.5d$ 且不大于 3mm

B. 接头处弯折不大于 4°，钢筋轴线位移不大于 $0.1d$ 且不大于 3mm

C. 接头处弯折不大于 4°，钢筋轴线位移不大于 $0.1d$ 且不大于 2mm

D. 接头处弯折不大于4°即可

27. 采用电渣压力焊时出现气孔现象时，有可能是（A）引起的。

A. 焊剂不干　　B. 焊接电流不大

C. 焊接电流小　　D. 顶压力小

28. 钢筋焊接时，如电源电压降低5%时，应（D）。

A. 增加电压　　B. 增加钢筋接触压力

C. 增加预热时间　　D. 停止焊接

29. 大、中、小型机电设备要由（C）人员专职操作、管理和维修。

A. 班长　　B. 技术　　C. 持证上岗　　D. 工长指定

30. 钢筋冷拉时效的最终目的是（D）。

A. 消除残余应力　　B. 钢筋内部晶格完全变化

C. 提高弹性模量　　D. 提高屈服强度

31. 钢筋搭接长度的末端与钢筋弯曲处的距离不得小于钢筋直径的（C）倍。

A. 20　　B. 15　　C. 10　　D. 5

32. 钢筋等面积代换适用于（A）。

A. 构件按最小配筋率配筋时　　B. 构件按裂缝宽度控制时

C. 小偏心受压构件　　D. 构件钢筋根数较少时

33. 三检制度是指（C）。

A. 质量检查、数量检查、规格检查

B. 质量、安全、卫生

C. 自检、互检、交接检

D. 工程质量、劳动效率、安全施工

34. 房屋建筑的平面图、立面图、剖面图通常用（B）的比例绘制。

A. 1∶50　　B. 1∶100　　C. 1∶150　　D. 1∶200

35. 建筑剖面图的剖切符号宜注标在（C）。

A. 总平面图　　B. 标准层平面图

C. 底层平面图　　D. 二层平面图

36. “DL”表示（B）。

A. 单轨吊车梁　B. 吊车梁　C. 轨道连接梁　D. 车挡

37. “KL”表示（D）。

A. 基础梁　B. 圈梁　C. 过梁　D. 框架梁

38. “WKL”表示（B）。

A. 基础梁　B. 屋面框架梁　C. 过梁　D. 连系梁

39. “SJ”表示（C）。

A. 承台　B. 桩　C. 设备基础　D. 窗台

40. “DQ”表示（D）。

A. 承台　B. 桩　C. 设备基础　D. 挡土墙

41. “SC”表示（C）。

A. 柱间支撑　B. 天窗架　C. 水平支撑　D. 垂直支撑

42. “KJ”表示（C）。

A. 屋架　B. 托架　C. 框架　D. 钢架

43. “T”表示（A）。

A. 梯　B. 雨篷　C. 阳台　D. 梁垫

44. “YT”表示（C）。

A. 梯　B. 雨篷　C. 阳台　D. 梁垫

45. Φ^R表示（D）钢筋。

A. HPB235（Q235）

B. HRB335（20MnSi）

C. HRB400（20MnSiV、20MnSiNb、20MnTi）

D. RRB400（K20MnSi）

46. 表示（A）。

A. 花篮螺纹的钢筋接头　B. 带半圆弯钩的钢筋搭接

C. 带直钩的钢筋搭接　D. 机械连接的钢筋接头

47. 表示（A）。

A. 接触对焊的钢筋接头（闪光对焊、压力焊）

B. 坡口焊的钢筋接头

C. 坡口平焊钢筋搭接

D. 机械连接的钢筋接头

48. 在多层和高层建筑中，由钢筋混凝土或钢材制成的梁、板、柱承重，墙体只起围护和分隔作用。这样的建筑属于（A）。

A. 框架结构　　B. 砌体结构

C. 钢筋混凝土板墙结构　　D. 框剪结构

49. 竖向承重构件是用砌块等砌筑的墙体，水平承重构件是钢筋混凝土楼板或屋面板。这样的建筑属于（B）。

A. 框架结构　　B. 砖混结构

C. 钢筋混凝土板墙结构　　D. 框剪结构

50. 随着钢筋中碳含量的增加，钢筋的塑性（B）。

A. 提高　B. 降低　C. 不变　D. 影响不大

51. 硅主要作用是提高钢筋的（A）。

A. 强度　B. 韧性　C. 塑性　D. 焊接性能

52. 锰可改善钢筋的（A）。

A. 热加工性质　B. 韧性　C. 塑性　D. 焊接性能

53. 直径在（B）以下的热轧光圆钢筋为盘圆（盘条）形式。

A. 8mm　B. 12mm　C. 10mm　D. 6mm

54. 在任何情况下，受拉钢筋的搭接长度不应小于（A）mm。

A. 300　B. 200　C. 100　D. 250

55. 电渣压力焊工艺主要包括四个过程：（C）。

A. 引弧、通电、电渣、顶压

B. 引弧、电弧、电渣、断电

C. 引弧、电弧、电渣、顶压

D. 引弧、电弧、电渣、卸渣

56. 直螺纹套好后的丝头将表面清理干净，逐个自检，并用螺纹环规进行检查，要求每加工（D）个丝头用通止环检查一次，检查率100%，开始加工的丝头应用钢筋连接套筒进行接头检查。

A. 500　　B. 200　　C. 300　　D. 10

57. 钢筋冷加工安全技术要求，严禁无关人员在操作场地停留，操作人员必须离开钢筋（B）m以外。

A. 5　　B. 2　　C. 3　　D. 10

58. 梁、柱同截面时，柱筋按（A）打弯，其箍筋作相应调整。

A. 1∶6　　B. 1∶2　　C. 1∶3　　D. 1∶5

59. 墙体留洞加固做法：当洞口＞（C）mm的按规定进行加筋。

A. 600　　B. 800　　C. 300　　D. 500

60. 有一构筑物的大样图为1∶20，从图上量得长度为1.5cm，其实际长度是（D）。

A. 1.5cm　　B. 3cm　　C. 15cm　　D. 30cm

61. 在施工图中"M"代表（D）。

A. 窗　　B. 墙　　C. 梁　　D. 门

62. 悬挑构件的主筋布置在构件的（B）。

A. 下部　　B. 上部　　C. 中部　　D. 没有具体的规定

63. 在钢筋混凝土构件代号中，"QL"是表示（A）。

A. 圈梁　　B. 过梁　　C. 连系梁　　D. 基础梁

64. 质量"三检"制度是指（C）。

A. 质量检查、数量检查、规格检查

B. 自检、互检、专项检

C. 自检、互检、交接检

D. 以上都不是

65. 螺纹钢筋的直径是指它的（C）。

A. 内缘直径　　B. 外缘直径

C. 当量直径　　D. 当量直径和内线直径

66. 梁柱中的钢筋和构造钢筋的保护层厚度不应小于（B）。

A. 20mm　　B. 15mm　　C. 10mm　　D. 5mm

67. 《安全生产法》规定的安全生产管理方针是（A）。

A. 安全第一，预防为主　B. 安全为了生产，生产为了安全

C. 安全生产，人人有责　D. 安全生产，预防为主

68. 在没有可靠安全防护设施的高处“2m”以上，含（C）施工时必须系好安全带。

A. 1m　B. 1.5m　C. 2m　D. 2.5m

69. 在同一块脚手板上施工操作的人员不能超过（A）。

A. 1 人　B. 2 人　C. 3 人　D. 4 人

70. 施工现场使用的手持照明灯（行灯）的电压，应采用（B）V 的安全电压。

A. 12V　B. 36V　C. 110V　D. 220V

71. 从事电、气焊作业的电、气焊工人，必须戴电、气焊手套和（C）使用护目镜及防护面罩。

A. 穿工作服　B. 戴安全帽　C. 穿绝缘鞋　D. 戴口罩

72. 用钢筋切断机切断（B）以内的短料时，不得用手直接送料。

A. 20mm　B. 30mm　C. 40mm　D. 50mm

73. 钢筋冷拉时，其冷拉设备（D）冷拉。

A. 允许超载 30%　B. 允许超载 25%

C. 允许超载 20%　D. 不允许超载

74. 房屋建筑制图的基本标准是（A）。

A. 《房屋建筑制图统一标准》

B. 《建筑制图标准》

C. 《建筑结构制图标准》

D. 《房屋建筑制图基本标准》

75. 《房屋建筑制图统一标准》的代号是（D）。

A. GB/T 50104—2010　B. GB/T 50105—2010

C. GB/T 50106—2010　D. GB/T 50001—2010

76. A1 图纸的幅面尺寸是（B）。

A. 841mm × 1189mm　B. 594mm × 841mm

C. 420mm × 594mm　D. 297mm × 420mm

77. A3 图纸的图框至图纸边缘(除装订边)的尺寸是(D)mm。

A. 25　B. 15　C. 10　D. 5

78. 房屋建筑的平面图、立面图、剖面图通常采用（B）的比例绘制。

A. 1∶50　B. 1∶100　C. 1∶150　D. 1∶200

79. 代号“GB/T 50104—2010”中的“T”代表汉语中的(D)。

A. 土建　B. 图样　C. 土木工程　D. 推荐

80. 剖切位置线应以（A）绘制。

A. 粗实线　B. 中实线　C. 细实线　D. 加粗实线

81. 剖切位置线的长度宜为（B）mm。

A. 2~4　B. 4~6　C. 6~10　D. 8~10

82. 剖切符号（C）采用阿拉伯数字按顺序依次进行编号。

A. 应　B. 不应　C. 宜　D. 不宜

83. 剖切符号宜按（A）的顺序依次进行编号。

A. 由左至右，由下至上　B. 由右至左，由下至上

C. 由左至右，由上至下　D. 由右至左，由上至下

84. 索引符号的圆的直径为（C）mm。

A. 6　B. 8　C. 10　D. 14

85. 详图符号的圆的直径为（D）mm。

A. 6　B. 8　C. 10　D. 14

86. 索引出的详图，如与被索引的详图同在一张图样内，应在索引符号的（B）。

A. 上半圆中用阿拉伯数字注明该详图的编号，在下半圆中间画一段水平中实线

B. 上半圆中用阿拉伯数字注明该详图的编号，在下半圆中间画一段水平细实线

C. 下半圆中用阿拉伯数字注明该详图的编号，在上半圆中间画一段水平细实线

D. 直接在圆中用阿拉伯数字注明该详图的编号

87. 索引出的详图，如被索引的详图不在同一张图样内，应

在索引符号的（A）。

A. 上半圆中用阿拉伯数字注明该详图的编号，在下半圆中用阿拉伯数字注明该详图所在图样的编号

B. 下半圆中用阿拉伯数字注明该详图的编号，在上半圆中用阿拉伯数字注明该详图所在图样的编号

C. 直接在圆中用阿拉伯数字注明该详图的编号

D. 直接在圆中用阿拉伯数字注明该详图的编号，同时在附近注明该详图所在图样的编号

88. 详图符号的圆应以直径为（A）绘制。

A. 14mm 的粗实线　　B. 16mm 的粗实线

C. 14mm 的细实线　　D. 16mm 的细实线

89. 对称符号中，每对平行线的长度和间距宜分别为（C）mm。

A. 2 ~ 3，6 ~ 10　　B. 2 ~ 3，4 ~ 6

C. 6 ~ 10，2 ~ 3　　D. 6 ~ 10，4 ~ 6

90. 连接符号应以（D）表示需连接的部位。

A. 粗实线　　B. 波浪线　　C. 细实线　　D. 折断线

91. 多层构造引出线，文字说明宜注写在（A）。

A. 水平线的上方　　B. 水平线的下方

C. 垂直线的上方　　D. 垂直线的下方

92. 指北针圆的直径宜为（C）mm，用细实线绘制；指针尾部的宽度宜为 3mm。

A. 16　　B. 20　　C. 24　　D. 30

93. 定位轴线应用（B）绘制。

A. 细线　　B. 细点画线　　C. 中点画线　　D. 双点画线

94. 平面图上的横向定位轴线的编号，应用（A）顺序编写，竖向编号应用大写拉丁字母，从下至上的顺序编写。

A. 阿拉伯数字，从左至右

B. 阿拉伯数字，从右至左

C. 大写拉丁字母，从左至右

D. 大写拉丁字母，从右至左

95. 定位轴线的编号圆圈的直径为（B）mm。

A. 6 ~ 8　　B. 8 ~ 10　　C. 10 ~ 12　　D. 10

96. 2 号轴线之后的第一根附加轴线，在定位轴线的编号圆圈内应写成（A）。

A. 1/2　　B. 2/1　　C. 1/02　　D. 2/01

97. 圆形平面图中定位轴线的编号，其径向轴线宜用（A）表示，从（　）开始，按（　）顺序编写。

A. 阿拉伯数字，左下角，逆时针

B. 阿拉伯数字，右下角，逆时针

C. 大写拉丁字母，左下角，逆时针

D. 大写拉丁字母，左下角，顺时针

98. 圆形平面图中定位轴线的编号，其圆周轴线宜用（D）表示，按（　）顺序编写。

A. 阿拉伯数字，从内向外　　B. 大写拉丁字母，从内向外

C. 阿拉伯数字，从外向内　　D. 大写拉丁字母，从外向内

99. 两个相邻的涂黑图例间，应留有空隙，其宽度不得小于（C）mm。

A. 0. 2　　B. 0. 5　　C. 0. 7　　D. 1. 0

100. 我国的工程制图采用的是第（A）角画法。

A. 一　　B. 二　　C. 三　　D. 四

101. 下列关于尺寸单位的说法中，不正确的是（A）。

A. 平面图上的尺寸以米为单位

B. 平面图上的尺寸以毫米为单位

C. 总平面上的尺寸以毫米为单位

D. 标高以米为单位

102. 尺寸数字下面的线称为（C）。

A. 尺寸界线　B. 尺寸起止符号　C. 尺寸线　D. 尺寸底线

103. 尺寸起止符号应用（B）线画。

A. 粗　　B. 中　　C. 细　　D. 虚

104. 尺寸起止符号与尺寸线成（A）夹角。

A. 45°　B. －45°　C. 30°　D. －30°

105. 标高符号为（D）。

A. 任意三角形　B. 等腰三角形

C. 等边三角形　D. 等腰直角三角形

106. 下列标高中，错误的是（A）。

A. +3.600　B. －1.200　C. ±0.00　D. ±0.000

107. 我国把青岛黄海海平面作为定位（A）的零点。

A. 绝对标高　B. 相对标高　C. 建筑标高　D. 结构标高

108. “WB”表示（C）。

A. 空心板　B. 槽形板　C. 屋面板　D. 密肋板

109. “MB”表示（D）。

A. 楼梯板　B. 槽形板　C. 屋面板　D. 密肋板

110. “TB”表示（B）。

A. 平台板　B. 楼梯板　C. 挡雨板　D. 屋面板

111. 表示“QB”（C）。

A. 槽口板　B. 天沟板　C. 墙板　D. 吊车安全走道板

112. “DDL”表示（B）。

A. 吊车梁　B. 单轨吊车梁　C. 轨道连接　D. 车挡

113. “DGL”表示（C）。

A. 吊车梁　B. 单轨吊车梁　C. 轨道连接　D. 车挡

114. “LL”表示（D）。

A. 基础梁　B. 圈梁　C. 过梁　D. 连系梁

115. “GL”表示（C）。

A. 基础梁　B. 圈梁　C. 过梁　D. 连系梁

116. “QL”表示（B）。

A. 基础梁　B. 圈梁　C. 过梁　D. 连系梁

117. “JL”表示（A）。

A. 基础梁　B. 圈梁　C. 过梁　D. 连系梁

118. “TL”表示（A）。

A. 楼梯梁　B. 框架梁　C. 框支梁　D. 屋面框架梁

119. "KZL" 表示（C）。

A. 楼梯梁　B. 框架梁　C. 框支梁　D. 屋面框架梁

120. "CT" 表示（A）。

A. 承台　B. 设备基础　C. 桩　D. 挡土墙

121. "ZH" 表示（C）。

A. 承台　B. 设备基础　C. 桩　D. 挡土墙

122. "CJ" 表示（A）。

A. 天窗架　B. 柱间支撑　C. 垂直支撑　D. 水平支撑

123. "ZC" 表示（B）。

A. 天窗架　B. 柱间支撑　C. 垂直支撑　D. 水平支撑

124. "CC" 表示（C）。

A. 天窗架　B. 柱间支撑　C. 垂直支撑　D. 水平支撑

125. "WJ" 表示（A）。

A. 屋架　B. 托架　C. 框架　D. 刚架

126. "TJ" 表示（B）。

A. 屋架　B. 托架　C. 框架　D. 刚架

127. "GJ" 表示（D）。

A. 屋架　B. 托架　C. 框架　D. 刚架

128. "YP" 表示（B）。

A. 梯　B. 雨篷　C. 阳台　D. 梁垫

129. "LD" 表示（D）。

A. 梯　B. 雨篷　C. 阳台　D. 梁垫

130. "M" 表示（A）。

A. 预埋件　B. 钢筋网　C. 钢筋骨架　D. 基础

131. "W" 表示（B）。

A. 预埋件　B. 钢筋网　C. 钢筋骨架　D. 基础

132. "G" 表示（C）。

A. 预埋件　B. 钢筋网　C. 钢筋骨架　D. 基础

133. "J" 表示（D）。

A. 预埋件　　B. 钢筋网　　C. 钢筋骨架　　D. 基础

134. 在构件结构施工图中，为了突出表示钢筋的配置情况，把钢筋画成（A）。

A. 粗实线　　B. 中实线　　C. 细实线　　D. 加粗实线

135. 在构件结构施工图中，构件的外形轮廓画成（C）。

A. 粗实线　　B. 中实线　　C. 细实线　　D. 加粗实线

136（B）必须用粗双点长画线绘制。

A. 定位轴线　B. 预应力钢筋线　C. 对称线　D. 中心线

137. （C）必须用细双点长画线绘制。

A. 垂直支撑　　　　　　B. 预应力钢筋线

C. 原有结构轮廓线　　D. 对称线

138. Φ表示（C）钢筋。

A. HPB235　　B. HRB335　　C. HRB400　　D. RRB400

139. Φ^{R}表示（D）钢筋。

A. HPB235　　B. HRB335　　C. HRB400　　D. RRB400

140. Φ^{S}表示（A）。

A. 钢绞线　B. 光面钢丝　C. 螺旋肋钢丝　D. 螺纹钢筋

141. Φ^{P}表示（B）。

A. 钢绞线　B. 光面钢丝　C. 螺旋肋钢丝　D. 螺纹钢筋

142. Φ^{H}表示（C）。

A. 钢绞线　B. 光面钢丝　C. 螺旋肋钢丝　D. 螺纹钢筋

143. 在受力钢筋直径30倍范围内（不小于500mm），一根钢筋（A）个接头。

A. 只能有1　　B. ≤2　　C. ≤3　　D. ≤4

144. ——/——表示（A）。

A. 无弯钩的钢筋端部　　B. 带半圆形钩的钢筋端部

C. 带螺纹的钢筋端部　　D. 无弯钩的钢筋搭接

145. ⊂———表示（B）。

A. 无弯钩的钢筋端部　　B. 带半圆形钩的钢筋端部

C. 带螺纹的钢筋端部　　D. 无弯钩的钢筋搭接

146. 表示（C）。

A. 无弯钩的钢筋端部 B. 带半圆形钩的钢筋端部

C. 带螺纹的钢筋端部 D. 无弯钩的钢筋搭接

147. 表示（D）。

A. 无弯钩的钢筋端部 B. 带半圆形钩的钢筋端部

C. 带螺纹的钢筋端部 D. 无弯钩的钢筋搭接

148. 表示（A）。

A. 带半圆弯钩的钢筋搭接 B. 带直钩的钢筋搭接

C. 花篮螺纹钢筋接头 D. 机械连接的钢筋接头

149. 表示（B）。

A. 带半圆弯钩的钢筋搭接 B. 带直钩的钢筋搭接

C. 花篮螺纹钢筋接头 D. 机械连接的钢筋接头

150. 表示（D）。

A. 带半圆弯钩的钢筋搭接 B. 带直钩的钢筋搭接

C. 花篮螺纹钢筋接头 D. 机械连接的钢筋接头

151. 表示（A）。

A. 单面焊接的钢筋接头

B. 双面焊接的钢筋接头

C. 用帮条单面焊接的钢筋接头

D. 用帮条双面焊接的钢筋接头

152. 表示（B）。

A. 单面焊接的钢筋接头

B. 双面焊接的钢筋接头

C. 用帮条单面焊接的钢筋接头

D. 用帮条双面焊接的钢筋接头

153. 表示（C）。

A. 单面焊接的钢筋接头

B. 双面焊接的钢筋接头

C. 用帮条单面焊接的钢筋接头
D. 用帮条双面焊接的钢筋接头

154. 表示（D）。
A. 单面焊接的钢筋接头
B. 双面焊接的钢筋接头
C. 用帮条单面焊接的钢筋接头
D. 用帮条双面焊接的钢筋接头

155. 60° b 表示（B）。
A. 接触对焊的钢筋接头
B. 坡口平焊的钢筋接头
C. 坡口立焊的钢筋接头
D. 用角钢或扁钢做连接板焊接的钢筋接头

156. 45° b 表示（C）。
A. 接触对焊的钢筋接头
B. 坡口平焊的钢筋接头
C. 坡口立焊的钢筋接头
D. 用角钢或扁钢做连接板焊接的钢筋接头

157. 表示（D）。
A. 接触对焊的钢筋接头
B. 坡口平焊的钢筋接头
C. 坡口立焊的钢筋接头
D. 用角钢或扁钢做连接板焊接的钢筋接头

158. 表示（D）。
A. 混凝土　B. 钢筋混凝土　C. 黏土　D. 普通黏土砖

159. 表示（C）。
A. 砂、灰土　B. 普通砖　C. 空心砖　D. 耐火砖

160. 表示（A）。

A. 墙体　B. 隔断　C. 栏杆　D. 单层固定窗

161. 表示（B）。

A. 墙体　B. 隔断　C. 栏杆　D. 单层固定窗

162. 表示（D）。

A. 墙体　B. 隔断　C. 栏杆　D. 单层固定窗

163. 上表示（A）。

A. 底层楼梯　B. 中间层楼梯　C. 顶层楼梯　D. 各层楼梯

164. 表示（A）。

A. 检查孔　B. 孔洞　C. 墙顶留洞　D. 空门洞

165. 表示（B）。

A. 检查孔　B. 孔洞　C. 墙顶留洞　D. 空门洞

宽×高或ϕ

底（顶或中心）标高××××

166. 表示（C）。

A. 检查孔　B. 孔洞　C. 墙顶留洞　D. 空门洞

167. 表示（D）。

A. 检查孔　B. 孔洞　C. 墙顶留洞　D. 空门洞

168. 表示（A）。

A. 单扇平开门　B. 推拉门

C. 对开折叠门　D. 单扇双面弹簧门

169. 表示（B）。

A. 单扇平开门　B. 推拉门

C. 对开折叠门　D. 单扇双面弹簧门

170. 表示（C）。

A. 单扇平开门　B. 推拉门

C. 对开折叠门　D. 单扇双面弹簧门

171. 表示（D）。

A. 单扇平开门　　B. 推拉门

C. 对开折叠门　　D. 单扇双面弹簧门

172. 多层住宅建筑是指（C）层的建筑。

A. 1～2　　B. 1～3　　C. 4～6　　D. 6～8

173. 高层住宅建筑是指（A）层的建筑。

A. ≥10　　B. ≥12　　C. ≥9　　D. ≥20

174. 超高层建筑是指层数为（B）层以上，建筑总高度在（　）m 以上的建筑。

A. 30，80　　B. 40，100　　C. 50，150　　D. 60，200

175. 平衡是物体机械运动的一种特殊形式，所谓平衡是指物体相对于地球（D）的状态。

A. 处于静止

B. 保持直线运动

C. 处于静止或保持直线运动

D. 保持匀速直线运动或处于静止

176. 在力的作用下大小和形状都保持不变的物体，在力学中称之为（A）。

A. 刚体　　B. 构件　　C. 变形体　　D. 不变体系

177. 力使物体的机械运动状态发生改变，这一作用称为力的（C）效应。

A. 运动　　B. 内　　C. 外　　D. 机械

178. 力对物体的作用效应取决于力的大小、方向和（A）三个要素。

A. 作用点　　B. 作用线

C. 作用点或作用线　　D. 作用点和作用线

179. 大小相等，方向相反，且作用在同一条直线上的两个力，是使（A）处于平衡的充分和必要条件。

A. 刚体　B. 变形体　C. 刚体和变形体　D. 任何物体

180. 作用在（A）上的力，可沿其作用线移动，而不改变此力的作用效应。

A. 刚体　B. 变形体　C. 刚体和变形体　D. 任何物体

181. 约束力的方向总是与约束所限制物体的运动方向（B）。

A. 相同　B. 相反　C. 无关　D. 垂直

182. 力在坐标轴上的投影是（A）。

A. 代数量　B. 矢量　C. 矢量或标量　D. 不确定的量

183. 力使物体产生（B）效应的物理量，用力矩来度量。

A. 移动　B. 绕某一点转动

C. 转动和移动　D. 加速移动

184. 力对点的矩是一个（A）。

A. 代数量　B. 矢量　C. 矢量或标量　D. 不确定的量

185. 当力的作用线通过（C）时，力对点的矩为零。

A. 物体形心　B. 物体重心　C. 矩心　D. 坐标原点

186. 力偶对其作用面内任一点之矩恒等于（B）。

A. 零　B. 力偶矩　C. 力矩　D. 力偶矩的大小但转向不定

187. 力偶在任一轴上的投影恒等于（B）。

A. 力的大小的两倍　B. 零

C. 力偶矩　D. 其中一个力的大小

188. 钢筋混凝土柱子用沥青麻丝填实于杯形基础内时，可简化成（A）。

A. 固定铰　B. 可动铰

C. 固定端　D. 固定端或固定铰

189. 图所示两物体 A、B 受力 F_1 和 F_2 作用，且 $F_1 = F_2$，假设两物体间的接触面光滑，则（A）。

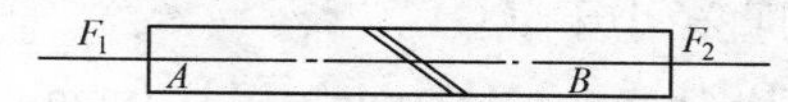

A. A 物体平衡　B. B 物体平衡

C. 两物体都平衡　D. 两物体都不平衡

190. 作用于刚体上的力，可以平移到刚体上的任一点，但必须同时附加一力偶矩，此附加力偶矩等于（B）的矩。

A. 原力对新作用点　　B. 新力对原作用点
C. 原力对任意点　　D. 新力对坐标原点

191. 对物体的移动和转动都起限制作用的约束，称为（B）约束，其约束力可用一对正交分力和一个力偶来表示。

A. 固定铰　B. 固定端　C. 可动铰　D. 滑动支承

192. 当梁插入墙少许，可简化为（D）约束。

A. 固定铰　B. 固定端　C. 可动铰　D. 滑动支承

193. 钢筋混凝土柱子用细石混凝土浇筑于杯形基础内，可简化为（D）约束。

A. 可动铰　B. 滑动支承　C. 固定铰　D. 固定端

194. 钢筋混凝土梁中的纵向受力筋，其主要作用是承受由（A）在梁内产生的（）。

A. 弯矩、拉应力　　B. 弯矩、压应力
C. 剪力、拉应力　　D. 弯矩和剪力、主拉应力

195. 构件材料的强度是指其抵抗（B）的能力。

A. 变形　B. 破坏　C. 弯曲　D. 屈服

196. 塑性材料失效的形式是（B）。

A. 弯曲　B. 屈服　C. 脆断　D. 断裂

197. 脆性材料失效的形式是（B）。

A. 弯曲　B. 断裂　C. 扭断　D. 屈服

198. 与截面相切的应力称为（D）应力。

A. 正　B. 拉　C. 压　D. 剪切

199. 材料的许用应力等于（D）除以安全因数。

A. 工作应力　B. 许用应力　C. 最大应力　D. 极限应力

200. 钢丝的直径小于（C）。

A. 3mm　B. 4mm　C. 5mm　D. 6mm

201. 在普通低合金钢钢筋中，合金元素总质量分数小于（C）%。

A. 2　B. 3　C. 5　D. 6

202. 在低碳钢钢筋中，碳的质量分数小于（B）。

A. 0.15%　　B. 0.25%　　C. 0.35%　　D. 0.45%

203. 热轧钢筋分批验收时，同直径、同炉号的一批钢筋，重量不超过（D）。

A. 10t　　B. 20t　　C. 40t　　D. 60t

204. 热轧钢筋验收时，每个炉号的钢筋碳的质量分数差不得超过（A）。

A. 0.02%　　B. 0.04%　　C. 0.06%　　D. 0.08%

205. 对屈服现象不明显的钢筋，规定以产生（B）残余变形时的应力作为屈服强度。

A. 0.1%　　B. 0.2%　　C. 0.3%　　D. 0.4%

206. 冷拉钢筋的验收中，计算冷拉钢筋的屈服强度、抗拉强度时，应采用（B）的截面面积。

A. 冷拉前　　B. 冷拉后

C. 冷拉前或冷拉后　　D. 冷拉前和冷拉后的平均值

207. 钢筋的强度标准值应具有不小于（D）的保证率。

A. 80%　　B. 85%　　C. 90%　　D. 95%

208. 吊具中的夹头，连接力最强的是（A）。

A. 骑马式　　B. 压板式　　C. 拳握式　　D. 楔块式

209. 吊具中的夹头，在施工中应用最广的是（A）。

A. 骑马式　　B. 压板式　　C. 拳握式　　D. 楔块式

210. 称为“铁扁担”的是（D）。

A. 钢丝绳　　B. 夹头　　C. 卡环　　D. 横吊梁

211. 为了使钢筋冷拉时受力均匀，要求卷扬机的牵引速度一般小于（A）m/min。

A. 1　　B. 0.5　　C. 2　　D. 3

212. 随着钢筋中含碳量的增加，钢筋的强度（A）。

A. 提高　　B. 降低　　C. 不变　　D. 影响不大

213. 随着钢筋中含碳量的增加，钢筋的塑性（B）。

A. 提高　　B. 降低　　C. 不变　　D. 影响不大

214. 随着钢筋中含碳量的增加，钢筋的冲击韧度（B）。

A. 提高　B. 降低　C. 不变　D. 影响不大

215. 随着钢筋中含碳量的增加，钢筋的焊接性能（B）。

A. 提高　B. 降低　C. 不变　D. 影响不大

216. 硅的主要作用是提高钢筋的（A）。

A. 强度　B. 韧性　C. 塑性　D. 焊接性能

217. 硅对钢筋的韧性（D）。

A. 提高　B. 降低　C. 不变　D. 影响不大

218. 硅对钢筋的塑性（D）。

A. 提高　B. 降低　C. 不变　D. 影响不大

219. 锰可（A）钢筋的强度。

A. 提高　B. 降低　C. 不变　D. 影响不大

220. 锰可（A）钢筋的硬度。

A. 提高　B. 降低　C. 不变　D. 影响不大

221. 锰含量较高时，将显著降低钢筋的（D）。

A. 热加工性质　B. 韧性　C. 塑性　D. 可焊性

222. 钢筋的磷含量提高，其（A）增大。

A. 冷脆性　B. 韧性　C. 塑性　D. 可焊性

223. 直径在（C）以内的热轧光圆钢筋为盘圆（盘条）形式。

A. 8mm　B. 10mm　C. 12mm　D. 6mm

224. （D）又称为调质钢筋。

A. 热轧钢筋　B. 冷拉钢筋　C. 冷拔钢筋　D. 热处理钢筋

225. 在碳素钢钢筋中，碳的质量分数大于（D）为高碳钢。

A. 0.3%　B. 0.5%　C. 0.6%　D. 0.7%

226. 在40SiMnV中，40指（D）的含量。

A. 硅　B. 锰　C. 钒　D. 碳

227. 构件配筋图中注明的尺寸一般是指（B）。

A. 钢筋内轮廓尺寸　B. 钢筋外皮尺寸

C. 钢筋内皮尺寸　D. 钢筋轴线尺寸

228. 钢筋被严重锈蚀就会（B），从而降低构件的承载力。

A. 降低混凝土的强度　　B. 影响与混凝土的粘结
C. 提高混凝土的强度　　D. 降低钢筋的强度

229. 弯曲时，下列允许操作的选项是（A）。

A. 通常使用手摇扳手，一次可以弯1～4根钢筋
B. 机械弯曲时，在运转过程中更换心轴，加润滑油或保养
C. 脚手架上弯制粗钢筋
D. 弯曲钢筋放置方向可和挡轴、工作盘旋转方向不一致

230. 当点焊不同直径的钢筋时，（B）。

A. 焊接骨架较小，钢筋直径小于或等于10mm时，大小钢筋直径之比应大于3
B. 若较小钢筋直径为12～16mm时，大小钢筋直径之比，不宜大于2
C. 焊接网较小，钢筋直径可大于较大钢筋直径的0.6倍
D. 焊接网较小，钢筋直径可大于较大钢筋直径的0.8倍

231. 钢筋冷拉是指在（C），以超过钢筋屈服强度的拉力拉伸钢筋，使钢筋产生塑性变形，以达到调直钢筋、除锈、提高强度节约钢材的目的。

A. 低温下　　B. 高温下　　C. 常温　　D. 特定温度下

232. 冷拔的工艺流程为（B）。

A. 钢筋轧头、剥皮、拔丝　　B. 钢筋剥皮、轧头、拔丝
C. 钢筋拔丝、剥皮、轧头　　D. 钢筋轧头、拔丝、剥皮

233. 弯曲机弯曲钢筋时，心轴和同心轴是同时转动的（A），这是与人工弯曲的一个最大区别。

A. 会带动钢筋向前滑动　　B. 不会带动钢筋向前滑动
C. 与钢筋没有关系　　D. 会增加钢筋的阻力

234. 在任何情况下，受压钢筋的搭接长度不应小于（B）mm。

A. 100　　B. 200　　C. 300　　D. 400

235. 绑扎搭接接头中钢筋的横向净距不应小于钢筋直径，且不应小于（C）mm。

A. 15　　B. 20　　C. 25　　D. 30

236. GJ5—40型钢筋切断机切断直径为8mm的钢筋时，每次可切断（B）根。

A. 15　　B. 10　　C. 7　　D. 5

237. 当梁的跨度小于4m时，架立钢筋（D）。

A. 可以不设　　B. 直径不宜小于10mm

C. 直径不宜小于12mm　　D. 直径不宜小于8mm

238. 当梁的跨度为4～6m时，架立钢筋直径不宜小于（D）mm。

A. 4　　B. 6　　C. 8　　D. 10

239. 钢材中，磷能（B）钢材的塑性、韧性、焊接性能。

A. 显著提高　B. 显著降低　C. 略微提高　D. 略微降低

240. 螺纹钢筋直径是指它的（C）。

A. 内缘直径　B. 外缘直径

C. 当量直径　D. 当量直径和内线直径

241. 拉力试验包括（C）。

A. 屈服点、抗拉强度

B. 抗拉强度和伸长率

C. 屈服点、抗拉强度、伸长率

D. 冷拉、冷拔、冷轧、调直

242. 板的上部钢筋为保证其有效高度和位置，宜做成直钩伸至板底，当板厚（C）mm时，可做成圆的。

A. >80　　B. >200　　C. 120　　D. 150

243. 梁柱中箍筋和构造筋保护层厚度不应小于（B）mm。

A. 20　　B. 15　　C. 10　　D. 5

244. 厚度大于100mm的墙板，保护层厚度为（D）mm。

A. 30　　B. 25　　C. 20　　D. 15

245. 现浇板中，受力钢筋的直径不小于（C）mm。

A. 4　　B. 4～6　　C. 6　　D. 8

246. 钢筋混凝土梁中，弯起钢筋的角度一般为（C）。

A. 30°　　B. 45°　　C. 45°或60°　　D. 60°

247. 成型钢筋变形的原因是（B）。

A. 成形时变形　　　B. 堆放不合格

C. 钢筋质量不好　　D. 以上都不是

248. 钢筋混凝土板的配筋构造有（D）。

A. 受力钢筋和分部钢筋

B. 受力钢筋和构造钢筋

C. 受力钢筋

D. 受力钢筋、构造钢筋和分布钢筋

249. 弯起钢筋中间部位弯折处的弯曲直径不应小于钢筋直径的（B）倍。

A. 25　B. 5　C. 10　D. 4

250. 弯曲调整值是一个在钢筋下料时应（A）的值。

A. 扣除　B. 增加　C. 随便　D. 都不是

251. 用于电渣压力焊的焊剂使用前，须经恒温烘焙（C）小时。

A. 3　B. 24　C. 1~2　D. 12

252. 加工钢筋时，箍筋内净尺寸允许偏差为（C）mm。

A. ±2　B. ±3　C. ±5　D. ±10

253. 使用型号为GW40弯曲机时，可弯曲钢筋直径范围为（A）mm。

A. 6~40　B. 25~50　C. 6~50　D. 6~25

254. 手摇扳手适用于弯制直径在（A）mm以下的钢筋。

A. 8　B. 10　C. 12　D. 16

255. 钢筋冷拉不宜在低于（B）的环境下进行。

A. -10℃　B. -20℃　C. 0℃　D. -15℃

256. 同一纵向受力钢筋绑扎接头的末端至钢筋弯起点的距离不应小于（B）d。

A. 5　B. 10　C. 15　D. 50

257. 钢筋安装完毕后，它的上面（C）。

A. 可以放脚手架　　　B. 铺上木板后可以行走

C. 不准走人和堆放重物　D. 铺上木板可行车

258. 双排网片的定位应用（C）。

A. 砂浆垫块　B. 塑料卡片　C. 支撑筋或拉筋　D. 箍筋

259. 钢筋绑扎后，外形尺寸不合格采取的措施是（C）。

A. 用小撬杠扳正

B. 用锤子敲正

C. 将尺寸不准的部位松动重绑扎

D. 可以不绑扎

260. 钢筋绑扎箍筋间距的允许偏差是（A）mm。

A. ±20　B. ±15　C. ±10　D. ±5

261. 对于双向双层板钢筋，为确保筋体位置准确要垫（C）。

A. 木块　B. 垫块　C. 铁马凳　D. 钢筋笼

262. 简支板下部纵向受力钢筋伸入支座长度不应小于（C）。

A. $5d$　B. $10d$　C. $5d$ 且不小于 50mm　D. $5d$ 且小于 100mm

263. 钢筋冷拉后需要切断，（B）。

A. 宜立刻切断　B. 不宜立刻切断

C. 没有时间要求　D. 视钢筋规格而定

264. 钢筋冷拉操作时，操作人员应在冷拉线（D）。

A. 上部　B. 前端　C. 尾端　D. 两侧

265. 一个电源开关刀可以接（D）个用电器。

A. 4　B. 3　C. 2　D. 1

266. 在同一垂直面遇有上下交叉作业时，必须设有安全隔离层，下方操作人员必须（B）。

A. 穿工作服　B. 戴安全帽　C. 戴防护手套　D. 系安全带

267. 使用钢筋弯曲机时，应注意钢筋直径与弯曲机的变速齿轮相适应。当钢筋直径小于 18mm 时可安装（A）。

A. 快速齿轮　B. 中速齿轮　C. 慢速齿轮　D. 都可以

268. 切断钢筋短料时，手握的一端长度不得小于（C）cm。

A. 80　　B. 60　　C. 40　　D. 20

269. 钢筋绑扎，分项工程质量检验，主筋的间距允许偏差为（C）mm。

A. ±20　　B. ±15　　C. ±10　　D. ±5

270. 受力钢筋的排距允许偏差为（D）mm。

A. ±20　　B. ±15　　C. ±10　　D. ±5

271. 建筑安装工程的分项工程主要按（A）分。

A. 工种　　B. 主要建筑部位　　C. 施工分包　　D. 楼层

272. 钢筋工在施工中要看懂（C）。

A. 总平面图　　B. 土建施工图

C. 结构施工图　　D. 土建施工图和结构施工图

273. 焊接进口钢筋的焊工，应持有（D），并应在焊接某种进口钢筋前进行焊接试验和检验，合格后方准焊接。

A. 施工计划表　　B. 班组计划表

C. 交接手续　　D. 焊工合格证

274. 钢筋在加工使用前，必须核对有关试验报告（记录），如不符合要求，则（D）。

A. 请示工长　　B. 酌情使用

C. 增加钢筋数量　　D. 停止使用

275. 钢筋焊接时，熔接不好，焊不牢有黏点现象，其原因是（B）。

A. 电流过大　B. 电流过小　C. 压力过小　D. 压力过大

276. 绑扎钢筋一般用20号钢丝，每吨钢筋用量按（B）计划。

A. 30kg　　B. 5kg　　C. 10kg　　D. 15kg

277. 浇筑混凝土时，应派钢筋工（A），以确保钢筋位置准确。

A. 在现场值班　　B. 施工交接

C. 现场交接　　D. 向混凝土工提出要求

278. 钢筋弯起点位移的允许偏差为（B）mm。

A. 30　　B. 20　　C. 15　　D. 10

279. 高处作业人员的身体，要经（C）合格后才准上岗。

A. 自我感觉　B. 班组公认　C. 医生检查　D. 工长允许

280. 钢筋对焊的质量检查，每批检查（C）% 的接头，并不得小于 10 个。

A. 20　　B. 15　　C. 10　　D. 5

281. 钢筋对焊接接头处的钢筋轴线偏移，不得大于（D），同时不得大于 2mm。

A. $0.5d$　　B. $0.3d$　　C. $0.2d$　　D. $0.1d$

282. 电焊接头处的钢筋折弯角度不得大于（C），否则切除重焊。

A. 5°　　B. 4°　　C. 3°　　D. 2°

283. 夜间施工，在金属容器内行灯照明的安全电压不超过（D）V。

A. 220　　B. 380　　C. 36　　D. 12

284. 钢筋调直机是用来调直（C）mm 以下的钢筋。

A. $\phi14$　　B. $\phi12$　　C. $\phi10$　　D. $\phi8$

285. 对焊接接头做拉伸试验时，（B）个试件的抗拉强度均不得低于该级别钢筋的规定抗拉强度值。

A. 4　　B. 3　　C. 2　　D. 1

286. 如电源电压降低到（C）时，应停止焊接。

A. 12%　　B. 10%　　C. 8%　　D. 6%

287. 施工现场使用氧气瓶、乙炔瓶和焊接火钳，三者距离不得小于（A）m。

A. 10　　B. 8　　C. 5　　D. 3

288. 分部工程一般应（A）。

A. 按建筑的主要部分划分　　B. 按土建和安装划分

C. 按主要工程工种划分　　D. 按土建、安装、装修划分

289. 冷拉钢筋试验取样数量为每批（C）个。

A. 6　　B. 2　　C. 4　　D. 3

290. 对梁钢筋接头检验时，允许偏差的检查（A）。

A. 在同一检验批内,按构件数的10%抽查,但不能少于3件

B. 在同一检验批内,按构件数的10%抽查,但不能少于6件

C. 在同一检验批内,按构件数的20%抽查,但不能少于3件

D. 在同一检验批内,按构件数的20%抽查,但不能少于6件

291. 高处钢筋施工作业时，脚手板的宽度不得小于（D）cm，并有可靠安全防护。

A. 15　B. 30　C. 50　D. 60

1.2　多项选择题

1. 绘制结构施工图是要执行的制图标准有（A、C）。

A. 《房屋建筑制图统一标准》

B. 《建筑制图标准》

C. 《建筑结构制图标准》

D. 《房屋建筑制图基本标准》

2. 图纸的图框至图纸边缘（除装订边）的尺寸是10mm的图纸有（A、B、C）。

A. A0　B. A1　C. A2　D. A3

3. 下列比例中属于常用比例的有（A、D）。

A. 1∶20　B. 1∶30　C. 1∶40　D. 1∶50

4. 剖面图或断面图，如与被剖切图样不在同一张图内，可（B、D）。

A. 在剖切位置的顶端注明其所在图样的编号

B. 在剖切位置线的另一侧注明其所在图样的编号

C. 在剖切位置线的附近侧注明其所在图样的编号

D. 在图上集中说明

5. 在圆圈内直接注写数字的情况有（B、C、D）。

A. 索引出的详图，如与被索引的详图同在一张图样内，在索引符号内

B. 索引出的详图，如与被索引的详图同在一张图样内，在详图符号内

C. 零件、钢筋、杆件、设备等的编号圆圈

D. 定位轴线的编号圆圈

6. 引出线应以细实线绘制，宜采用水平线或水平方向成（A、B、C）的直线，或经以上角度再折成水平线。

A. 30°　B. 45°　C. 60°　D. 75°

7. 引出线的文字说明宜注写在水平线的（A、C）。

A. 上方　B. 下方　C. 端部　D. 起点

8. 指北针头部应注写（B、D）字。

A. “指北针”　B. “北”　C. “S”　D. “N”

9. 平面图上定位轴线的编号，宜标注在图样的（B、C）。

A. 上方　B. 下方　C. 左侧　D. 右侧

10. 拉丁字母的（A、C、D）不得用做轴线编号。

A. I　B. U　C. O　D. Z

11. 定位轴线的字母数量不够用时，可用（A、C、D）的形式。

A. Aa　B. A-A　C. AA　D. A1

12. 比例的字高宜比图名的字高（C、D）。

A. 大一号　B. 大二号　C. 小一号　D. 小二号

13. 复杂平面图中采用分区编号时，分区号宜采用（B、C）表示。

A. 罗马字母　B. 阿拉伯数字

C. 大写拉丁字母　D. 小写拉丁字母

14. 某样图同时适用于1号轴线和3号轴线时，可按下图中选项（A、B）的形式表示。

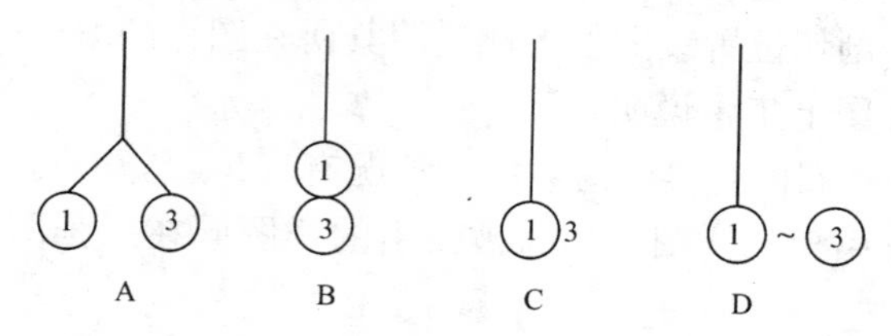

15. 关于常用建筑材料图例，下列说法中正确的有（A、C、D）。

A.《建筑制图标准》中只规定了常用建筑材料的图例画法，制图时可以根据需要自行设立图例

B. 制图时必须严格按照《建筑制图标准》中规定的常用建筑材料图例的画法绘制建筑材料图例

C.《建筑制图标准》中对常用建筑材料图例的尺寸比例未作具体规定，使用时可根据图样大小而定

D. 图例线应间隔均匀，疏密适度

16. 两个详图的图例相接时，图例线应（B、C）。

A. 连续绘制，且方向不变　　B. 错开

C. 使倾斜方向相反　　D. 采用不同的比例

17. 下列情况（A、B）可不加图例，但应加文字说明。

A. 一张图样内的图样只用一种图例时

B. 图形较小无法画出建筑材料图例时

C. 需画出的建筑材料图例面积过大时，可在断面轮廓线内，沿轮廓线作局部表示

D. 找不到规定的建筑材料图例时

18. 下列关于尺寸单位的说法中，正确的有（B、C、D）。

A. 平面图上的尺寸以米为单位

B. 平面图上的尺寸以毫米为单位

C. 总平面图上的尺寸以米为单位

D. 标高以米为单位

19. 建筑图中尺寸起止符号可用（A、B、D）等形式表示。

A. 45°短斜线　B. 小圆点　C. 单面箭头　D. 双面箭头

20. 下列标高中，正确的有（B、C、D）。

A. +3.000　B. -2.000　C. ±0.00　D. ±0.000

21. “GB”表示（A、C）。

A. 盖板　B. 挡雨板　C. 沟盖板　D. 檐口板

22. “YB”表示（B、D）。

A. 盖板　　B. 挡雨板　　C. 沟盖板　　D. 檐口板

23. 在结构图中，（A、B、C）应用粗实线绘制。

A. 主钢筋线　B. 图名下划线　C. 剖切线　D. 箍筋线

24. 在结构图中，（A、C、D）应用粗实线绘制。

A. 墙身轮廓线　　B. 标注引出线

C. 基础轮廓线　　D. 箍筋线

25. 在结构图中，（A、B、D）应用细实线绘制。

A. 构件的轮廓线　　B. 标注引出线

C. 墙身轮廓线　　D. 索引符号

26. （A、B、C）必须用粗单点长画线绘制。

A. 柱间支撑　　B. 垂直支撑

C. 设备基础轴线图中的中心线　　D. 预应力钢筋线

27. （B、C、D）必须用细单点长画线绘制。

A. 柱间支撑　B. 定位轴线　C. 对称线　D. 中心线

28. 在结构平面图中配置双层钢筋时，底层钢筋的弯钩应（A、C）。

A. 向上　　B. 向下　　C. 向左　　D. 向右

29. 在结构平面图中配置双层钢筋时，顶层钢筋的弯钩应（B、D）。

A. 向上　　B. 向下　　C. 向左　　D. 向右

30. 钢筋混凝土墙体配双层钢筋时，在配钢筋立面图中，远面钢筋的弯钩应（A、C）。

A. 向上　　B. 向下　　C. 向左　　D. 向右

31. 钢筋混凝土墙体配双层钢筋时，在配钢筋立面图中，近面钢筋的弯钩应（B、D）。

A. 向上　　B. 向下　　C. 向左　　D. 向右

32. 下列属于构筑物的有（B、C、D）。

A. 办公楼　　B. 水池　　C. 支架　　D. 烟囱

33. （A、B、C）属于大跨度空间结构。这种结构一般用在大跨度的公共建筑中，通常称为空间结构。

A. 悬索结构　B. 网架结构　C. 壳体结构　D. 框架结构

34. 建筑物的维护结构有（A、C）。

A. 外墙体　B. 楼板　C. 屋顶　D. 楼梯

35. 屋顶的功能有（A、B、D）。

A. 承重　B. 保温（隔热）　C. 防潮　D. 防水

36. 门的作用主要是（A、B、C、D）。

A. 采光　B. 交通　C. 疏散　D. 通风

37. 窗的作用主要是（A、D）。

A. 采光　B. 交通　C. 疏散　D. 通风

38. 单层厂房横向排架包括（A、B、C）等构件。

A. 屋架　B. 柱子　C. 基础　D. 支撑系统

39. 纵向连系构件包括（B、C、D）。

A. 屋架　B. 吊车梁　C. 连系梁　D. 大型屋面板

40. 下图所示三脚架 ABC，杆 AB、BC 的自重不计，根据力的可传性，若将 AB 杆上的力 F 沿作用线移到 BC 杆上，则 A、C 处的约束力（A、B、D）。

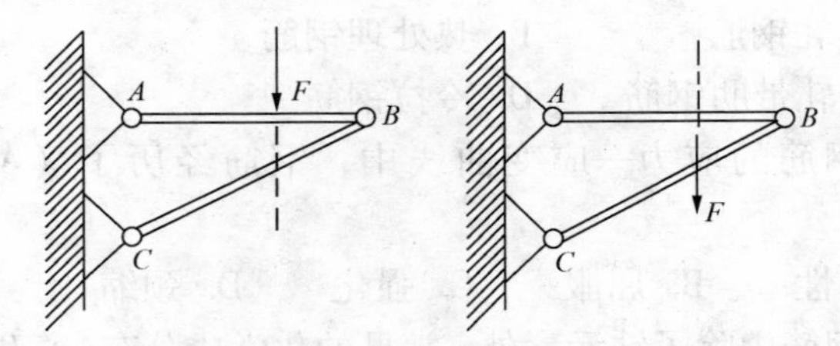

A. A 处、C 处都变　B. A 处变　C. A、C 处都不变　D. C 处变

41. 下图所示三铰刚架，在 D 处受力偶矩为 M 的力偶作用，若将该力偶移到 E 点，则支座 A、B 的约束力（A、C、D）。

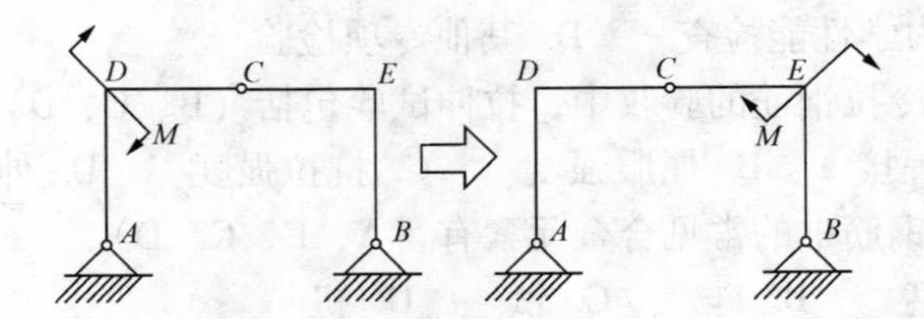

A. A、B 处都变化　　B. A、B 处都不变

C. A 处变　　D. B 处变

42. 可动铰支座的约束力过铰的中心，并（A、D）支承面，指向未知。

A. 垂直于　B. 平行于　C. 相切于　D. 正交于

43. 垂直于截面的应力可能为（A、B、C）应力。

A. 正　B. 拉　C. 压　D. 剪

44. 以下是变形钢筋的是（C、D）。

A. HRB335 级　B. HPB235 级

C. HRB400 级　D. RRB400 级

45. 钢丝按生产工艺分为（C、D）。

A. 粗钢丝　B. 细钢丝　C. 碳素钢丝　D. 低碳钢丝

46. 钢筋按钢筋外形分类，有（A、B、C）。

A. 光圆钢筋　B. 带肋钢筋

C. 钢丝及钢绞线　D. 碳素钢钢筋

47. 钢筋按生产工艺分为（A、B、C、D）。

A. 热轧钢筋　B. 热处理钢筋

C. 冷轧带肋钢筋　D. 冷拉钢筋

48. 钢筋的应力—应变曲线中，钢筋经历了（A、B、C、D）阶段。

A. 弹性　B. 屈服　C. 强化　D. 颈缩

49. 钢筋中除了铁元素外，常见的化学成分有(A、B、C、D)。

A. 碳　B. 硅　C. 锰　D. 磷

50. 钢筋的验收内容包括（A、B、C、D）。

A. 查对标牌　B. 外观检查

C. 力学性能检查　D. 其他专项检验

51. 冷拉钢筋的验收中，拉伸试验包括（B、C、D）指标。

A. 焊接　B. 屈服强度　C. 抗拉强度　D. 伸长率

52. 钢筋中的常见合金元素有（A、B、C、D）。

A. 锰　B. 硅　C. 钛　D. 钒

53. 吊具中的夹头有三种，即（A、B、C）。

A. 骑马式　B. 板式　C. 拳握式　D. 楔块式

54. 钢筋中的有害元素有（A、C、D）。

A. 氮　B. 硅　C. 氧　D. 磷

55. 钢筋调直机分为（A、B、C）部分。

A. 调直　B. 牵引　C. 定长切断　D. 电机

56. 钢筋调直机作为一种多功能机械，具有（C、D）等功能。

A. 冷拉　B. 切断　C. 钢筋除锈　D. 调直

57. 钢筋冷拉需要的基本设备有（A、C、D）等几个部分。

A. 拉力装置　B. 测量装置　C. 承力结构　D. 钢筋夹具

58. 钢筋冷拉中的常见拉力装置有（A、B、C、D）。

A. 冷拉用卷扬机　B. 长行程液压拉伸机

C. 丝杠冷拉机　D. 阻力轮冷拉机

59. 常见的钢筋冷拉夹具有（A、B、C、D）。

A. 槽式夹具　B. 楔块式夹具

C. 月牙式夹具　D. 偏心夹具

60. 常见的钢筋冷拉测量装置有（A、B、C）。

A. 弹簧测力器　B. 千斤顶测力装置

C. 电子秤测力装置　D. 示力仪

61. 常用的手工除锈工具有（A、B）。

A. 钢丝刷　B. 除锈沙盘　C. 大锤　D. 钳子

62. 磷含量较高的钢筋，其（B、C、D）降低。

A. 冷脆性　B. 韧性　C. 塑性　D. 可焊性

63. 硫会降低钢筋的（A、D）。

A. 热加工性　B. 韧性　C. 塑性　D. 可焊性

64. 钢筋配料单的内容包括（A、B、D）。

A. 工程及构件名称　B. 钢筋编号

C. 钢筋接头　D. 加工根数

65. 钢筋下料长度为各段外皮尺寸之和（A、B）。

A. 减去弯曲处的量度差　B. 加上两端弯钩的增长值

C. 加上弯曲处的量度差　D. 减去弯钩的增长值

66. 钢筋除锈的方法有（A、B、D）。

A. 手工除锈　B. 机械除锈

C. 钢丝刷除锈　D. 酸洗除锈

67. 点焊过热的原因有（A、D）。

A. 通电时间太短　B. 变压器级数过低

C. 电流过小　D. 上下电极不对中心

68. 防止焊点脱落的措施有（A、C）。

A. 降低变压器级数　B. 延长通电时间

C. 减小弹簧压力或调小　D. 缩短通电时间

69. 为了保证钢筋冷拉后强度有所提高，同时又具有一定的塑性，就需要合理地控制（A、B）。

A. 冷拉力　B. 冷拉率　C. 冷拉的方向　D. 冷拉时间

70. 有（A、C、D）情况之一时，应对挤压机的挤压力进行标定。

A. 新挤压设备使用前　B. 旧挤压设备大修前

C. 挤压设备使用超过一年　D. 挤压的接头数超过5000个

71. 下列作业情况时，应先切断电源的有（A、B、C）。

A. 改变焊机接头　B. 更换焊接、改接二次回路

C. 焊机转移作业地点　D. 焊剂检修

72. 钢筋保护层的最小厚度的确定要考虑以下因素（A、B、C）。

A. 混凝土强度等级　B. 环境类别

C. 构件种类　D. 荷载大小

73. 钢筋代换的基本方法有（A、B）。

A. 等强度代换　B. 等面积代换

C. 按配筋率代换　D. 等长度代换

74. 冷拉钢筋的基本方法有（A、B）。

A. 控制冷拉应力法　B. 控制冷拉率

C. 千斤顶法　　　　D. 自锚法

75. 钢筋常用机械连接方法有（A、B）。

A. 套筒冷压接头　　B. 锥形螺纹钢筋接头

C. 闪光对焊接头　　D. 电渣压力焊接头

76. 钢筋与混凝土能共同工作，关键靠两者之间的粘结力。这种粘结力的产生来自（A、B、C）的原因。

A. 因为混凝土收缩将钢筋紧紧握裹而产生的摩擦力

B. 因为混凝土颗粒的化学作用而产生的混凝土与钢筋之间的胶合力

C. 由于钢筋表面凹凸不平，与混凝土之间产生的机械咬合力

D. 钢筋与混凝土性能相似，强度接近

77. 钢筋拉伸试验主要测试（A、B、C）指标。

A. 屈服强度　　B. 抗拉强度　　C. 伸长率　　D. 冷弯

78. 绑扎梁和柱的箍筋时，除了设计特殊要求外，还应有（A、B）要求。

A. 应与受力筋垂直设置

B. 箍筋弯钩叠合处应沿受力钢筋方向错开设置

C. 应采用封闭式箍筋

D. 应采用开口式箍筋

79. 受拉焊接网绑扎接头的搭接长度的确定与（A、B）因素有关。

A. 钢筋类型　　B. 混凝土强度等级

C. 焊接方式　　D. 钢筋直径

80. 钢筋电弧焊接接头主要形式有（A、B、C）。

A. 搭接接头　　B. 帮条接头　　C. 坡口焊接头　　D. 单面焊缝

81. 施工现场质量管理应包含的内容有（A、B、C）。

A. 相应的施工技术标准　　B. 健全的质量管理体系

C. 施工质量检验制度　　D. 施工现场组织管理制度

82. 建筑工程中应进行现场验收的材料有（B、C、D）。

A. 建筑工程中采用的辅助材料

B. 建筑工程中采用的建筑构配件

C. 建筑工程中采用的成品

D. 建筑工程中采用的器具和设备

83. 建筑工程中涉及安全、功能的有关产品，应按各专业工程质量验收规范规定进行复验，并应经（A、D）检查认可。

A. 监理工程师

B. 建设行政主管部门负责人

C. 施工现场质量管理员

D. 建设单位技术负责人

84. 施工过程中各工序应按施工技术标准进行质量控制，每道工序完成后，应进行（A、B）。

A. 自检　　B. 互检

C. 交接检　　D. 施工企业技术主管检查

85. 建筑工程相关各专业工种之间，应进行交接检验，并形成记录。未经（A、D）检查认可，不得进行下道工序施工。

A. 监理工程师

B. 建设行政主管部门负责人

C. 施工现场质量管理员

D. 建设单位技术负责人

86. 建筑工程施工质量应按（A、B、D）要求进行验收。

A. 建筑工程施工应符合工程勘察、设计文件的要求

B. 参加工程施工质量验收的各方人员应具备规定的资格

C. 建设单位负责人的标准

D. 检验批的质量应按主控项目和一般项目验收

87. 检验批的质量应按（A、C）验收。

A. 主控项目　B. 关键项目　C. 一般项目　D. 非关键项目

88. 检验批的质量检验，应根据检验项目的特点，抽样方案在（A、B、C）中进行选择。

A. 计量、计数或计量—计数等抽样方案

B. 一次、二次或多次抽样方案

C. 对重要的检验项目当可采用简易快速的检验方法时，可选用全数检验方案

D. 随机抽样方案

89. 单位工程的划分应按（A、B）的原则确定。

A. 具备独立施工条件并能形成独立使用功能的建筑物及构筑物为一个单位工程

B. 建筑规模较大的单位工程，可将其能形成独立使用功能的部分为一个子单位工程

C. 简述单位的分包意愿，将一个分包工程作为一个单位工程

D. 施工企业成本核算方式，将一个独立工程队所完成的工程量作为一个单位工程

90. 分包工程的划分应按（B、C、D）的原则确定。

A. 当工程较大或复杂时，可按施工班组完成的工程任务划分为若干分部工程

B. 当工程较大或复杂时，可按施工程序、专业系统及类别等划分为若干分部工程

C. 当工程较大或复杂时，可按材料种类、施工特点等划分为若干分部工程

D. 应按专业性质、建筑部位划分为若干个分部工程

91. 分项工程可由一个或若干检验批组成，检验批可根据施工及质量控制和专业验收需要按（A、B、D）等进行划分。

A. 楼层　B. 施工段　C. 工作面　D. 变形缝

92. 分部（子分部）工程质量验收合格应符合（A、C、D）的规定。

A. 分部（子分部）工程所含工程的质量均应验收合格

B. 分部（子分部）工程所含工程的质量 90% 应验收合格

C. 地基与基础、主体结构和设备安装等分部工程有关安全级功能检验和抽样检测结果应符合有关规定

D. 质量控制资料应完整

93. 单位（子单位）工程质量验收合格应符合（B、C、D）的规定。

A. 单位（子单位）工程所含分部（子分部）工程的质量验收合格概率达到0.95

B. 单位（子单位）工程所含分部（子分部）工程的质量均应验收合格

C. 单位（子单位）工程所含分部工程有关安全和功能的检测资料应完整

D. 主要功能项目的抽查结果应符合相关专业质量验收规范的规定

94. 当建筑工程质量不符合要求时，应按（A、B、C）规定进行处理。

A. 经返工重做或更换器具、设备的检验批，应重新进行验收

B. 经有资质的检测单位检测鉴定能够达到设计要求的检验批，应予以验收

C. 经有资质的检测单位检测鉴定达不到设计要求，但经原设计单位核算认可能够满足结构安全和使用功能的检验批，可予以验收

D. 经返工后，经施工单位质量管理员检验达到设计要求，应予以验收

95. 建筑工程质量验收程序和组织（A、C、D）。

A. 检验批及分项工程应由监理工程师（建设单位项目技术负责人）组织施工单位项目专业质量技术负责人等进行验收

B. 分部工程应由监理工程师组织施工单位技术质量负责人等进行验收

C. 建设单位收到工程报告后，应由建设单位项目负责人组织施工（含分包单位）、设计、监理等单位项目负责人进行单位（子单位）工程验收

D. 当参加验收各方对工程质量验收意见不一致时，可请当地建设行政主管部门或工程质量监督机构协调处理

96. 钢筋分项工程是普通钢筋（B、C、D）等一系列技术工作和完成实体的总称。

A. 钢筋生产　B. 进场检验　C. 钢筋加工　D. 钢筋安装

97. 钢筋分项工程所含的检验批可根据（A、C）的需要确定。

A. 施工工序　　B. 施工段

C. 验收　　D. 质量检查人员的时间安排

98. 在浇筑混凝土之前，应进行钢筋隐蔽工程验收，其内容包括（A、C、D）。

A. 纵向受力钢筋的品种、规格、数量、位置等

B. 钢筋的连接方式，受力特性，接头质量等

C. 箍筋、横向钢筋的品种、规格、数量、间距等

D. 预埋件的规格、数量、位置等

99. 钢筋进场时，应按现行国家标准《钢筋混凝土用钢　第2部分：热轧带肋钢筋》GB 1499.2-2007 等的规定抽取试件作力学性能检验，其质量检验方法包括（A、B、D）。

A. 检查产品合格证　　B. 出厂检验报告

C. 同类工程使用合格证明　D. 进场复验报告

100. 箍筋的末端应作弯钩（除焊接封闭式箍筋外），弯钩形式应符合设计要求；当设计无具体要求时，应符合（A、B、D）的规定。

A. 箍筋弯钩的弯弧内直径除应满足受力钢筋的弯钩规定外，还应不小于受力钢筋的直径

B. 箍筋弯钩的弯折角度：对一般结构，不应小于 90°；对有抗震等级要求的结构，应为 135°

C. 箍筋弯钩的弯弧内直径只需满足受力钢筋的弯钩规定

D. 箍筋弯后平直部分长度；对一般结构，不宜小于箍筋直径的 5 倍；对有抗震等级要求的结构，不应小于箍筋直径的 10 倍

101. 受力钢筋采用机械接头或焊接接头连接时，同一连接区段内，纵向受力钢筋的接头面积百分率应符合设计要求；当设计无具体要求时，应符合（B、C、D）的规定。

A. 在受压区不宜大于50%

B. 在受拉区不宜大于50%

C. 接头不宜设置在有抗震设防要求的框架梁端、柱端的箍筋加密区；当无法避开时，对等强度高质量机械连接接头，不应大于50%

D. 直接承受动力荷载的结构构件中，不宜采用焊接接头；当采用机械连接接头时，不应大于50%

102. 钢筋绑扎搭接接头连接时，同一连接区段内，纵向受拉钢筋搭接接头面积百分率应符合设计要求，当设计无具体要求时，应符合（A、C、D）的规定。

A. 对梁类、板类及墙类构件，不宜大于25%

B. 对建筑工程的所有构件，应满足简述单位负责人的要求

C. 对柱类构件，不宜大于50%

D. 当工程中确有必要增大接头面积百分率时，对梁类构件，不应大于50%；对其他构件，可根据实际情况放宽

103. 在梁、柱构件的纵向受力钢筋搭接长度范围内，应按设计要求配置箍筋。当设计无具体要求时，应符合（A、C、D）规定。

A. 箍筋直径不应小于搭接钢筋较大直径的0.25倍

B. 箍筋直径不应小于搭接钢筋较大直径的0.5倍

C. 受拉搭接区段的箍筋间距不应大于搭接钢筋较小直径的5倍，且不应大于100mm

D. 受拉搭接区段的箍筋间距不应大于搭接钢筋较小直径的10倍，且不应大于200mm

104. 施工现场按有关规定应悬挂（A、B、C、D）。

A. 各种警示标语　　B. 施工标牌

C. 现场规章制度　　D. 宣传标语

1.3 判断题

1. 建筑工程制图图线的类型，一般有实线、虚线、点画线、折断线和波浪线五种。(√)

2. 标高可分为绝对标高和相对标高，在建筑施工图上通常注明的是绝对标高。(×)

3. 结构设计图纸不包括工程质量与施工安全内容。(√)

4. 结构施工图是表明承重结构材料、构造、尺寸和施工要求等内容的图纸。(√)

5. 结构施工图是施工的依据，为了正确贯彻设计意图，及早纠正图面上的差错，保证工程施工质量达到设计要求，审核是必不可少的程序。(√)

6. 混凝土构件详图是钢筋加工和绑扎的依据。(√)

7. 房屋主要由基础、墙体、柱、楼面板、梁、屋面板、门窗等组成。(√)

8. 带有颗粒状或片状老锈后的留有麻点的钢筋，可以按原规格使用。(×)

9. 施工前应熟悉施工图纸，除提出配筋表外，还应核对加工厂送来的成型钢筋钢号、直径、形状、尺寸、数量是否与料牌相符。(√)

10. 钢号越大，含碳量也越高，强度及硬度也越高，但塑性、韧性、冷弯及焊接性能均降低。(√)

11. HPB 是热轧光圆钢筋的代号。(√)

12. 在样图中粗实线表示主钢筋线。(√)

13. 轴心受拉构件是指外力的作用线通过构件截面的重心，并与轴线相重合的构件。(√)

14. 过梁的作用是承受门、窗洞上部的墙体重量。(√)

15. 用砂浆做垫块时，垫块应绑在竖筋外皮上。(√)

16. 力的合成是指作用在物体上的两个力用一个力来代替，

称为合力。(√)

17. 为提高钢筋混凝土板受冲切承载力，应按设计要求配置箍筋和弯起钢筋。(√)

18. 构造柱要在基础中锚固并预先砌墙后浇筑混凝土。(√)

19. 箍筋弯后平直部分长度对有抗震等级要求的结构，不应小于箍筋直径的5倍。(×)

20. 柱子纵向受力钢筋可在同一截面上连接。(√)

21. 受力钢筋接头位置不宜位于最大弯矩处，并应相互错开。(√)

22. 绑扎接头在搭接长度区内，搭接受力筋占总受力钢筋的截面积不得超过25%，受压区内不得超过50%。(√)

23. 箍筋弯后平直段长度：对于一般结构应≥$5d$；对于有抗震等级要求的结构应≥$10d$。(√)

24. 箍筋弯钩的弯折角度：对于一般结构应≥90°，对于有抗震等级要求的结构应为135°。(√)

25. 钢筋保护层的作用是防止钢筋生锈，保证钢筋与混凝土之间有足够的粘结力。(√)

26. 钢筋混凝土构件中，钢筋主要承受拉力。(√)

27. 钢筋混凝土构件中，混凝土主要承受拉力。(×)

28. 柱基、梁柱交接处，箍筋间距应按设计要求加密。(√)

29. 钢筋混凝土板内的上部负筋，是为了避免板受力后在支座上部出现裂缝而设置的受拉钢筋。(√)

30. 在整体浇捣混凝土过程中应有钢筋工现场配合，及时纠正和修理移动位置的钢筋。(√)

31. 配置双层钢筋时，底层钢筋弯钩应向下或向右，顶层钢筋则向上或向左。(×)

32. 所谓的配筋率是指纵向受力钢筋的有效面积与构件的截面面积的比值，用百分率表示。(×)

33. 力的合成可用平行四边形法则。力的合成只有一种结果。(√)

34. 钢筋的力学（机械）性能通过试验来测定，衡量钢筋质量标准的机械性能有屈服点、抗拉强度、伸长率指标。(×)

35. 结构图中，钢筋混凝土构件一般由平面配筋图、立面配筋图、钢筋详图和钢筋断面图组成。(√)

36. 平面图上定位轴线的编号注在图样的下方与左侧，横向编号用阿拉伯数字从左至右，竖向用大写拉丁字母自上而下。(×)

37. 为了确保工程质量，使用进口钢筋时，应严格遵守先试验后使用的原则，严禁未经试验就盲目使用。(√)

38. 钢筋机械性能试验包括：拉伸试验和弯曲试验。(√)

39. 对焊接头作拉伸试验时，三个试件的抗拉强度均不得低于该级别钢筋的规定抗拉强度值。(√)

40. 热轧钢筋试验的取样方法：在每批钢筋中任选两根钢筋，去掉钢筋端头500mm。(√)

41. 对热轧钢筋试验的取样数量：从每批钢筋中抽出两根试样钢筋，一根做拉力试验，测定其屈服点、抗拉强度及伸长率；另一根做冷弯试验。(√)

42. 建筑标高：注在建筑物面层处的标高；结构标高：注在结构层处的标高。(√)

43. 施工图的编排顺序是：图纸目录，总说明，建筑施工图（建施××号），结构施工图（结施××号），设备施工图（一般按水施、暖施、电施的顺序排列）。(√)

44. 钢筋必须严格分类、分级、分牌号堆放；不合格的钢筋另做标识，分开堆放。(√)

45. 一套建筑工程施工图是由建筑施工图、结构施工图和设备施工图三大部分组成。(√)

46. 焊接制品钢筋表面烧伤，已检查出是钢筋和电极接触面太脏，处理办法是：清刷电极与钢筋表面铁锈和油污。(√)

47. 建筑工程质量验收划分为单位（子单位）工程、分部（子分部）工程、分项工程和检验批。(√)

48. 受力钢筋的焊接接头，在构件的受拉区不宜大于50%。(√)

49. 钢筋对焊的质量检查：每批检查10%接头，并不得少于10个。(√)

50. 钢筋接头末端至钢筋弯起点距离不应小于钢筋直径的100倍。(×)

51. 焊接时零件熔接不好，焊不牢并有黏点现象，其原因可能是电流太小，需要改变接触组插头位置、调整电压。(√)

52. 钢筋下料长度应为各段外包尺寸之和减去各弯曲处的量度差值，再加上端部弯钩的增加值。(√)

53. 直钢筋的下料长度=构件长度－混凝土保护层厚度+弯钩增加值。(√)

54. 钢筋切断口可以做成马蹄形或起弯等，但钢筋长度偏差在±10mm内即可。(×)

55. 切断长300mm以下钢筋时，应考虑将钢筋套入钢管内送料，以防发生事故。(√)

56. 弯曲时，钢筋放置方向和挡轴、工作盘旋转方向一致，不得放反。在变换工作盘旋转方向时，倒顺开关必须按照指示牌上“正（倒）转、停、倒（正）转”的步骤进行操作，不得直接从“正、倒”或“倒、正”扳动开关，而不在“停”位上停留。(√)

57. 钢筋机械弯曲时，在运转过程中如发现缺少机油时，可尽快加润滑油。(×)

58. 目前焊接方法主要有：闪光对焊、电阻点焊、电弧焊、窄间隙焊、电渣压力焊、气压焊、搭接焊、帮条焊等。(×)

59. 钢筋套筒的主要工艺：钢筋套筒检验→钢筋断料→刻划钢筋套入度，定出标记→套筒套入钢筋→安装挤压套筒至接头成形→卸下挤压机→接头外形检查。(√)

60. 人工搬运钢筋时，步伐要一致。当上下坡、桥或转弯时，要前后呼应，步伐稳慢。注意钢筋头尾摆动，防止碰撞物

体或打击人身，特别防止碰挂周围和上下的电线。上肩或卸料时要相互招呼，注意安全。(√)

61. 起吊钢筋或钢筋骨架时，下方禁止站人，待钢筋骨架降落至离楼地面或安装标高 1m 以内人员方准靠近操作，待就位放稳或支撑好后，方可挂钩。(√)

62. 进入现场的钢筋机械在使用前必须经安全部门验收合格方可使用，操作人员需持证上岗作业，并在钢筋机械旁挂牌注明安全操作规程。(√)

63. 一般建筑施工图纸可分为建筑图和结构施工图两大类。(√)

64. 钢筋的直筋常用英文字母 d 为代表符号。(√)

65. 施工图的比例是 1:100，则施工图上的 39mm 表示实际上的 3.9m。(√)

66. 楼板钢筋绑扎，应先摆分布筋，后摆受力筋。(×)

67. 钢筋除锈，是为了保证钢筋与混凝土的粘结力。(√)

68. 现浇楼板负弯矩钢筋要每个扣绑扎。(√)

69. 绑扎双层钢筋时，先绑扎立模板一侧的钢筋。(√)

70. 用几种直径的钢筋代换一种直径的钢筋时，较粗的钢筋应放在构件的内侧。(×)

71. 热轧钢筋试验的取样方法：在每批钢筋中取任选两根钢筋，去掉钢筋端头 500mm。(√)

72. 预埋件的锚固筋应设在保护层内。(×)

73. 在施工中遇到行政命令，为了抢工程进度，而忽略了安全防护的情况下，工人有权拒绝施工操作，同时可上报有关部门。(√)

74. 手工切断钢筋时，夹料必须牢固。展开盘条钢筋时，应卡牢端头，切断前应稳防回弹。人工弯曲钢筋时，应放平扳手，用力不得过猛。(√)

75. 施工现场五临边防护是指：未安装栏杆的阳台周边，无外架防护的作业面周边，框架工程楼层周边，上下马道、斜道

两侧边，卸料平台的外侧边。(√)

76. 脚手架使用前应检查：脚手板是否有空隙、是否有探头板，护身栏、挡脚板是否齐全有效，确认安全后方可使用。(√)

77. 切断钢筋，手与刀口的距离不得小于15cm，断短料手握端小于40cm时，应用套管或夹具将钢筋端头压住或夹住。也可以用手直接送料。(×)

78. 绘制建筑施工图既要执行《房屋建筑制图统一标准》，又要执行《建筑制图标准》。(√)

79. 无论图纸的幅面多大，图框至图纸边缘（除装订边）的尺寸总是一样大。(√)

80. 无论什么样的图样都必须设会签栏，且都放在图样的左上角。(×)

81. 1∶50的比例小于1∶100的比例。(×)

82. 当整张图采用一个比例时，可将比例统一注写在标题栏内。(√)

83. 根据专业的需要，同一图样可选用两种比例。(√)

84. 1∶33，1∶75，1∶125等等，这些《建筑制图标准》中没有的比例在任何时候都不能使用。(×)

85. 断面的剖切符号应由剖切位置线及投射方向线组成。(√)

86. 如果编号在剖切位置的左边，表示按从左向右的方向进行投影。(×)

87. 索引符号与详图符号均以细实线圆表示。(×)

88. 索引出的详图，如采用标准图，应在索引符号水平直径的延长线上加注该标准图册的编号。(√)

89. 索引符号如用于索引剖视详图，应在被剖切的部位绘制剖切位置线，并以引出线索引投射方向。(√)

90. 同时引出几个相同部分的引出线，宜互相平行，也可画成集中于一点的放射线。(√)

91. 多层构造引出线，应通过被引出的第一层。(×)

92. 多层构造引出线，文字说明宜注写在水平线的上方，由上至下的说明顺序应与左至右的层次相互一致。(√)

93. 连接符号两端靠图样一侧应标注大写拉丁字母表示连接编号。(√)

94. 对称符号由两对对称线和两端的两对平行线组成。(×)

95. 指北针可用大直径圆绘制，但其尾部的宽度仍为 3mm。(×)

96. 竖向编号应用大写拉丁字母，从上至下顺序编写。(×)

97. 如果定位轴线的编号圆圈内标注成 2/E，则表示 E 轴线之后的第二根附加轴线。(√)

98. 折线形平面图仍按普通平面图中定位轴线的编号方法进行编号。(×)

99. 图形较小无法画出建筑材料图例时，也无需加文字说明。(×)

100. 自编建筑材料图例不得与《建筑制图标准》所列的图例重复。绘制时，应在适当位置画出该材料图例，并加以说明。(√)

101. 当试图用第一角画法绘制不易表达时，可用镜像投影法绘制，但应在图名后注写“镜像”二字，或画出镜像投影识别符号。(√)

102. 每个视图一般均应标准图名。图名宜标注在视图的下方或一侧，并在图名下用粗实线绘一条横线，其长度约为 50mm。(×)

103. 使用详图符号作为图名时，符号下不再画线。(√)

104. 当建筑平面图大而复杂时可以分区绘制，但应绘制组合示意图，并指出该区在建筑平面图中的位置。(√)

105. 同一工程不同专业的总平面图，在图样上的布图方向可以不一致，应根据各自的需要确定。(×)

106. 底面图与镜像图是一回事。(×)

107. “JM” 表示近面钢筋。(√)

108. “YM” 表示远面钢筋。(×)

109. 若在断面图中不能表达清楚钢筋的布置，应在断面图外增加钢筋的大样图。(√)

110. 构件配筋图中受力钢筋的尺寸接外皮尺寸标注。(√)

111. 箍筋的长度尺寸，应指箍筋的外皮尺寸。(×)

112. 弯起钢筋的高度尺寸应指钢筋的外皮尺寸。(√)

113. 公共建筑及综合性建筑，总高度不超过 24m 的为多层建筑，超过 24m 的为高层建筑。(√)

114. 基础埋在地下，因而不属于建筑的组成部分。(×)

115. 由于基础埋置于地下，属于建筑的隐蔽部分，安全程度要求较高。(√)

116. 基础应具有足够的强度、刚度及耐久性，并能抵抗地下各种不良因素的侵袭。(√)

117. 地坪是建筑底层房间与下部土层相接触的部分，它不承担任何荷载。(√)

118. 地面必须具有良好的耐磨、防潮及防水、保湿的性能。(√)

119. 楼梯是楼房建筑中联系上下各层的垂直交通设施，疏散楼梯须单独设立。(×)

120. 单层厂房排架结构中，架与柱的连接为刚性连接。(×)

121. 单层厂房排架结构中，柱与基础的连接为刚性连接。(√)

122. 支撑系统的作用是保证厂房结构和构件的承载力、稳定性和刚度，并传递部分水平荷载。(√)

123. 力对物体的作用，是不会产生外效应的同时产生内效应的。(×)

124. 力对物体作用的外效应，是使物体产生变形。(×)

125. 力对物体作用的内效应，是使物体产生变形。(√)

126. 力对物体作用的外效应，是使物体的运动状态发生改变。(√)

127. 力对物体作用的内效应，是使物体的运动状态发生改变。(×)

128. 凡是受二力作用的构件就是二力构件。(×)

129. 凡是受二力作用而平衡的构件就是二力构件。(√)

130. 只有受二力作用的直杆才是二力构件。(×)

131. 变形的二力构件无论是否处于平衡，都不能称为二力构件。(×)

132. 任何物体在两个等值、反向、共线的力作用下都将处于平衡。(√)

133. 刚体在两个等值、反向、共线的力作用下都将处于平衡。(√)

134. 变形体在两个等值，反向、共线的力作用下都将处于平衡。(×)

135. 作用与反作用定律只适用于刚体。(×)

136. 作用与反作用定律不适用于变形体。(×)

137. 作用与反作用定律既适用于刚体，也适用于变形体。(√)

138. 作用于刚体上力的三要素为：力的大小、方向和作用线。(√)

139. 作用于变形体上力的三要素为：力的大小、方向和作用线。(×)

140. 作用于变形体上力的三要素必定为：力的大小、方向和作用点。(√)

141. 力沿其作用线移动后不会改变力对物体的外效应，但会改变力对物体的内效应。(√)

142. 力可在刚体上沿其作用线移动，不会改变力对其作用的效应。(√)

143. 力沿其作用线移动时，力对点的矩不变。(√)

144. 力可在变形体上沿其作用线移动，不会改变力对其作用的效应。(×)

145. 力在变形体上沿其作用线移动，会改变力对其作用的效应。(√)

146. 力对任意点的力矩恒为零。(×)

147. 力对其作用线上的任意点的力矩恒为零。(√)

148. 两个大小相等、作用线不重合的反向平行力之间的距离称为力臂。(×)

149. 力偶对物体作用的外效应也就是力偶使物体单纯产生转动。(√)

150. 力偶对物体作用的外效应也就是力偶使物体不单纯产生转动，还产生移动。(×)

151. 力偶对物体上任意点之矩恒等于力偶矩。(√)

152. 力偶在任意轴上的投影恒等于零。(√)

153. 力偶可以合成一个合力。(×)

154. 力偶不能与一个力等效。(√)

155. 固定铰支座约束力过铰的中心，方向未知，故常用过铰中心的两个正交分力表示。(√)

156. 当固定铰支座连接二力构件时，其约束力作用线的位置可由二力平衡条件确定，故用一个力表示。(√)

157. 在求解平衡问题时，受力图中固定铰支座未知约束力的指向可以任意假设。(√)

158. 平面一般力系向作用平面内任一点简化一般能得到一个力和一个力偶，该力为原力系的合力，该力偶为原力系的合力偶。(√)

159. 平面一般力系向作用面内任一点简化一般能得到一个合力和合力偶。(×)

160. 平面一般力系向作用面内任一点简化一般能得到一个力和一个力偶，该力为原力系的主矢，该力偶为原力系的主矩。(√)

161. 刚体受同一平面的三个不平行的力作用而处于平衡时，这三个力的作用线必交于一点。(√)

162. 力在坐标轴上的投影是代数量。(√)

163. 力在坐标轴上的投影是矢量。(×)

164. 阻碍物体运动的其他物体称为该物体的约束。(√)

165. 内力是杆件在外力作用下相连两部分之间的作用力。(√)

166. 弯起钢筋的弯起段用来承受弯矩和剪力作用产生的梁斜截面上的主拉应力。(√)

167. 受力钢筋为光圆钢筋时，两端需要弯钩，而带肋钢筋两端不必设弯钩。(√)

168. 受力钢筋无论是光圆钢筋还是带肋钢筋，两端都必须设弯钩。(×)

169. 构件配筋图中注明的尺寸一般是指钢筋外轮廓尺寸，即从钢筋外皮到外皮量得的尺寸。(√)

170. 料牌是钢筋加工和绑扎的依据，它随着工艺流程的传送，最后系在加工好的钢筋上，作为钢筋安装工作中区别各工程项目、各类构件和不同钢筋的标志。(√)

171. 手工除锈的方法有：钢丝刷除锈、喷砂法除锈两种。(√)

172. 对于工程量小或临时在工地加工钢筋，常采用手工调直钢筋。(√)

173. 机械调直是利用钢筋调直机或卷扬机把弯曲的钢筋调直使其达到钢筋加工的要求。(√)

174. 机械调直有调直机调直、卷扬机冷拉调直。(√)

175. 钢筋切断有手工切断、机械切断和克子切断。(√)

176. 使用钢筋切断机切断时，钢筋可在调直前切断。(×)

177. 钢筋弯曲成形的方法有手工和机械两种，其操作顺序是：试弯—划线—弯曲成形。(√)

178. 手工弯曲直径 12mm 以下的钢筋，通常使用手摇扳手，

一次可弯1～4根钢筋。(√)

179. 当钢筋弯曲135°～180°时，弯曲点线距板柱外边缘的距离约2倍钢筋直径。(×)

180. 在任何情况下，受拉钢筋的搭接长度不应小于300mm；受压钢筋的搭接长度不应小于200mm。(√)

181. 在钢筋焊接施工中，主要有钢筋电阻点焊、闪光对焊、电弧焊、电渣压力焊及气压焊等几种焊接方法。(√)

182. 钢筋多头点焊机适用于不同规格焊接网的成批生产。(√)

183. 点焊脱落的原因可能是通电时间太长。(√)

184. 电弧焊的接头形式包括帮条焊、搭接焊、坡口焊、窄间隙焊和熔槽帮条焊5种。(√)

185. 钢筋机械连接是指通过钢筋与连接件的机械咬合作用或钢筋端面的承压作用，将一根钢筋中的力传到另一根钢筋的连接方法。(√)

186. 钢筋机械连接的方式有套筒挤压连接、锥螺纹连接。(√)

187. 钢筋挤压连接挤压操作应符合下列要求：应按标记检查钢筋插入套筒内的深度、钢筋端头离套筒长度中点宜超过10mm。(√)

188. 钢筋锥螺纹连接是将钢筋需要连接的端部加工成锥形螺纹，利用钢筋端部的锥形螺纹与内壁带有相同螺纹的连接套筒相互拧紧后，靠锥形螺纹相互咬合形成接头的连接。(√)

189. 钢筋冷拉的速度宜快，待拉到规定长度或控制应力后立即放松。(×)

190. 钢筋冷拉应先冷拉后焊接。(×)

191. 钢筋冷拉宜在低于-20℃的环境中进行。(×)

192. 钢筋冷拔工艺流程为：钢筋剥皮→扎头→拔丝。(√)

193. 钢筋扎头要求达到圆度均匀，长度约为300mm，直径比拔丝模小0.5～0.8mm，钢筋每冷拔一次应轧头一次。(√)

194. 钢筋加工操作人员经过专业培训、考核合格取得建设主管部门颁发的操作证后，方可持证上岗，学员应在专人指导下进行。(√)

195. 如果施工场地狭小，可在模板或脚手架上集中堆放钢筋。(×)

196. 操作人员在进入施工现场前，必须进行安全生产、安全技术措施和安全操作规程等方面的教育。(√)

197. 面层带有颗粒状或片状分离现象呈深褐色或黑色的钢筋可以使用。(×)

198. 钢筋加工作业后，应堆放好成品，清理场地，切断电源，锁好开关箱，做好钢筋加工机械的保养工作。(√)

199. 钢筋调直时，送料前应将不直的钢筋端头切除。(√)

200. 使用钢筋切断机切断钢筋时，接送料的工作台面应和切刀下部保持水平，工作台的长度可根据加工材料长度确定。(√)

201. 切断机运转中可用手直接清除切刀附近的断头和杂物。(×)

202. 弯曲钢筋放置方向要和挡轴、工作盘旋转方向一致，不得相反，在变换工作盘旋转方向时，倒顺开关必须按照开关批示牌上"正（倒）转—停—倒（正）转"的步骤进行操作。(√)

203. 弯曲机弯曲钢筋时可直接从"正—倒"或"倒—正"扳动开关。(×)

204. 采用钢筋绑扎连接时，钢筋绑扎接头位置以搭接长度应符合国家现行《混凝土结构工程施工质量验收规范》GB 50204 2010 年版的规定。(√)

205. 轴心受拉及小偏心受拉杆件的纵向受力钢筋不得采用绑扎搭接接头。(√)

206. 当受拉钢筋的直径 $d>28$mm 及受压钢筋的直径 $d>32$mm 时，不宜采用绑扎搭接接头。(√)

207. 钢筋采用绑扎搭接接头时必须满足《混凝土结构设计规范》GB 50010—2010 的规定。(×)

208. 钢筋搭接的位置与搭接长度必须满足《混凝土结构工程施工质量验收》GB 50204 2010 年版中的规定。(√)

209. 钢筋绑扎采用 15 ~ 19 号铁丝。(×)

210. 钢筋绑扎时钢筋交叉点应采用钢丝扎牢。(√)

211. 箍筋直径不应小于搭接钢筋较大直径的 0.3 倍。(×)

212. 受拉搭接区段的箍筋间距不应大于搭接钢筋较小直径的 4 倍。(×)

213. 受压搭接区段的箍筋间距不应大于搭接钢筋较小直径的 10 倍且不应大于 20mm。(√)

214. 当柱中纵向受力钢筋直径大于 25mm 时，应在搭接接头两个端面外 100mm 范围内各设置两个箍筋，其间距宜为 50mm。(√)

215. 受力钢筋的焊接接头在构件的受压区不宜大于 15%。(×)

216. 受力钢筋焊接接头在构件的受压区不宜大于 25%。(√)

217. 条形基础横向受力钢筋直径一般为 6 ~ 16mm，间距为 120 ~ 250mm。(√)

218. 柱子的箍筋间距不应大于 40mm 并不大于构件横截面的短边尺寸。(√)

219. 梁主要是受弯构件。(√)

220. 梁中弯起钢筋的弯起角度一般为 45°或 60°，当梁高大于 80mm 时宜用 30°。(×)

221. 梁和柱均为受压构件。(×)

222. 若根据计算梁中箍筋不需要设置时不设置。(×)

223. 柱子中不得采用内折角箍筋。(√)

224. 板中不一定要设置分布钢筋。(×)

225. 悬臂雨篷的钢筋是绑扎在构件上层的。(√)

226. 在钢筋混凝土结构中主要承受压力，混凝土主要承受拉力。(×)

227. 在钢筋混凝土构件中，混凝土保护层越厚越好。(×)

228. 板的上部钢筋为保证其有效高度和位置宜做成直钩伸至板底，当板厚 > 120mm 时可做成圆钩。(√)

229. 钢筋按强度分光面钢筋和变形钢筋两种。(×)

230. 板中弯起钢筋的弯起角度不小于 30°，当板厚 ≤ 120mm 且承受的动力荷载不大时，为方便施工科采用分离式配筋。(√)

231. 预制构件的吊环钢筋长度一般应埋入构件不小于 30d。(√)

232. 基础中纵向受力钢筋混凝土保护层不应小于 35mm，当无垫层时不应小于 70mm。(×)

233. 绑扎骨架中光圆钢筋时均应在末端做弯钩。(√)

234. 量度差值是指在钢筋下料时应去除的数值。(√)

235. 钢筋下料尺寸应该按钢筋中线长度计算。(√)

236. 钢筋除锈的方法有多种，常用的有手工除锈、钢筋除锈机和酸法除锈。(√)

237. 钢筋的接头宜设置在受力较小处，同一受力钢筋不宜设置两个或两个以上接头。(√)

238. 基础是起承重的作用。(√)

239. 钢筋冷拉不可在负温下进行。(×)

240. 两根不同直径钢筋可以搭接。(×)

241. 钢筋冷拉的方法只有控制应力法。(×)

242. 钢筋弯曲成形的顺序是：划线→弯曲成形→试弯。(√)

243. 钢筋网片的钢筋网眼尺寸允许偏差为 ±20mm。(√)

244. 钢筋网片的几何尺寸，其长度和宽度的允许偏差为 ±20mm。(×)

245. 现浇框架中，受力钢筋的排距允许偏差是 ± 15mm。(×)

246. 地基承受建筑物的全部荷载，是建筑物的主要组成部

分。(×)

247. 建筑物的绝对标高是建筑物的实际标高。(×)

248. 钢筋做不大于90°的弯折时，弯折处的弯弧直径不应小于钢筋直径的5倍。(√)

249. 为了增加钢筋与混凝土的锚固作用，任何钢筋末端都应做成弯钩。(×)

250. 钢筋接头有绑扎接头和焊接接头，宜优先选用绑扎接头。(×)

251. 独立基础为双向受力，短边方向的受力筋一般放在长边受力筋上面。(×)

252. 柱中配置箍筋其作用是抗剪。(×)

253. 板内弯起钢筋作用主要是抗剪。(×)

254. 当梁高大于700mm时，应在梁的两侧沿高度方向每隔300~400mm设置直径不小于12mm的受力筋。(×)

255. 当梁高小于150mm时，可用单肢箍筋。(√)

256. 板内分布钢筋的截面积不应小于单位长度上受力截面面积的15%。(×)

257. 当梁的截面高度大于800mm时，箍筋直径不宜小于6mm。(×)

258. 梁内弯起钢筋弯起后在受拉区的锚固长度不小于20*d*。(√)

259. 当板厚大于150mm时，板内受力间距不应大于300mm。(√)

260. 柱内全部纵向受力筋的配筋率不宜超过5%。(√)

261. 钢筋放样的工作顺序应与施工现场保持一致，与绑扎安装的顺序相适应。(√)

262. 上下柱钢筋搭接的搭接根数及搭接长度一律按上柱钢筋决定。(√)

263. 对于新购置的弯曲机在弯曲钢筋时往往要比规定额小一级。(√)

264. 框架梁中牛腿及柱帽钢筋应设置在柱的纵向钢筋内侧。（√）

265. HRB 是热轧带肋钢筋的代号。（√）

266. 钢筋不要同酸、盐、油等物品放在一起。（√）

267. 电焊工只要技术熟练，可以不持证上岗。（×）

268. 钢筋工的施工方案主要包括布置钢筋加工的施工作业进度计划、钢筋加工的工艺流程和施工方法、技术质量、安全措施等四个阶段的工作内容。（√）

269. 钢筋作业进度计划可采用横道图和网络图来表达。（√）

270. 施工机械操作人员必须进行技术培训，经过考试合格取得岗位证书后方可独立操作。（√）

271. 宽度大于 1m 的水平钢筋网采用四点起吊。（√）

272. 跨度小于 6m 的钢筋骨架采用两点起吊。（√）

273. 跨度大、刚度差的钢筋骨架应采用横吊梁四点起吊。（√）

274. 为了防止钢筋网和钢筋骨架在运输和安装过程中发生变形，应采取临时加固措施。（√）

275. 级别不同直径钢筋代换时，应采用强度代换方法。（×）

276. 梁板构件钢筋保护层厚度偏差合格率不小于 90%。（√）

277. 除梁板其他构件的钢筋保护层厚度偏差合格率不小于 80%。（√）

278. 立柱子钢筋与插筋绑扎时，在搭接长度内绑扎点不少于三个。（√）

279. 大钢筋骨架运输时，一般钢筋网的分块面积为 6 ~ 20m^2 为宜。（√）

280. 钢筋焊接网运输时每捆重量不应超过 3t。（×）

281. 进场钢筋焊接网宜按施工要求堆放并应明显标志。（√）

282. 对钢筋骨架采用临时加固措施，采用较多的是八字形

剪刀撑。(√)

283. 对于柱子，先绑扎钢筋后立模板。(√)

284. 对于梁，先立模板后绑扎钢筋。(√)

285. 现浇柱与基础连接选用的插筋，其箍筋应比柱的箍筋小一个柱筋直径以便连接。(√)

286. 基础中纵向受力钢筋的保护层厚度不应小于50mm。(×)

287. 基础浇筑完毕后，把基础上预留墙柱插筋扶正、理顺，保证插筋位置准确。(√)

288. 矩形简支梁的钢筋既可在梁的模板内绑扎，也可以在梁板上口绑扎成形后再入模。(√)

289. 板钢筋绑扎程序为：清理模板→模板上划线→绑扎下部受力钢筋→绑负弯矩短钢筋。(√)

290. 柱钢筋绑扎的程序为：立柱筋→画箍筋间距线→绑扎箍筋。(×)

291. 混凝土结构中常用钢材有钢筋和钢丝两类。(√)

292. 钢筋抽检方法同规格同炉罐量不多于80t为一批钢筋。(×)

293. 钢筋冷拉目的是提高钢材的屈服点。(√)

294. 钢筋机械连接方法有套筒冷压接头和锥形螺纹钢筋接头。(√)

295. 电渣压力焊接适用于混凝土结构中竖向或斜向钢筋焊接接头。(√)

296. 钢筋常用的代换方法有等强度、等面积代换。(√)

297. 钢筋混凝土中钢筋保护层的厚度没有规定，厚薄都可以。(×)

298. 钢筋代换后一定要满足构造要求。(√)

299. 钢筋弯曲后允许平偏差全长±10mm。(√)

300. 弯起钢筋弯起点位移允许偏差是30mm。(×)

301. 箍筋边长允许偏差是±5mm。(√)

302. 钢筋冷弯试验是一种较严格的检验，能揭示钢材内部是不是存在组织不均匀、内应力和夹杂物等缺陷。(√)

303. 变形钢筋在结构中使用，不需要作弯钩。(√)

304. 受力钢筋的绑扎接头，在构件的受压区不得超过25%。(√)

305. 严禁将两头已弯钩成形的钢筋在切除机中操作。(√)

306. 绑扎钢筋一般采用20～22号钢丝作为绑丝。(√)

307. 钢筋除锈是为了保证钢筋与混凝土的粘结力。(√)

308. 未经调直或平直的曲折钢筋，会影响受力性能，在钢筋混凝土构件中是不允许使用的。(√)

309. 钢筋工程属于隐蔽工程验收范围内，因此必须在被混凝土隐蔽前进行验收。(√)

310. 钢筋的骨架可以代替梯子上下攀登进行操作。(×)

311. 钢筋网片的钢筋间距允许偏差是±20mm。(√)

312. 现浇框架受力钢筋的排距允许偏差是±15mm。(×)

313. 现浇框架的箍筋间距允许偏差为±20mm。(√)

314. 混凝土保护层的作用之一是保证钢筋不被锈蚀。(√)

315. 现浇框架预埋件的中心位移允许偏差是5mm。(√)

316. 柱子的箍筋间距不应大于40mm，并不大于构件横截面的短边尺寸。(√)

317. 当构件受力时，混凝土与钢筋相连材料产生相同的变形，钢筋在混凝土中会产生滑动。(×)

318. 钢筋冷拔的操作工序是：除锈剥皮→钢筋轧头→拔丝→外观检查→力学试验→成品验收。(√)

319. 纵向钢筋一般不在受拉区截断，如需截断，应经设计部门同意。(√)

320. 在绑扎钢筋接头时，一定要把接头先行绑好，然后再和其他钢筋绑扎。(√)

321. 除设计有特殊要求外，柱和梁的箍筋应与主筋垂直。(√)

322. 钢筋除锈不得用酸洗。(×)

323. 建筑工程质量验收应划分为单位工程、分部工程、分项工程和检验批。(√)

324. 两根不同直径的钢筋不搭接。(√)

325. 不允许两台焊机使用一个电开关刀。(√)

326. 对进场的钢筋除应检查其标牌、外观、尺寸外，还应按规定采取试样检验。(√)

327. 遇四级以上强风时，不准进行高处作业。(×)

328. 施工人员认为施工图设计不合理，可以对其更改。(×)

1.4 简答题

1. 什么是力？力的三要素包括哪些？

答：力是物体间的机械作用，这种作用使物体的机械运动状态发生变化或使物体的形状发生变化。力的三要素包括：力的大小、力的方向、力的作用点。

2. 什么是力矩？如何计算？

答：力矩是力对物体产生转动作用。

力矩的计算公式：$M_O(F) = \pm Fd$

“±”表示使物体绕着力点逆时针转动为正，顺时针转动为负；

“F”表示作用在物体上力的大小；

“d”表示着力点 O 到力的作用线的距离；

“M_O（F）”表示力 F 对着力点 O 产生的力矩。

3. 什么叫力偶？

答：使物体转动的一对大小相等、方向相反、作用线相互平行但不共线的作用力称为力偶。

4. 简述建筑结构荷载的分类，并举例说明。

答：(1) 永久荷载：在结构使用期间，其值不随时间变化，或其变化值与平均值相比可以忽略不计的荷载，如结构自重、土压力等。

（2）可变荷载：在结构使用期间，其值随时间变化，且其变化值与平均值相比是不可忽略的荷载，如楼面活荷载、吊车荷载、风荷载和雪荷载等。

（3）偶然荷载：在结构使用期间不一定出现，但一经出现，其值很大，且持续时间较短的荷载，如爆炸冲击荷载、撞击荷载等。

5. 支座的构造有哪些类型，各有什么特点？

答：（1）可动铰支座：构件不能沿支承面的垂直方向移动，可沿支承面移动和绕铰转动。

（2）固定铰支座：构件不能在任何方向上移动，只能绕铰转动。

（3）固定端支座：构件既不能在任何方向上移动，而且不能绕支座转动。

6. 为什么钢筋和混凝土两种物理、力学性质弯曲不同的材料能在一起共同作用？

答：因为硬化后的混凝土与钢筋表面有很强的粘结力；钢筋与混凝土之间有比较接近的线膨胀系数，当温度变化时，不致产生较大的温度应力而破坏两者之间的粘结；钢筋被包裹在混凝土中间，混凝土本身对钢筋无锈蚀作用，混凝土又能很好地保护钢筋，免受外界的侵蚀，从而保证了钢筋混凝土构件的耐久性。

7. 简述梁、板、柱等钢筋混凝土构件中的钢筋分类及其所起的作用。

答：梁的钢筋：（1）纵向受力钢筋：纵向受力钢筋一般配置在梁的受拉区，主要作用是承受弯矩在梁内产生的拉应力。（2）弯起钢筋：弯起钢筋的弯起段用来承受弯矩和剪力产生的梁斜截面上的主拉应力，弯起来的水平段用来承受支座附近负弯矩产生的拉应力，跨中水平段用来承受对应段弯矩产生的拉应力。（3）架力钢筋：设置在梁的受压区外缘两侧，用来固定箍筋和形成钢筋骨架。（4）箍筋：箍筋主要是用来承受由剪力和弯矩引起的梁斜截面上的部分主拉应力。同时，箍筋通过绑扎或焊接将其他钢筋连接起来，形成一个空间的钢筋骨架。

板的钢筋：（1）受力钢筋：受力钢筋沿板的跨度方向在受拉区配置，以承担由弯矩而产生的拉应力。（2）分布钢筋：分布钢筋布置在受力钢筋的内侧，与受力钢筋垂直，交点用细钢丝绑扎或焊接。分布钢筋的作用是将板面上的荷载更均匀地传给受力钢筋，同时在施工时固定受力钢筋的位置，且能抵抗温度应力和收缩应力。

柱的钢筋：（1）纵向受力钢筋：轴心受压柱内纵向受力钢筋的作用是混凝土共同承担中心荷载在截面内产生的压应力；而偏心受压柱内的纵向受力钢筋，不但要承担压应力，还要承受由偏心荷载引起弯矩而产生的拉应力。（2）箍筋：它的作用是保证柱内受力钢筋位置正确，间距符合设计要求，防止受力钢筋被压弯曲，从而提高柱子的承载力。

8. 简述什么是钢筋混凝土保护层及其作用。

答：钢筋混凝土保护层是钢筋外边缘至混凝土表面的距离；其作用是保护钢筋，起到防腐蚀、防火以及加强钢筋与混凝土的粘结力。

9. 为什么采用钢筋制作构件时，有的钢筋端部要做弯钩，而有的钢筋端部可不做弯钩？

答：如果手里钢筋为光圆钢筋，则两端需要弯钩，以加强钢筋与混凝土的粘结力，避免钢筋在受拉时滑动。带肋钢筋与混凝土的粘结力较强，两端不必弯钩。

10. 图幅有哪几种规格？

答：A0：841mm×1189mm

A1：594mm×841mm

A2：420mm×594mm

A3：297mm×420mm

A4：210mm×297mm

11. 尺寸由哪几部分组成?

答：尺寸由尺寸界线、尺寸线、尺寸起止符号和尺寸数字等内容组成。

12. 什么是建筑标高？什么是结构标高?

答：标注在建筑面层处的标高为建筑标高；标注在结构层处的标高为结构标高。

13. 绝对标高和相对标高有什么不同？在图样中所标注的标高是哪一种标高?

答：绝对标高是把我国青岛黄海平均海平面作为定位绝对标高的零点，其他各地都以它为基准，而得到的高度数值称为绝对标高。相对标高是以建筑物底层室内主要地坪为相对标高的零点，用±0.000表示，其他各部位都以它为基准，而得到的高度数值称为相对标高。在图样中所标注的标高一般是相对标高。

14. 简述一般民用建筑和工业建筑的构造组成。

答：民用建筑通常是由基础、墙体或柱、楼板层、楼梯、屋顶、地坪、门窗等主要部分组成，除此之外，还有一些附属的构件，如阳台、雨棚、台阶、散水、通风道等。

工业建筑主要由屋盖结构、横向平面排架、纵向平面排架、吊车梁、支撑、基础和维护等构件组成。

15. 一套完整的建筑施工图有哪几部分组成?

答：一套完整的建筑施工图是由建筑施工图、结构施工图和设备施工图三大部分组成，其中设备施工图包括了给水、排水、采暖通风和电气等。

16. 钢筋混凝土构件详图所表示的主要内容有哪些?

答：钢筋混凝土构件详图一般由平面配筋图、立面配筋图、钢筋详图和钢筋断面图组成。

17. 钢筋按外形可以分为哪几种?

答：(1) 光圆钢筋：钢筋表面轧制为光面而截面是圆形的钢筋。(2) 带肋钢筋：表面带有凸肋的钢筋，凸肋一般为月牙形，另外还有螺旋形、人字形两种。（3）钢丝及钢绞线：将直径在5mm以下的钢筋称为钢丝，钢丝有低碳钢丝和碳素钢丝。把光面碳素钢丝在绞线机上进行捻合，再经低温回火而成为钢绞线。

18. 在拉伸试验中，钢筋受拉过程中有哪几个阶段？

答：在拉伸试验中，钢筋的受拉过程分为四个阶段：弹性阶段、屈服阶段、强化阶段和颈缩阶段。

19. 钢筋的力学性能指标有哪些？

答：（1）拉伸性能：通过对钢筋的拉伸试验，可以测定钢筋的屈服点、抗拉强度及伸长率。（2）冷弯性能：钢筋在常温下承受弯曲变形的能力，有助于暴露钢筋的某些缺陷，如气孔、杂质和裂纹等，在焊接时，局部脆性及接头缺陷都可以通过冷弯面发现。（3）冲击韧性：钢筋抵抗冲击荷载而不破坏的能力。

20. 简述各种化学成分对钢筋的性能的影响。

答：（1）碳：决定钢筋性质的主要元素，随着含碳量的增加，钢筋的强度和硬度相应提高，而塑性、冲击韧度和焊接性能相应降低。（2）硅：其作用是提高钢筋的强度，而对钢的塑性及韧性影响不大。（3）锰：可提高钢筋的强度和硬度，还可以改善钢筋的热加工性能，但锰含量较高时，将显著降低钢筋的可焊性。（4）磷：为有害元素，磷含量过高的钢筋，其冷脆性增大，塑性和韧性降低，可焊性也降低。（5）硫：也为有害元素，硫在钢中以FeS形式存在，FeS是一种低熔点化合物，它会降低钢筋的热加工性能和可焊性，因此要严格限制钢筋中硫的含量。

21. 钢筋验收有什么要求？

答：一般规定：钢筋从钢厂出发时，应具有出厂质量证明书或试验报告单号。每盘钢筋均应有标牌。钢筋进场时应按炉罐号及直径分批验收，每批重量不超过60t。

验收内容包括：（1）查对标牌上标注的钢筋名称、级别、直径、质量等级等是否与实际相符；（2）外观检查。钢筋表面不得有裂缝、折叠、结疤、耳子、分层、夹杂、机械损伤、氧化铁皮和油迹等。局部不影响使用的缺陷允许不大于0.2mm及高出横肋。盘条和钢绞线是由一整根盘成。(3)性能检查。按技术标准的规定抽取试样作力学性能试验，力学性能试验应以每批钢筋中任选两根钢筋，每根取两个试样分别进行拉伸试验和冷弯试验。如有一项试验结果不符合规定，则从同一批中再取双倍数量的试样重作各项试验。如仍有一个试样不合格，则该批钢筋为不合格品。钢筋在加工过程中如发生脆断、弯曲处裂缝、焊接性能不良或力学性能显著不正常等现象时，应进行化学成分检验或其他专项检验。

22. 钢筋在运输和装卸过程中应注意些什么?

答：(1) 应根据钢筋的形式、重量、长度、数量，选择好运输车辆和装卸工具。在钢筋运输和装卸过程中要注意堆放平稳，保持钢筋原形，避免钢筋弯曲变形，使成型钢筋产生连挂。(2) 在钢筋运输装卸过程中，为防止混用、错用钢筋，应按钢筋的种类、规格分别堆放整齐，保护好钢筋标牌，防止标牌脱落丢失。(3) 在钢筋运输装卸过程中，应注意保护好钢筋，不能与腐蚀性物品一同运输，防止钢筋被锈蚀。在雨雪天中运输、装卸时应有可靠的防滑、防寒措施，及时清扫水、冰、雪。钢筋的堆放不能直接堆在车上或地面上，下面应有垫木支承。

23. 钢筋常用的加工机械有哪些?

答：钢筋除锈机械：移动式和固定式电动机。钢筋调直机械：钢筋调直机、数控调直机、卷扬机拉直设备。钢筋切断机械：GQ型系列钢筋切断机、电动液压切断机。钢筋弯曲机械：钢筋弯曲机、四头弯筋机、钢筋弯箍机。

24. 如何控制混凝土保护层厚度?

答：在绑扎安装钢筋网、骨架时，通过垫块和塑料卡来控制混凝土保护层厚度。垫块通常用水泥砂浆制作，其厚度应等于保护层厚度。一般情况下，当保护层厚度在20mm以下时，垫块的平面尺寸为30mm×30mm；保护层厚度在20mm以上时，垫块的平面尺寸为50mm×50mm。在垂直方向使用垫块时，可在垫块中埋入20号铁丝。塑料卡的形状有两种：塑料垫块和塑料环圈。塑料垫块用于水平构件，在两个方向均有凹槽，以便适应保护层厚度。塑料环圈用于垂直构件，使用时钢筋从卡嘴进入卡腔，卡腔的大小能适应钢筋的变化。

25. 如何编制钢筋配料单？

答：钢筋配料单是根据结构施工图样及规范要求，对构件各钢筋按品种、规格、外形尺寸及数量进行编号，并计算各钢筋的直线下料长度及重量，将计算结果汇总所得的表格。钢筋配料单的内容包括了工程及构件名称、钢筋编号、钢筋简图及外形尺寸、钢筋规格、加工根数、下料长度、重量等。构件配筋图中注明的尺寸除箍筋外一般是指钢筋外轮廓尺寸，钢筋在弯曲后，外皮尺寸长，内皮尺寸短，中轴线长度保持不变。只有按钢筋的轴线尺寸下料加工，才能使加工后的钢筋形状、尺寸符合设计要求。钢筋下料长度为各段外皮尺寸之和减去弯曲处的量度差值，再加上两端弯钩的增长值。

26. 简述钢筋料牌的用处。

答：钢筋料牌将钢筋的工程及构件名称、钢筋编号、数量、规格、钢筋简图及下料长度等内容分别注写于料牌的两面。料牌是钢筋加工和绑扎的依据，它随着工艺流程的传送，最后系在加工好的钢筋上，作为钢筋安装工作中区别各工程项目、各类构件和不同钢筋的标志。

27. 钢筋锈蚀按锈蚀的程度可分为哪几种？

答：按锈蚀程度可分为三种：（1）浮锈：钢筋表面附着较均匀的细粉末，黄褐色或淡红色，用粗布或棕刷可擦掉。（2）陈锈：钢筋表面附着粉末较粗，呈红褐色（或淡赭色），用硬棕刷或钢丝刷可以除去。（3）老锈：钢筋表面锈斑明显，有麻坑，出现气层的片状分离现象，锈斑几乎遍及整根钢筋表面，颜色呈暗褐色（或红黄色），用硬钢刷或钢丝刷可以除去。

28. 钢筋除锈有哪些方法？

答：手工除锈：钢丝刷除锈、砂盘除锈、酸洗除锈。机械除锈：除锈剂除锈、喷砂法除锈。

29. 使用钢筋切断机切断钢筋时，有哪些要求？

答：（1）使用前应检查刀片安装是否正确、牢固，润滑油是否充足，并且要空车运转正常后，再进行操作。（2）在钢筋切断机进行操作工程中，要注意刀片的水平、垂直间隙位置，如有变化应及时停机调整。（3）钢筋要在调直后才进行切断。为了保证断料正确，钢筋和切断机刀口要垂直。在切断细钢筋时，要将钢筋摆直，注意不要形成弧线。（4）每次可切断的根数，是根据钢筋直径来确定的。

30. 手工弯曲钢筋时，应注意什么问题？

答：在进行钢筋弯曲操作时，为保证钢筋弯曲形状正确，使钢筋弯曲处圆弧有一定的曲率，操作时要注意板柱、弯曲点线和板距三者的关系，扳手端部不碰到板柱。板距是指扳手口与板柱之间的净距。钢筋弯曲点在板柱钢板上的位置要配合划线的操作方向，当钢筋弯曲90°以内时，弯曲点线与板柱外边缘相平；当钢筋弯曲135°～180°时，弯曲点线距板柱外边缘的距离约为1倍钢筋直径。弯曲钢筋时，钢筋必须放平，扳子要托平，用力均匀，不能上下摆动，以免弯出钢筋发生翘曲；要将钢筋的弯曲点放正，搭好扳手，注意扳距，扳口卡牢钢筋。起弯时用力要慢，用力过猛容易使扳手扳脱。结束时要稳，掌握好弯曲位置，以免把钢筋弯过头或没弯到要求角度。

31. 简述钢筋的连接方式。

答：绑扎连接、焊接连接、机械连接。

32. 钢筋焊接主要有哪几种方法？

答：钢筋焊接的主要方法有钢筋电阻点焊、闪光对焊、电弧焊、电渣压力焊及气压焊等。

33. 简述电渣压力焊的焊接工艺。

答：电渣压力焊的工艺过程包括四个阶段：引弧过程、电弧过程、电渣过程和顶压过程。分手工操作和自动操作两种。

焊接时，先清除钢筋待焊端部约150mm范围内的浮锈、杂物以及油污，然后将钢筋分别夹入钳口，在上、下钢筋对接处放上一块导电剂，当焊剂盒装满焊剂，通电后，用手柄使电弧引燃，钢筋端头及焊剂相继熔化而形成渣池，维持数秒后，随着钢筋的熔化，用手柄使上部钢筋缓缓下降，当熔化量达到规定值后，在断电的同时迅速下压上钢筋，挤出熔化金属和熔渣，形成坚实的焊接接头。待冷却一定时间后，打开焊剂盒，卸下夹具，敲去焊渣。

34. 钢筋的机械连接有哪几种形式？

答：钢筋的机械连接形式有套筒挤压连接、锥螺纹连接、镦粗直螺纹连接、滚轧直螺纹连接、熔融金属充填连接和水泥灌浆充填连接。

35. 简述套筒挤压连接的施工方法。

答：套筒挤压连接是将需连接的带肋钢筋插入特制钢套筒内，利用挤压机对钢套筒进行径向或轴向挤压，使它产生塑性变形与带肋钢筋紧紧咬合形成接头，从而实现钢筋的连接。

36. 简述钢筋锥螺纹连接的操作工艺。

答：钢筋锥螺纹连接工艺流程：钢筋下料→钢筋套螺纹→钢筋连接→质量检查。

37. 绑扎钢筋的扎口方法有哪些方式，如何应用？

答：（1）一面顺扣：绑扎时先将铁丝扣穿套钢筋交叉点，接着用钢筋钩钩住铁丝弯成圆圈的一端，旋转钢筋钩，一般1.5～2.5转即可。扣要短，才能少转快扎。这种方法具有操作简单，方便、绑扎效率高，适应钢筋网、架各个部位的绑扎，扎点也比较牢固。（2）十字花扣和反十字扣：用于要求比较牢固结实的地方。（3）兜扣：可用于平面，也可用于直筋和钢筋弯曲处的交接，如梁的箍筋转角处与纵向钢筋的连接。（4）缠扣：为防止钢筋滑动或脱落，可在扎结时加缠，缠绕方向根据钢筋可能移动的情况确定，缠绕一次或两次均可。缠扣可结合十字花扣、反十字扣、兜扣等实现。（5）套扣：为了利用废料，绑扎用的铁丝也有用废钢丝绳烧软破出股丝代替的，这种股丝较粗，可预先弯折，绑扎时往钢筋交叉点插套即可，操作方便。

38. 基础、梁、板、构造柱的绑扎顺序如何？

答：基础钢筋绑扎的操作程序为：清理垫层→画线→摆放基础钢筋→绑扎基础钢筋→绑扎墙、柱预留插筋。

梁钢筋绑扎的操作程序为：（1）模内绑扎：画箍筋位置线→放箍筋→穿梁底钢筋及弯起钢筋→穿梁上层纵向架立筋→绑扎箍筋。（2）模外绑扎：画箍筋位置线→在梁模板上口铺横杆数根→放箍筋→穿梁下层纵筋→穿梁上层钢筋→绑扎箍筋。

板钢筋绑扎操作程序：清理模板→模板上画线→绑板下受力筋→绑负弯钢筋。

柱钢筋绑扎的操作程序：调整插筋位置→套柱箍筋→立主筋→绑插筋接头→画箍筋间距线→绑扎箍筋。

39. 露筋是怎样造成的？如何防止？

答：露筋的原因：保护层砂浆垫块垫得太稀或脱落；由于钢筋成形尺寸不准确，或钢筋骨架绑扎不当，造成骨架外形尺寸偏大，局部抵触模板；振捣混凝土时，振动器撞击钢筋，使钢筋移位或引起绑扣松散。

预防措施：砂浆垫块垫得适量可靠；对于竖立钢筋，可采用埋有钢丝的垫块，绑在钢筋骨架外侧；同时，为使保护层厚度准确，需用钢丝将钢筋骨架拉向模板，挤牢垫块；竖立钢筋虽然用埋有钢丝的垫块垫着，垫块与钢筋绑在一起却不能防止它向内侧倾倒，因此需用钢丝将其拉向模板挤牢，以免解决露筋缺陷的同时，使得保护层厚度超出允许偏差。此外，钢筋骨架如果是在模外绑扎，要控制好它的总外形尺寸，不得超过允许偏差。

40. 为什么会出现钢筋绑扎点松脱，如何防止？

答：钢筋绑扎点松脱的原因为用于绑扎的钢丝太硬或粗细不适当；绑扣形式不正确。

预防措施：一般采用 20 ~ 22 号钢丝作为绑线。绑扎直径

12mm 以下钢筋宜用 22 号钢丝；绑扎直径 12 ~ 16mm 钢筋宜用 20 号钢丝；绑扎梁、柱等直径较大的钢筋可用双根 22 号钢丝，也可利用废钢丝绳烧软后破开钢丝充当绑线。绑扎时要尽量选用不易松脱的绑扣形式，例如绑平板钢筋网时，除了一面顺扣外，还应加一些十字花扣；钢筋转角处要采用兜扣并加缠；对竖立的钢筋网，除了十字花扣外，也要适当加缠。

41. 简述大型钢筋骨架搬运安装时的注意事项。

答：钢筋焊接网运输时应捆扎整齐、牢固，每捆重量不应超过 2t，必要时应加设刚性支撑或支架。进场的钢筋焊接网宜按施工要求堆放，并应有明显的标志。运输过程中使用专门的钢筋运料车。车辆应有足够长的车身，保持骨架的相对稳定。对骨架采用临时加固措施，采用较多的是八字形剪刀撑。

钢筋网和钢筋骨架垂直运输，应正确选择吊点，研究吊索系结方法，起吊操作要平稳。钢筋网与钢筋骨架的吊点，应根据其尺寸、重量及刚度而定。宽度大于 1m 的水平钢筋网宜采用四点起吊，跨度大于 6m 的钢筋骨架可以采用两点起吊；跨度大且刚度又差的钢筋骨架要采用横梁吊四点起吊。为了防止吊点处钢筋受力变形，可采用兜地起吊或加短钢筋的方法进行。绑扎钢筋骨架的安装时，应注意平面中构件代号和构件图中钢筋骨架的型号，要“对号入座”、按号入模。构件骨架两端不对称时亦应注意端部不同，不能放错方向。绑扎钢筋网和钢筋骨架在交接处的做法，与钢筋的现场绑扎相同；安装完毕，将交接的钢筋网或骨架交接处必要的部位用钢丝绑牢。

焊接钢筋骨架的安装时，对两端须插入梁内锚固的焊接网，当网片纵向钢筋较细时，可利用网片的弯曲变形性能，先将焊接网中部向上弯曲，使两端能先后插入梁内，然后铺平网片；当钢筋较粗焊接网不能弯曲时，可将焊接网的一端少焊 1 ~ 2 根横向钢筋，先插入该端，然后退插另一端，必要时可采用绑扎方法补回所减少的横向钢筋。钢筋焊接网、焊接骨架沿受力钢筋方向的搭接接头，应位于构件受力较小的部位，其搭接长度应符合规范的规定。两张网片搭接时，在搭接区中心及两端应采用钢丝绑扎牢固。在附加钢筋与焊接网连接的每个节点处均应采用钢丝绑扎。钢筋焊接网安装时，下部网片应设置与保护层厚度相当的水泥砂浆垫块或塑料卡；板的上部网片应在短向钢筋两端，沿长向钢筋方向每隔600～900mm设一钢筋支墩。

42. 如何对建筑工程质量验收进行划分？

答：建筑工程质量验收应划分为单位（子单位）工程、分部（子分部）工程、分项工程和检验批。

单位工程的划分应按下列原则确定：具备独立施工条件并能形成独立使用功能的建筑物及构筑物称为一个单位工程。建筑规模较大的单位工程，可将其能形成独立使用功能的部分称为一个子单位工程。

分部工程的划分应按下列原则确定：分部工程的划分应按专业性质、建筑部位确定。但分部工程较大或较复杂时，可按材料种类、施工特点、施工程序、专业系统及类别等划分为若干分部工程。

分项工程应按主要工种、材料、施工工艺、设备类别等进行划分。分项工程可由一个或若干检验批组成，检验批可根据施工及质量控制和专业验收需要按楼层、施工段、变形缝等进行划分。

室外工程可根据专业类别和工程规模划分单位（子单位）工程。

43. 建筑工程质量验收合格应符合哪些规定？

答：（1）检验批合格质量应符合下列规定：主控项目和一般项目的质量经抽样检验合格。具有完整的施工操作依据、质量检查记录。（2）分项工程质量验收合格应符合下列规定：分项工程所含的检验批均应符合合格质量的规定。分项工程所含的检验批的质量验收记录应完整。（3）分部（子分部）工程质量验收合格应符合下列规定：分部（子分部）工程所含工程的质量均应验收合格。质量控制资料应完整。地基与基础、主体结构和设备安装等分部工程有关安全及功能的检验和抽样检测结果应符合有关规定。观感质量验收应符合要求。（4）单位（子单位）工程质量验收合格应符合下列规定：单位（子单位）工程所含分部（子分部）工程的质量均应验收合格。质量控制资料应完整。单位（子单位）工程所含分部工程有关安全和功能的检测资料应完整。主要功能项目的抽查结果应将符合相关专业质量验收规范的规定。观感质量验收应符合要求。

44. 建筑工程质量验收的程序是什么？

答：检验批及分项工程应由监理工程师组织施工单位项目专业质量技术负责人等进行验收。分部工程应由总监理工程师组织施工单位项目负责人和技术、质量负责人等进行验收；地基与基础、主体结构分部工程的勘察、设计单位工程项目负责人和施工单位技术、质量部门负责人也应参加相关分部工程验收。单位工程完工后，施工单位应自行组织有关人员进行检查评定，并向建设单位提交工程验收报告。建设单位收到工程报告后，应由建设单位项目负责人组织施工（含分包单位）、设计、监理等单位（项目）负责人进行单位（子单位）工程验收。单位工程有分包单位施工时，分包单位对所承包的工程按本标准规定的程度检查评定，总包单位应派人参加。分包工程完工后，应将工程有关资料交总包单位。当参加验收各方对工程质量验收意见不一致时，可请当地建设行政主管部门或工程质量监督机构协调处理。单位工程质量验收合格后，建设单位应在规定时间内将工程竣工验收报告和有关文件，报建设行政主管部门备案。

45. 钢筋分项工程质量检验包括哪些项目？

答：钢筋分项工程质量检验包括的项目有：钢筋进场检验、钢筋加工、钢筋连接、钢筋安装等项目。

46. 在浇筑混凝土之前，应进行钢筋隐蔽工程验收，简述其内容。

答：在浇筑混凝土之前，应进行钢筋隐蔽工程验收，其内容包括：纵向受力钢筋的品种、规格、数量、位置等。钢筋的连接方式、接头位置、接头数量、接头面积百分率等。箍筋、横向钢筋的品种、规格、数量、间距等。预埋件的规格、数量、位置等。

47. 简述文明施工包括的内容。

答：(1) 现场管理：成立现场管理领导班子，由工地主要负责人主抓，其成员需有明确分工，各尽其职。场内管理应配置专（兼）职管理人员，场外保洁应随时进行。按照施工总平面图设置各项临时设施。堆放大宗材料、成品、半成品和机具设备，不得侵占场内道路及安全防护等设施。将整个施工现场划分若干责任区，并指定责任人，做到当日工完场清。文明施工管理领导小组定期组织有关人员认真检查，及时填写检查记录，不合格处应限期整改。现场按有关规定悬挂各种标语、标牌，各种规章制度要醒目。施工现场的场地、道路要平整、坚实、畅通，有回旋余地；有可靠的排水措施。建筑物内外的零散碎料和垃圾渣土应及时清理。楼梯踏步、休息平台、阳台处等悬挑结构上不得堆放料具和杂物。在施工作业面，工人操作应做到活完料净脚下清。施工现场应当设置各类必要的职工生活设施，并符合卫生、通风、照明等要求。职工的膳食、饮水供应等应当符合卫生要求。

(2) 料具管理：施工现场各种材料和机具应严格按照施工总平面图布置图指定位置分类堆放整齐。施工现场的材料保管，应根据材料性能采取必要的防雨、防潮、防晒、防火、防损坏等措施。专人保管，并建立严格的领退手续。合理使用施工材料。施工现场应有用料计划，按计划进料，使材料不积压，减少退料。施工现场应设立垃圾站，及时集中分拣、回收、利用、清运。垃圾清运出现场必须到批准的消纳场地倾倒，严禁乱倒乱卸。钢材须按规格、品种、型号、长度分别挂牌堆放，底垫木不小于20cm。码要放整齐，做到一头齐一条线。盘条要靠码整齐；成品半成品及剩余料应分类码放，不得混堆。做好现场施工机具的维护保养工作。

48. 房屋建筑的基本构造是由哪些构件组成的？并试说明其各自的作用。

答：房屋建筑主要由基础、墙体、柱、楼面板、梁、屋面板、门窗等组成。他们在建筑物中发挥着不同的作用，如：基础：是承受建筑物所有荷载的作用；墙体：是建筑物主要的竖向受力构件，按作用分：承重墙、围护墙、分隔墙。按受力分：承重墙和非承重墙。

49. 工业建筑基本构造由哪些构件组成的？

答：工业厂房有多层和单层厂房，以单层厂房为例，主要是由基础、基础梁、柱、吊车梁、连梁、支撑系统、屋架、屋面板等组成。

50. 荷载是如何分类的？

答：荷载是主动作用在结构上的外力。根据《建筑结构荷载规范》的规定，结构上的荷载分为三类：（1）永久荷载（结构自重、土压力等）。（2）可变荷载（活载：风、雪荷载、楼面上活载等）。（3）偶然荷载（爆炸、撞击力等）。

51. 荷载有哪些分布形式？

答：（1）集中荷载：可将其简化成集中作用在一点上，如楼板传给柱子的压力。单位：N，kN。（2）均布面荷载：均匀分布在作用面上的荷载，如半成品钢筋均匀分散码放在楼板上。单位：N/m^2，kN/m^2。（3）均布线荷载：均匀分布在某一长度上的荷载（q），单位：N/m，kN/m。（4）非均布线荷载：单位长度上的线荷载不是均匀分布的。

52. 什么是比例？

答：比例的大小是指比值的大小。

53. 钢筋书面质量保证资料的验收包括哪些内容？

答：钢筋进厂时应与之同步到场的有合格证，其应为原件。如是复印件，必须与原件一致，且加盖原件存放处的公章，注明原件存放处，并有经办人签字和时间。

54. 钢筋的外观检查验收包括哪些内容？

答：（1）核对标牌。（2）外观检查验收：表面是否有裂缝、褶皱、疤痕、分层、夹渣、机械损伤、氧化铁皮和油迹等；局部不影响使用的缺陷允许不大于0.2mm及高出横肋；盘条和钢绞线应为一根。（3）计量检测验收：使用金属直尺、游标卡尺、千分尺、地泵等计量工具对钢筋重量、直径、长度等进行检查。

55. 钢筋的运输装卸与保管有何要求？

答：（1）要保持钢筋原形。（2）保留标牌不混料，钢筋必须严格按批分等级、牌号、直径长度挂牌存放，并标明数量，不得混淆。（3）防锈防腐要垫高，钢筋应分类码放在距地面不小于200mm的垫木上。（4）长期不用入棚库。（5）所有钢筋原材料必须按照钢筋的检验状态即未检验、已检验合格、检验不合格、已检验待定四种检验状态进行标识。

56. 钢筋切断前的准备工作有哪些？

答：（1）复核料牌内容：根据钢筋配料单复核料牌上所写的钢筋种类、直径、尺寸、根数是否正确。（2）确定断料顺序：根据钢筋原材料长度，将同规格钢筋根据不同长度进行长短搭配，先断长料后断短料，以尽量减少短头，减少损耗。（3）检查计量工具：检查测量长度所用工具或标志的准确性，在工作台上有量尺刻度线的，应事先检查定尺挡板的牢固和可靠性。（4）调试切断设备：先试切1~2根，设备运转正常后再成批加工。（5）在钢筋切断过程中，如发现钢筋有劈裂、缩头或严重的弯头等必须切除，如果发现钢筋的硬度与该钢种有较大的出入，应及时向有关人员反映，查明情况。

57. 标高如何划分？其含义是什么？

答：（1）按所在的部位分为建筑标高、结构标高。建筑标高：注在建筑物面层处的标高；结构标高：注在结构层处的标高。（2）按基准面分绝对标高、相对标高。绝对标高：我国把青岛黄海海平面作为定位的绝对标高的零点，其他各地以它为基准而得到的高度数值定为绝对标高；相对标高：是以建筑物

底层室内主要地坪为相对标高的零点，以±0.000表示

58. 施工图的整套图的编排顺序是怎样的？

答：(1) 图纸目录。(2) 总说明。(3) 建筑施工图（建施××号)。(4) 结构施工图（结施××号)。(5) 设备施工图(一般按水施、暖施、电施的顺序排列)。

59. 什么是结构施工图平面表示方法？

答：是把结构构件的尺寸和配筋等，按照平面整体表示方法制图规则，整体直接表达在构件（钢筋混凝土柱、梁和剪力墙）的结构平面布置图上，再配合标准构造详图，构成完整的结构施工图。

60. 钢筋配料单上应包含哪些内容？

答：钢筋配料单的内容包括：工程及构件名称、钢筋编号、钢筋简图及外形尺寸、钢筋规格、加工、下料长度、重量等。

61. 弯曲机注意要点是什么？

答：(1) 使用前，应检查启动和制动装置是否正常，变速箱的润滑油是否充足。

(2) 操作前，应先试运转确认正常运转后，方可正常操作。

(3) 弯曲时，钢筋放置方向和挡轴、工作盘旋转方向一致，不得放反。在变换工作盘旋转方向时，倒顺开关必须按照指示牌上“正（倒）转、停、倒（正）转”的步骤进行操作，不得直接从“正、倒”或“倒、正”扳动开关，而不在“停”位上停留。

(4) 成形轴和心轴是同时转动的，会带动钢筋向前滑动，这是与人工弯曲的一个最大区别。因此，弯曲点线在工作盘的位置与手工弯曲时在扳柱铁板的位置正好相反。每次操作前要经过试弯，以确定弯曲点与心轴的尺寸关系。一般弯曲点线与心轴距离应符合相关要求。

(5) 不允许在运转过程中更换心柱、成形柱及挡铁轴，加润滑油或保养。

(6) 弯曲机应设接地装置，电源应安装在开关箱上。

62. 机械连接的要求是什么？

答：（1）钢筋原材用砂轮切割机按照翻样单尺寸进行切割。

（2）调整好剥肋直径尺寸，根据钢筋规格更换涨刀环，并按规定的丝头加工尺寸。

（3）注意正反丝扣调整加工机械开关。调整好剥肋挡板，保证剥肋长度符合丝头加工尺寸的规定。

（4）套好后的丝头将表面清理干净，逐个自检，并用螺纹环规进行检查，要求每加工 10 个丝头用通止环检查一次，检查率 100%；开始加工的丝头应用钢筋连接套筒进行接头检查。

（5）质量检查员随机抽样检查，抽检 10%，且不得少于 10 个；检查合格后在螺纹同一端拧上钢筋连接套，另一端拧上丝头保护帽。

（6）加工好的丝头按翻样单标明使用部位及尺寸样式在钢筋上挂牌，分类别堆放。

（7）钢筋原材、加工后的成品堆放时要注意遮盖，防止雨雪造成钢筋锈蚀。

63. 钢筋混凝土构件的保护层作用是什么？

答：它的作用有二：

其一是保护钢筋，防止钢筋生锈。其二是保证钢筋与混凝土之间有足够的粘结力，使钢筋和混凝土共同工作。

64. 建筑施工中的“三违”现象指什么？

答：违章指挥、违章操作、违反劳动纪律。

1.5 计算题

1. 已知某钢筋每米的重量为 1.21kg/m，求该钢筋的直径是多少？

【解】 由 $Q = 0.0061665 \times d^2$ 得

$$d^2 = Q/0.006165 = 1.21/0.0061665 = 196$$

$$d^2 = 14\text{mm}$$

答：钢筋的直径是14mm。

2. 计算层面梁箍筋间距为200mm的箍筋个数 n，已知梁两端第一根箍筋离梁端头为50mm，$L=11950$，$S=L/2=5975$。

【解】根据公式 $n=s/a+1$ 来求得 n。

$s=11950-100=11850$，$a=200$，代入上式得：

$$n=11850\div200+1=60.25，取61根。$$

答：箍筋个数是61根。

3. 计算 $L_0=5950$mm，直径为18mm，两端做180°弯钩的钢筋下料长度 L?

【解】钢筋下料长度 L = 外包尺寸 + 端部弯钩长度（$6.25d$）

$$=5950+2\times6.25\times18=6175\text{mm}。$$

答：钢筋下料长度是6175mm。

4. 求直径为16mm钢筋的每米重量及其断面积?

【解】$\phi16$ 钢筋的截面面积 $=\pi R^2$

$$=3.1416\times(16\div2)^2=201.1\text{mm}^2$$

每米钢筋重量 $Q=0.006165d^2$

$$=0.006165\times16^2=1.578\text{kg/m}$$

答：直径为16mm钢筋的每米重量是1.57kg/m，其断面积是201.1mm^2。

5. $\phi8$ 的盘条钢筋经4次冷拔后其直径为5mm，问冷拔的总压缩是多少。

【解】总压缩率 β 可由下列公式计算：

$$\beta=(d_0^2-d^2)\div d_0^2\times100\%$$

$$\beta=(8^2-5^2)\div8^2\times100\%=60.94\%$$

答：冷拔的总压缩是60.94%。

6. 混凝土板纵筋配置为 $\phi10@120$，板长为3900mm，板宽为900mm，混凝土保护层厚度为15mm，求板的纵筋数量。

【解】$l=900$mm，$a=15$mm，$s=120$mm

则纵筋数量为：$n=(l-2a)/s+1$

$n=(900-2\times15)\div120+1=7.25+1\approx9$ 根

答：板的纵筋数量是 9 根。

7. 抗震框架梁 KL1 为三等跨连续梁，轴线跨度 3600mm，支座 KZ1 为 500mm × 500mm，正中。集中标注的箍筋为 ϕ10@100/200（4）；集中标注的上部钢筋为：2 Φ 25 +（2 Φ 14）；每跨梁左右支座的原位标注都是 4 Φ 25；混凝土强度等级为 C25，二级抗震等级；计算 KL1 的架立筋。

【解】KL1 的净跨长度：$l_n = 3600 - 500 = 3100\text{mm}$

每跨架立筋长度 $= l_n \div 3 + 150 \times 2 = 1333\text{mm}$

KL1 为四肢箍，由于设置了上部通长筋位于梁箍筋的角部，所以在箍筋的中间要设置两根架立筋。每跨的架立筋根数 = 箍筋的肢数 - 上部通长筋根数 4 - 2 = 2 根

答：略。

8. 抗震框架梁 KL2 为两跨梁，第一跨轴线跨度为 3000mm，第二跨轴线跨度为 4000mm，支座 KZ1500mm × 500mm，正中，集中标注箍筋为 ϕ10@100/200（4）；集中标注的上部钢筋为：2 Φ 25 +（2 Φ 14）；每跨梁左右支座的原位标注都是 4 Φ 25；混凝土强度等级为 C25，二级抗震等级；计算 KL1 的架立筋。

【解】KL2 为不等跨的多跨框架梁。

第一跨净跨长度：$l_{n1} = 3000 - 500 = 2500\text{mm}$

第二跨净跨长度：$l_{n2} = 4000 - 500 = 3500\text{mm}$

$$l_n = \max(l_{n1}, l_{n2}) = \max(2500, 3500) = 3500\text{mm}$$

第一跨支座负筋伸出长度为 $l_{n1}/3$，右支座负筋伸出长度为 $l_n/3$，所以第一跨架立筋长度为：

$$\text{架立筋长度} = l_{n1} - l_{r1}/3 - l_n/3 + 150 \times 2$$
$$= 2500 - 2500 \div 3 - 3500 \div 3 + 150 \times 2 = 800\text{mm}$$

第二跨支座负筋伸出长度为 $l_n/3$，右支座负筋伸出长度为 $l_{n2}/3$，所以第二跨架立筋长度为：

$$\text{架立筋长度} = l_{n2} - l_n/3 - l_{n2}/3 + 150 \times 2$$
$$= 3500 - 3500 \div 3 - 3500 \div 3 + 150 \times 2 = 1467\text{mm}$$

答：略。

1.6 实际操作题

1. 钢筋配料单

见表1.6-1所示。

考核项目及评分标准　表1.6-1

序号	考核项目	评分标准	满分	检测点					得分
				1	2	3	4	5	
1	钢筋的直径	按图纸规定	10						
2	钢筋的钢号	按图纸规定	10						
3	钢筋的形状	按图纸规定	20						
4	钢筋的下料长度	按图纸规定	20						
5	每种钢筋的数量	按图纸规定	10						
6	各部位尺寸	按图纸规定	20						
7	工效	根据项目，按照劳动定额进行，低于定额90%本项无分，在90%～100%之间酌情扣分，超过定额酌情加1～3分	10						

2. 钢筋的加工

见表1.6-2所示。

考核项目及评分标准　表1.6-2

序号	考核项目	评分标准	满分	检测点					得分
				1	2	3	4	5	
1	钢筋各部位的尺寸	±5mm	10						

续表

序号	考核项目	评分标准	满分	检测点					得分
				1	2	3	4	5	
2	钢筋沿长度方向的净尺寸	±10mm	10						
3	钢筋弯折位置	±20mm	15						
4	箍筋内净尺寸	±5mm	15						
5	钢筋的弯心直径	±5mm	10						
6	弯钩端部平直长度	±20mm	10						
7	弯钩角度	±3°	10						
8	文明施工	工完场清满分，不文明扣3~5分	10						
9	工效	根据项目，按照劳动定额进行，低于定额90%本项无分，在90%~100%之间酌情扣分，超过定额酌情加1~3分	10						

3. 钢筋混凝土楼板的钢筋绑扎

见表1.6-3所示。

考核项目及评分标准 表1.6-3

序号	考核项目	评分标准	满分	检测点					得分
				1	2	3	4	5	
1	受力钢筋间距	±10mm	10						
2	受力钢筋排距	±5mm	10						

续表

序号	考核项目	评分标准	满分	检测点					得分
				1	2	3	4	5	
3	钢筋弯起位置	±20mm	10						
4	构造筋间距	±20mm	10						
5	保护层	±3mm	10						
6	工艺符合操作规范	错误无分，局部错误扣5~10分	20						
7	文明施工	工完场清满分，不文明扣3~5分	5						
8	安全施工	重大事故不合格，不文明扣3~5分	10						
9	工效	根据项目，按照劳动定额进行，低于定额90%本项无分，在90%~100%之间酌情扣分，超过定额酌情加1~3分	15						

第二部分　中级钢筋工

2.1　单项选择题

1. 钢筋抗拉强度与屈服点之比不小于（B）。

A. 0.25　B. 1.25　C. 2.25　D. 3.25

2. 带肋钢筋横肋与钢筋轴线夹角度不小于（B）。

A. 30　B. 45　C. 60　D. 90

3. 冷轧扭钢筋伸长率不小于（D）。

A. 1.5%　B. 2.5%　C. 3.5%　D. 4.5%

4. 钢筋进场检验时应从每批中抽取（B）进行外观检查。

A. 3%　B. 5%　C. 10%　D. 15%

5. 钢筋搭接接头 <50% 时纵向钢筋搭接长度修正系数为（C）。

A. 1.0　B. 1.2　C. 1.4　D. 1.6

6. 钢筋采用机械锚固时，锚固长度范围内箍筋不小于（B）个。

A. 2　B. 3　C. 5　D. 10

7. 不是钢筋连接的主要方式为（D）。

A. 绑扎搭接　B. 焊接　C. 机械连接　D. 锚接

8. 箍筋和拉筋弯钩的尺寸为钢筋直径的（C）。

A. 5d　B. 8d　C. 10d　D. 15d

9. 绑扎钢筋柱子时，柱身每升高（B）要设一层脚手架。

A. 1.5m　B. 1.8m　C. 2.0m　D. 2.5m

10. 一、二、三级抗震等级的剪力墙水平分布筋配筋率不应小于（B）。

A. 0.15%　　B. 0.25%　　C. 0.5%　　D. 1.0%

11. 钢筋焊接网制作方向的间距不宜为（D）。

A. 100mm　　B. 150mm　　C. 200mm　　D. 500mm

12. 钢筋吊环的弯筋直径为（B）。

A. 1.5d　　B. 2.5d　　C. 4d　　D. 6d

13. 关于钢筋采用直螺纹机械连接的特点描述不正确的是（D）。

A. 轴线不偏移　　B. 抗拉强度不降低

C. 工效高　　D. 无须人工

14. 不属于钢筋加工质量主要检查的项目是（D）。

A. 品种规格　B. 小下料长度　C. 弯钩质量　D. 抗拉强度

15. 现场绑扎钢筋检查不包括的是（A）。

A. 钢筋名牌　B. 规格　C. 长度偏差　D. 数量间距

16. 不属于钢筋电弧焊的是（D）。

A. 帮条焊　B. 搭接双面焊　C. 搭接单面焊　D. 气体焊

17. 闪光对焊的工艺不包括的是（A）。

A. 熔槽焊　　B. 连续闪光焊

C. 预热闪光焊　　D. 闪光预热焊

18. 冷拉钢筋时在（A）内禁止通行或作业。

A. 2m　　B. 4m　　C. 8m　　D. 12m

19. 进行纵横梁钢筋绑扎时，应站在（C）操作。

A. 模板上　B. 脚手架上　C. 密铺的脚手板上　D. 钢筋上

20. Ⅱ级钢筋直径的表示符号为（B）。

A. ϕ　　B. Φ　　C. 中　　D. 亚

21. 主梁纵向钢筋的间距一般不大于（D）。

A. 50mm　　B. 80mm　　C. 100mm　　D. 300mm

22. 现场焊接钢筋作业，不用穿戴（C）。

A. 绝缘手套　　B. 安全帽　　C. 口罩　　D. 护膝

23. 现场调换钢筋规格时，应经（D）。

A. 自己决定　　B. 施工员确定
C. 项目经理确定　　D. 设计人员确定
24. 绑扎楼板纵横向钢筋时，绑扎率不允许低于（D）。
A. 100%　　B. 90%　　C. 80%　　D. 70%
25. 当现场绑扎主副筋使用错误时，应（B）。
A. 继续绑扎　B. 立即返工　C. 无须考虑　D. 点焊牢固
26. 闪光对焊的工艺共有（A）种。
A. 3　　B. 4　　C. 5　　D. 6
27. 受力钢筋的加工误差允许超过（A）mm。
A. ±5　　B. ±20　　C. ±30　　D. ±50
28. 加工场搬运长钢筋时不需要（A）。
A. 设围栏　B. 一人指挥　C. 行动一致　D. 同起同落
29. 冷扎带肋钢筋经调直机调直后强度一般降低（B）。
A. 5%　　B. 10% ~15%　　C. 20%　　D. 25%
30. 现场钢筋绑扎完毕后，不应（D）。
A. 自检　B. 质检员检查　C. 监理验收　D. 立即浇筑
31. 有抗震要求的柱筋、箍筋加密区不小于（B）mm。
A. 200　　B. 500　　C. 800　　D. 1000
32. 热轧钢筋的最小直径为（A）mm。
A. 6　　B. 8　　C. 10　　D. 12
33. 采用冷拉调直钢筋时，Ⅰ级钢筋冷拉率不大于（B）。
A. 2%　　B. 4%　　C. 8%　　D. 10%
34. 不属于钢筋调直的方法有（D）。
A. 调直机调直　B. 卷扬机拉直　C. 手工调直　D. 锻打
35. 人工断钢筋时，短于（A）cm 的钢筋头不能用机械切段。
A. 30　　B. 60　　C. 90　　D. 120
36. 框架柱顶端竖向钢筋的弯拐长度不小于（C）。
A. $5d$　　B. $8d$　　C. $12d$　　D. $15d$
37. 加工圆钢时半圆弯钩的长度应为（B）。

A. $3d$ B. $6.25d$ C. $10d$ D. $15d$

38. 在雨棚配筋时，受力钢筋应绑扎在（A）。

A. 上层 B. 下层 C. 中间 D. 上下层均可

39. Ⅰ级钢筋的涂色标记为（D）。

A. 白色 B. 黄色 C. 绿色 D. 红色

40. 冷拉钢筋作业时，严禁（B）。

A. 纵向行走 B. 横向跨越 C. 走过 D. 靠近

41. 钢筋切断机切短料时，如手握段小于（D）时应用套管。

A. 150mm B. 200mm C. 300mm D. 500mm

42. 钢筋切断机工作平台和切刀下部位置应（C）。

A. 高 B. 低 C. 水平 D. 高低都可

43. 钢筋切断机切料时，应在（A）握紧钢筋防止末端伤人。

A. 固定刀片侧 B. 活动刀片侧 C. 两侧 D. 左侧

44. 钢筋弯曲机工作时，机身固定销应安放在（A）一侧。

A. 挡住 B. 压住 C. 固定 D. 活动

45. 多台电焊机接地应分别有接地极引接，不得（A）。

A. 串联 B. 并联 C. 相同 D. 相连

46. 对焊机应调整（A）开关，使焊接达预定挤压量时自动断电。

A. 短路限制位 B. 电源 C. 电路 D. 间隙

47. 张拉钢筋挡板距张拉钢筋的端部为（C）。

A. 1.0m B. 1.3~1.8m C. 1.5~2.0m D. 1.8~2.0m

48. 常用的（A）方法有点焊、缝焊、对焊三种。

A. 电阻焊 B. 气焊 C. 电焊 D. 熔焊

49. 交流电焊机空载电压不得超过（C）。

A. 36V B. 60V C. 80V D. 110V

50. 登高焊接钢筋时，在地面上（C）范围内为危险区。

A. 3m B. 5m C. 10m D. 20m

51. 在任何情况下，受力钢筋的保护层不得小于（A）mm。

A. 15　B. 20　C. 30　D. 40

52. 不属于楼板中的主要配筋主要为（D）。

A. 纵向钢筋　B. 横向钢筋　C. 八字筋　D. 箍筋

53. 当柱子纵向钢筋根数为 8 根时，箍筋肢数为（B）。

A. 2 肢　B. 4 肢　C. 6 肢　D. 8 肢

54. 受力钢筋的绑扎间距不超过（B）。

A. ±5mm　B. ±10mm　C. ±20mm　D. ±30mm

55. 箍筋绑扎横向间距误差不超过（A）。

A. ±20mm　B. ±15mm　C. ±10mm　D. ±5mm

56. 次梁中纵向钢筋的直径不小于（B）mm。

A. 10　B. 12　C. 16　D. 20

57. 钢筋采用绑扎接头时最小搭接长度不小于（B）。

A. 10d　B. 30d　C. 50d　D. 60d

58. 框架柱同截面主筋接头百分率不允许超（B）。

A. 25%　B. 50%　C. 75%　D. 100%

59. 直径大于（C）的钢筋，不宜采用绑扎接头。

A. 20mm　B. 22mm　C. 25mm　D. 28mm

60. 一般混凝土板中受力钢筋的直径为（B）。

A. 6mm　B. 8～12mm　C. 20mm　D. 25mm

61. 梁、柱箍筋应加工成（B）。

A. 半圆式　B. 封闭式　C. 开口式　D. 直角式

62. 热轧钢筋的最大直径为（D）。

A. 25mm　B. 30mm　C. 40mm　D. 50mm

63. 钢筋实验时同厂别炉号、规格的按每（C）为一批计量。

A. 30t　B. 40t　C. 60t　D. 80t

64. 钢筋闪光对焊检验应从成品件中随机取（B）个实验。

A. 3　B. 6　C. 9　D. 12

65. 采取机械螺纹连接的钢筋必试项目为（A）。

A. 抗拉强度　B. 弯曲实验　C. 伸长率　D. 屈服点

66. 热轧钢筋 $\phi12$ 的理论重量为（C）kg/m。

A. 0. 395　　B. 0. 617　　C. 0. 888　　D. 1. 21

67. 梁的第一道箍筋距支座的边缘宜为（A）。

A. 50mm　　B. 100mm　　C. 200mm　　D. 400mm

68. 月牙肋余热处理钢筋伸长率为（C）。

A. 5%　　B. 10%　　C. 14%　　D. 20%

69. 冷轧扭钢筋的抗拉强度不小于（C）MPa。

A. 370　　B. 490　　C. 580　　D. 630

70. 现场加工钢筋弯钩时如发生脆断，应进行（B）检验。

A. 弯曲性能　　B. 抗拉强度　　C. 伸长率　　D. 屈服点

71. 当钢筋重量负偏差大于（B）时，该批钢筋不合格。

A. 3%　　B. 5%　　C. 10%　　D. 15%

72. 当板上开洞时，因洞口筋断开应（A）。

A. 增加加强筋　　B. 减少原配筋

C. 维持不变　　D. 不用考虑

73. 剪力墙分部钢筋焊接网，搭接长度不应小于（C）。

A. 200mm　　B. 300mm　　C. 400mm　　D. 500mm

74. 梁上部纵向钢筋的净间距不应小于（B）。

A. 20mm　　B. 30mm　　C. 50mm　　D. 80mm

75. 柱中纵向受力钢筋的净间距不应小于（A）。

A. 50mm　　B. 80mm　　C. 100mm　　D. 200mm

76. 柱中纵向受力钢筋的净间距不应大于（C）。

A. 100mm　　B. 200mm　　C. 300mm　　D. 400mm

77. 一、二级抗震剪力墙结构分部筋，应选用（B）。

A. 光圆钢筋　　B. 冷轧带肋钢筋

C. 热轧带肋钢筋　　D. 钢绞线

78. 不属于钢筋切断的方法是（D）切断。

A. 切断机　　B. 人工手压剪　　C. 切割机　　D. 烧断

79. 梁截面尺寸标注时用 $b\times h$ 表示，其中 h 代表（B）。

A. 梁宽　　B. 梁高　　C. 梁长　　D. 梁有效高度

80. 梁截面尺寸标注时 $b \times h$ 表示，其中 b 代表（A）。

A. 梁宽　B. 梁高　C. 梁长　D. 梁有效高度

81. 钢筋平法施工图中配筋标注不包括（D）。

A. 平面标注　B. 列表注写　C. 截面注写　D. 立体注写

82. 钢筋标注中 ϕ8@100/200 中的100/200 表示（D）。

A. 间距100mm

B. 间距200mm

C. 间距在100～200mm 之间

D. 加密区100mm、非加密区200mm

83. 吊环埋入混凝土的深度不应小于（C）。

A. $10d$　B. $20d$　C. $30d$　D. $40d$

84. 钢筋切断机的切断次数每分钟可达到（D）。

A. 5 次　B. 10 次　C. 20 次　D. 30 次

85. 手动液压切断器最大切断钢筋直径为（D）。

A. 10mm　B. 12mm　C. 14mm　D. 16mm

86. 对于非抗震结构箍筋，其弯钩平直长度一般不小于（B）。

A. $3d$　B. $5d$　C. $10d$　D. $20d$

87. 剪力墙身拉筋采用矩形排布时间距不大于（C）。

A. 300mm　B. 400mm　C. 500mm　D. 600mm

88. 剪力墙洞口尺寸用 b、h 表示，b、h 分别代表（B）。

A. 洞口高、宽　B. 洞口宽、高

C. 洞口深度　D. 洞口高、深

89. 框架梁上部主筋端部弯锚时，弯锚段长度为（C）。

A. $5d$　B. $10d$　C. $15d$　D. $20d$

90. 一般抗震等级下对环氧涂层的最小锚固长度为（D）。

A. $36d$　B. $44d$　C. $49d$　D. $55d$

91. 纵向受拉钢筋非抗震要求时最大锚固长度为（A）。

A. $63d$　B. $58d$　C. $52d$　D. $48d$

92. 在任何情况下，钢筋的锚固长度不应小于（D）。

A. 100mm　B. 150mm　C. 200mm　D. 250mm

93. 一级抗震等级下框架梁箍筋加密区不小于（B）。

A. 300mm　B. 500mm　C. 700mm　D. 900mm

94. 梁的第一道箍筋距支座的边缘宜为（A）。

A. 50mm　B. 100mm　C. 200mm　D. 400mm

95. 梁纵向钢筋搭接长度范围内箍筋间距宜为（B）。

A. 50mm　B. 100mm　C. 200mm　D. 300mm

96. 四级抗震等级下梁箍筋加密区肢距不应大于（C）。

A. 100mm　B. 200mm　C. 300mm　D. 400mm

97. 二级抗震等级下箍筋加密区内的肢距不宜大于（C）。

A. 150mm　B. 200mm　C. 250mm　D. 300mm

98. 梁中部架立筋与纵向钢筋搭接长度宜为（B）。

A. 100mm　B. 150mm　C. 200mm　D. 300mm

99. 钢筋对焊接头拉伸实验时至少有（B）个试样方合格。

A. 一　B. 二　C. 三　D. 四

100. 四头弯筋机的工效比手工操作弯筋能提高（C）。

A. 3 倍　B. 5 倍　C. 7 倍　D. 10 倍

101. 对焊机的电极是用优质（B）制造。

A. 合金钢　B. 紫铜　C. 铸铁　D. 白金

102. 钢筋电弧焊的设备主要使用（A）。

A. 交流电焊机　B. 直流电焊机　C. 对焊机　D. 气压焊

103. 钢筋帮条焊时，帮条和主筋之间采用（D）点定位焊接。

A. 一　B. 二　C. 三　D. 四

104. 采用搭接焊时，两搭接钢筋之间采用（B）点定位焊接。

A. 一　B. 二　C. 三　D. 四

105. 当钢筋与钢板搭接焊时，焊缝宽度不得小于（A）。

A. $0.5d$　B. $1d$　C. $2d$　D. $5d$

106. 当绑扎Φ25 钢筋时，绑扎钢丝长度宜为（C）。

A. 150mm　　B. 250mm　　C. 350mm　　D. 450mm

107. 梁中部架立筋的直径，当梁跨度大于6m时，不宜小于（C）。

A. 8mm　　B. 10mm　　C. 12mm　　D. 20mm

108. 框架柱主筋相邻两个焊接街头，间隔距离不应小于（C）。

A. 20d　　B. 30d　　C. 35d　　D. 40d

109. 柱高范围内最上一组箍筋距梁底距离为（B）。

A. 30mm　　B. 50mm　　C. 100mm　　D. 200mm

110. 梁纵向钢筋在支座处弯锚时，上下纵筋弯折段之间净距宜（B）。

A. 15mm　　B. 25mm　　C. 40mm　　D. 50mm

111. 连系梁下部钢筋为一级钢筋时，在支座的锚固长度为（C）。

A. 6d　　B. 12d　　C. 15d　　D. 25d

112. 连系梁下部钢筋为Ⅱ级钢筋时，在支座锚固长度为（B）。

A. 5d　　B. 12d　　C. 15d　　D. 25d

113. 梁中部纵向架立筋，一般用（B）连接。

A. 箍筋　　B. 拉筋　　C. 锚筋　　D. 纵筋

114. 梁侧面纵向构造钢筋的搭接长度为（C）。

A. 5d　　B. 10d　　C. 15d　　D. 20d

115. 规范要求当梁大于350mm时，拉筋直径为（B）。

A. 6mm　　B. 8mm　　C. 10mm　　D. 12mm

116. 平法图标注钢筋时“G4ϕ10”表示（B）。

A. 4根主筋　　B. 4根构造筋　　C. 4根下层筋　　C. 4根上层筋

117. 悬挑梁下部纵向钢筋的直锚长度为（B）。

A. 5d　　B. 12d　　C. 20d　　D. 30d

118. 不属于框架柱顶纵向钢筋末端锚固形式的是（D）。

A. 直锚　　B. 向内弯锚　　C. 向外弯锚　　D. 斜锚

119. 楼板下部纵筋在两端直锚长度不小于（B）。

A. 3d　B. 5d　C. 10d　D. 15d

120. 当受压钢筋直径大于32mm时，不宜采用（C）。

A. 焊接接头　B. 机械连接　C. 绑扎接头

121. 工民建工程中钢筋加工的净损耗率为（B）。

A. 1%　B. 3%　C. 6%　D. 9%

122. 冷拔低碳钢丝的接头只能采用（B）。

A. 焊接接头　B. 绑扎接头　C. 机械联结

123. Ⅲ级钢筋的表示符号为（C）。

A. ϕ　B. Φ　C. Φ　D. Φ

124. 计算两根不同直径钢筋的搭接长度时按（A）。

A. 较细钢筋　B. 较粗钢筋　C. 两根平均值　D. 箍筋

125. 机械螺纹连接钢筋，在检查螺纹质量时抽查量不少于（B）。

A. 5%　B. 10%　C. 20%　D. 50%

126. 采用螺纹连接钢筋下料时，应用（B）下料。

A. 切断机　B. 砂轮切割机　C. 剪刀　D. 气割

127. 气压焊接头检验应在每批中抽取（B）个做拉伸实验。

A. 1　B. 3　C. 5　D. 10

128. 工民建工程中最常用的ϕ6钢筋理论重量是（B）kg。

A. 0.125　B. 0.222　C. 0.395　D. 0.617

129. 框架梁上部通长钢筋的接头应在跨中（B）处。

A. 1/2　B. 1/3　C. 1/4　D. 1/5

130. 对一、二级抗震要求的框架梁，其上纵向主筋的直径不小于（B）。

A. 12mm　B. 14mm　C. 18mm　D. 20mm

131. 箱型基础的底板和顶板，均应采用（B）配筋。

A. 一层　B. 二层　C. 三层　D. 四层

132. 当次梁高度小于300mm时，纵向受力钢筋直径不小于（B）。

A. 6mm　B. 8mm　C. 10mm　D. 12mm

133. 在海水环境条件下的施工属于（D）环境。

A. 一类　B. 二类　C. 三类　D. 四类

134. 对于严重锈蚀的钢筋，应（A）。

A. 不能使用　B. 除锈后使用

C. 降低一个规格使用　D. 继续使用

135. 当纵横梁钢筋交叉点出现冲突时，应（B）。

A. 主梁让次梁　B. 次梁让主梁

C. 断开主梁筋　D. 断开次梁筋

136. 余热处理钢筋按规范属于（A）。

A. 热轧钢筋　B. 冷加工钢筋

C. 冷拉钢筋　D. 冷拔钢筋

137. 在施工图中，B 通常代表（A）。

A. 板　B. 柱　C. 梁　D. 空心板

138. 钢筋弯起 60°时，斜长计算系数为（C）h。

A. 2　B. 1. 41　C. 1. 15　D. 1. 1

139. 施工图纸中点划线表示（D）。

A. 不可见轮廓线　B. 地下管道

C. 可见轮廓线　D. 定位轴线、中心线

140. 预应力钢筋混凝土构件的灌浆，如是曲线孔道时，宜（B）。

A. 自右至左　B. 低点压入、高点排出

C. 自左至右　D. 高点压入、低点排出

141. 双排钢筋网片的定位，应用（C）。

A. 箍筋　B. 塑料卡片　C. 支撑筋或拉筋　D. 砂浆垫块

142. 用做预应力钢筋的强度标准值保证率应不低于（B）。

A. 80%　B. 95%　C. 100%　D. 115%

143. 结构平面图内横墙的轴线编号顺序为（B）。

A. 从右到左编号

B. 从左到右编号

C. 按顺时针方向从左下角开始编号

D. 从上到下编号

144. 预应力混凝土结构的混凝土强度等级不宜低于（B）。

A. C30　　B. C40　　C. C50　　D. C60

145. 混凝土柱保护层厚度的保证一般由（B）来实施。

A. 垫木块　B. 埋入20号钢丝的砂浆垫块绑在柱子钢筋上

C. 垫石子　D. 随时调整

146. 校验张拉设备用的试验机或测力计，其精度不低于（C）。

A. 5%　　B. 4%　　C. 2%　　D. 1%

147. 受力钢筋接头位置，不宜位于（B）。

A. 截面变化处　　B. 最大弯矩处

C. 中性轴处　　D. 最小弯矩处

148. 钢筋的接头应交错分布，竖筋接头在每一水平截面内不应多于竖筋总数的（B）。

A. 30%　　B. 25%　　C. 20%　　D. 15%

149. （C）的主要作用是固定受力钢筋在构件中的位置，并使钢筋形成坚固的骨架，同时还可以承担部分拉力和剪力等。

A. 受拉钢筋　B. 受压钢筋　C. 箍筋　D. 架立钢筋

150. 钢筋的绑扎中，箍筋的允许偏差值为（C）mm。

A. ±5　　B. ±10　　C. ±20　　D. ±15

151. 施工图纸中虚线表示（A）。

A. 不可见轮廓线、部分图例　　B. 定位轴线

C. 中心线　　D. 尺寸线

152. 预应力筋的张拉设备应配套校验，压力表精度不低于（C）级。

A. 2.5　　B. 2　　C. 1.5　　D. 1

153. 后张法预应力筋张拉后，孔道应尽快灌浆，其水泥砂浆强度应不低于（C）N/mm^2。

A. 30　　B. 25　　C. 20　　D. 10

154. 钢筋网受力钢筋的摆放（D）。

A. 钢筋放在上面时，弯钩应朝上

B. 钢筋放在下面时，弯钩应朝下

C. 钢筋放在下面时，弯钩应朝上

D. 钢筋放在上面时，弯钩应朝下

155. 墙体钢筋绑扎时（A）。

A. 先绑扎先立模板一侧的钢筋，弯钩要背向模板

B. 后绑扎先立模板一侧的钢筋，弯钩要背向模板

C. 先绑扎先立模板一侧的钢筋，弯钩要面向模板

D. 后绑扎先立模板一侧的钢筋，弯钩要面向模板

156. 受压钢筋绑扎接头的搭接长度，应取受拉钢筋绑扎接头搭接长度的（C）倍。

A. 0.5　B. 0.6　C. 0.7　D. 0.8

157. 楼板钢筋绑扎，应该（A）。

A. 先摆受力筋，后放分布筋

B. 受力筋和分布筋同时摆放

C. 不分先后

D. 先摆分布筋，后放受力筋

158. 建筑物的沉降缝是为（A）而设置的。

A. 避免不均匀沉降　B. 避免温度变化的影响

C. 避免承力不均匀　D. 施工需要

159. 当预应力构件的长度小于6m时，钢丝成组张拉的下料长度相对差值，不得大于（D）mm。

A. 5　B. 4　C. 3　D. 2

160. 放张预应力筋的速度必须（D）。

A. 迅速　B. 冲击形式　C. 快慢间隔　D. 缓慢

161. 当气温低于（D）℃时，不宜张拉钢筋。

A. 10　B. 5　C. 3　D. 0

162. 预应力钢筋混凝土构件的灌浆顺序应（B）。

A. 先上后下　B. 先下后上　C. 先左后右　D. 先右后左

163. 钢筋焊接接头外观检查数量应符合的要求为（A）。

A. 每批检查10%，并不少于10个

B. 每批检查15%，并不少于15个

C. 每批检查10%，并不少于20个

D. 每批检查15%，并不少于20个

164. 钢筋镦粗留量一般为钢筋直径的（C）倍。

A. 3.0~2.5 B. 2.5~2.0 C. 1.5~2.0 D. 1.0~1.5

165. 预应力筋张拉锚固定后，实际预应力值的偏差不得大于或小于工程设计规定检验值的（C）。

A. 15% B. 10% C. 5% D. 3%

166. 高处作业人员的身体要经（C）后才准上岗。

A. 工长允许 B. 班组公认后

C. 医生检查合格 D. 自我感觉良好

167. 预应力筋张拉时，应填写（D）。

A. 钢筋化学成分表 B. 钢筋配料单

C. 钢材机械性能表 D. 施工预应力记录表

168. 平卧重叠浇筑的预应力混凝土构件，宜（A）逐层进行张拉。

A. 先上后下 B. 先左后右 C. 先下后上 D. 先右后左

169. 钢筋绑扎检验批质量检验，受力钢筋的间距允许偏差为（C）mm。

A. ±20 B. ±15 C. ±10 D. ±5

170. 电渣压力焊接头处钢筋轴线的偏移不得超过0.1d（d为钢筋直径），同时不得大于（C）mm。

A. 3 B. 2.5 C. 2 D. 1.5

171. 后张法预应力构件预留孔道的直径、长度、形状，由设计确定，如无规定时，孔道直径应比预应力筋直径的对焊接头处外径或需穿过孔道的锚具或连接器的外径大（B）mm。

A. 5~10 B. 10~15 C. 15~20 D. 20~25

172. 板中受力钢筋的直径，采用现浇板时不应小于(B)mm。

A. 4　　B. 6　　C. 8　　D. 10

173. 钢筋直弯钩增加长度为（C）d（d为钢筋直径）。

A. 2.5　　B. 4.9　　C. 3.5　　D. 6.25

174. 平面注写包括集中标注与原位标注，施工时（B）。

A. 集中标注取值优先　　B. 原位标注取值优先

C. 取平均值　　D. 核定后取值

175. 梁箍筋 ϕ10@100/200（4），其中（4）表示（C）。

A. 加密区为4根箍筋　　B. 非加密区为4根箍筋

C. 箍筋的肢数为4肢　　D. 箍筋的直径为4mm

176. 梁中配有G4ϕ12，其中G表示（D）。

A. 受拉纵向钢筋　　B. 受压纵向钢筋

C. 受扭纵向钢筋　　D. 纵向构造钢筋

177. 梁支座上部有4根纵筋，其上注写为2Φ25+2Φ22，它表示（A）。

A. 2Φ25放在角部，2Φ22放在中部

B. 2Φ25放在中部，2Φ22放在角部

C. 2Φ25放在上部，2Φ22放在下部

D. 2Φ25放在下部，2Φ22放在上部

178. 当设计无具体要求时，对于一、二级抗震等级，检验所得的钢筋强度实测值应符合下列规定：钢筋的屈服强度实测值与强度标准值的比值不应大于（D）。

A. 0.9　　B. 1.1　　C. 1.2　　D. 1.3

179. 钢筋检验时，热轧圆钢盘条每批盘条重量不大于（B）。

A. 40t　　B. 60t　　C. 80t　　D. 100t

180. 墙板（双层网片）钢筋绑扎操作时，水平钢筋每段长度不宜超过（C）。

A. 4m　　B. 6m　　C. 8m　　D. 10m

181. 预应力筋孔道的保护层应符合下列规定：在框架梁中，从孔壁算起的混凝土最小保护层厚度，板底为（A）。

A. 30mm　　B. 40mm　　C. 50mm　　D. 60mm

182. 预应力筋孔道的保护层应符合下列规定：在框架梁中，从孔壁算起的混凝土最小保护层厚度，梁底为（C）。

A. 30mm　　B. 40mm　　C. 50mm　　D. 60mm

183. 预应力筋孔道的保护层应符合下列规定：在框架梁中，从孔壁算起的混凝土最小保护层厚度，梁侧为（B）。

A. 30mm　　B. 40mm　　C. 50mm　　D. 60mm

184. 后张法施工中，抽芯成形孔道灌浆口的间距不宜大于（A）。

A. 12m　　B. 15m　　C. 18m　　D. 20m

185. 检验钢筋连接主控项目的方法是（D）。

A. 检查产品合格证书

B. 检查接头力学性能试验报告

C. 检查产品合格证书、钢筋的力学性能试验报告

D. 检查产品合格证书、接头力学性能试验报告

186. 无粘结预应力筋的涂包质量检查数量为每（A）为一批，每批抽取一组试件。

A. 60t　　B. 50t　　C. 40t　　D. 30t

187. 预应力筋张拉或放张时，混凝土强度应符合设计要求；当设计无具体要求时，不应低于设计的混凝土立方体抗压强度标准值的（D）。

A. 100%　　B. 95%　　C. 85%　　D. 75%

188. 弯起钢筋的放置方向错误表现为（A）。

A. 弯起钢筋方向不对，弯起的位置不对

B. 事先没有对操作人员认真交底，造成操作错误

C. 在钢筋骨架立模时，疏忽大意

D. 钢筋下料错误

189. 钢筋检验时热轧光圆钢筋、余热处理钢筋、热轧带肋钢筋每批重量不大于（B）。

A. 40t　　B. 60t　　C. 80t　　D. 100t

190. 钢筋检验时预应力混凝土用钢丝每批重量不大于（B）。

A. 30t　B. 60t　C. 80t　D. 90t

191.《混凝土结构设计》（GB 50010—2010）中规定，结构物所处环境分为（C）种类别。

A. 三　B. 四　C. 五　D. 六

192. 当 HRB400 和 RRB400 级钢筋的直径大于（D）时，其锚固长度应乘以修正系数 1. 1。

A. 16mm　B. 18mm　C. 20mm　D. 25mm

193. 当钢筋在混凝土施工过程中易受扰动（如滑模施工）时，其锚固长度应乘以修正系数（B）。

A. 1. 05　B. 1. 1　C. 1. 2　D. 1. 3

194. 当 HRB400 和 RRB400 级钢筋在锚固区的混凝土保护层厚度大于钢筋直径的 3 倍且配有箍筋时，其锚固长度可乘以修正系数（A）。

A. 0. 8　B. 1. 0　C. 1. 2　D. 1. 4

195. 采用机械锚固措施时，锚固长度范围内的箍筋间距不应大于纵向钢筋直径的（D）倍。

A. 2　B. 3　C. 4　D. 5

196. 同一连接区段内，纵向受拉钢筋搭接接头面积百分率应符合设计要求；当设计无具体要求时，对梁、板类及墙类构件，不宜大于（C）。

A. 15%　B. 20%　C. 25%　D. 30%

197. 同一连接区段内，纵向受拉钢筋搭接接头面积百分率应符合设计要求；当设计无具体要求时，若工程中确有必要增大接头面积百分率，对梁类构件不应大于（D）。

A. 25%　B. 35%　C. 45%　D. 50%

198. 同一连接区段内，纵向受拉钢筋搭接接头面积百分率应符合设计要求；当设计无具体要求时，纵向受拉钢筋搭接接头面积百分率，不宜大于（D）。

A. 25%　B. 35%　C. 45%　D. 50%

199. 构件中的纵向受压钢筋，当采用搭接连接时，其受压搭接长度不应小于纵向受拉钢筋搭接长度的（C）倍。

A. 0. 5　　B. 0. 6　　C. 0. 7　　D. 0. 8

200. 构件中的纵向受压钢筋，当采用搭接连接时，在任何情况下其受压搭接长度不应小于（B）。

A. 150mm　　B. 200mm　　C. 250mm　　D. 300mm

201. 在梁、柱类构件的纵向受力钢筋搭接长度范围内，应按设计要求配置箍筋。当设计无具体要求时，受拉搭接区段的箍筋间距不应大于搭接钢筋较小直径的（A）倍。

A. 5　　B. 6　　C. 7　　D. 8

202. 在梁、柱类构件的纵向受力钢筋搭接长度范围内，应按设计要求配置箍筋。当设计无具体要求时，受拉搭接区段的箍筋间距不应大于（B）。

A. 50mm　　B. 100mm　　C. 150mm　　D. 200mm

203. 在梁、柱类构件的纵向受力钢筋搭接长度范围内，应按设计要求配置箍筋。当设计无具体要求时，受压搭接区段的箍筋间距最小应大于（D）。

A. 50mm　　B. 100mm　　C. 150mm　　D. 200mm

204. 当柱中纵向受力钢筋直径大于（C）时，应在搭接接头两端外100mm范围内各设置两个箍筋，其间距宜为50mm。

A. 18mm　　B. 20mm　　C. 25mm　　D. 28mm

205. 非预应力钢筋下料长度的计算中，半圆弯钩增加长度计算值为（D）（d为钢筋直径）。

A. $3d$　　B. $3.5d$　　C. $4.9d$　　D. $6.25d$

206. 绑扎现浇框架柱钢筋时，竖筋和伸出筋的绑扎搭接绑扣不得少于（C）扣，并且应使绑扣朝里，以便于箍筋向上移动。

A. 1　　B. 2　　C. 3　　D. 4

207. 绑扎现浇框架柱钢筋时，若竖筋是圆钢，竖筋和伸出筋绑扎搭接时弯钩应朝柱心，且四角钢筋弯钩应与模板成（B）角。

A. 30°　B. 45°　C. 60°　D. 90°

208. 绑扎现浇框架柱钢筋时，中部竖筋的弯钩应与模板成（D）角，且不应向一侧歪斜。

A. 30°　B. 45°　C. 60°　D. 90°

209. 有抗震要求的柱子，箍筋弯钩应弯成（D），且平直部分长度不小于 $10d$（d 为钢筋直径）。

A. 45°　B. 60°　C. 90°　D. 135°

210. 箍筋采用90°角搭接时，搭接处应焊接，且单面焊焊接长度不小于（B）（d 为钢筋直径）。

A. $5d$　B. $10d$　C. $15d$　D. $20d$

211. 在绑扎接头任一搭接长度区段内的受力钢筋截面面积占受力钢筋总截面面积百分率应符合受压区不得超过（D）的规定。

A. 25%　B. 35%　C. 45%　D. 50%

212. 受压钢筋绑扎接头的搭接长度应按受拉钢筋最小绑扎搭接长度规定数值的（B）倍采用。

A. 0.6　B. 0.7　C. 0.8　D. 0.9

213. 肋形楼盖中钢筋的绑扎顺序为（A）。

A. 主梁筋→次梁筋→板钢筋

B. 主梁筋→板钢筋→次梁筋

C. 板钢筋→次梁筋→主梁筋

D. 板钢筋→主梁筋→次梁筋

214. 墙板（双层网片）钢筋的绑扎顺序为（A）。

A. 立外模并画线→绑扎外侧网片→绑扎内侧网片→绑扎拉筋→安放保护层垫块→设置撑铁→检查→立内模

B. 立外模并画线→绑扎内侧网片→绑扎外侧网片→绑扎拉筋→安放保护层垫块→设置撑铁→检查→立内模

C. 立外模并画线→绑扎外侧网片→绑扎拉筋→绑扎内侧网片→安放保护层垫块→设置撑铁→检查→立内模

D. 立外模并画线→绑扎内侧网片→绑扎拉筋→绑扎外侧网

片→安放保护层垫块→设置撑铁→检查→立内模

215. 地下室（箱形基础）钢筋的绑扎顺序为（B）。

A. 运钢筋→绑墙钢筋→绑底板钢筋→绑梁钢筋

B. 运钢筋→绑梁钢筋→绑底板钢筋→绑墙钢筋

C. 运钢筋→绑底板钢筋→绑梁钢筋→绑墙钢筋

D. 运钢筋→绑梁钢筋→绑墙钢筋→绑底板钢筋

216. 预制点焊网片绑扎搭接时，在钢筋搭接部分的中心和两端共绑（C）个扣。

A. 1　　B. 2　　C. 3　　D. 4

217. 绑扎钢筋混凝土烟囱筒身钢筋时，竖筋与基础或下节筒壁伸出的钢筋相接，其绑扎接头在同一水平截面上的数量一般为筒壁全圆周钢筋总数的（B）左右。

A. 15%　　B. 25%　　C. 35%　　D. 50%

218. 绑扎钢筋混凝土烟囱筒身钢筋时，在同一竖直截面上环筋绑扎接头数不应超过其总数的（B）。

A. 15%　　B. 25%　　C. 35%　　D. 50%

219. 先张法施工中，墩式台座要求台面平整、光滑，沿长度方向每隔（B）左右设置一条伸缩缝。

A. 8m　　B. 10m　　C. 12m　　D. 15m

220. 在后张法中，孔道灌浆用橡胶管宜用带（C）层帆布夹层的厚胶管。

A. 1 ~ 3　　B. 3 ~ 5　　C. 5 ~ 7　　D. 7 ~ 9

221. 先张法施工中，钢丝的预应力值偏差应为设计规定相应阶段预应力值的（B）。

A. 4%　　B. 5%　　C. 6%　　D. 7%

222. 先张法施工中，预应力筋张拉完毕后，对设计位置的偏差不得大于构件截面最短边长的（D）。

A. 2%　　B. 5%　　C. 3%　　D. 4%

223. 预留孔道的内径应比预应力筋与连接器外径大（B）。

A. 5 ~ 10mm　B. 10 ~ 15mm　C. 15 ~ 20mm　D. 20 ~ 25mm

224. 后张法施工中，预留孔道面积宜为预应力筋净面积的（C）。

A. 1～2 倍　B. 2～3 倍　C. 3～4 倍　D. 4～5 倍

225. 灌浆孔可设置在锚垫板上，或利用灌浆管引至构件外，其间距对抽芯成形孔道不宜大于（B）。

A. 10m　B. 12m　C. 13m　D. 15m

226. 钢筋和混凝土这两种力学性质不同的材料在结构中共同工作的前提是（C）大致是相同的。

A. 它们各自的强度　B. 它们各自的刚度

C. 它们之间的温度线膨胀系数　D. 外力的方向

227. 钢筋混凝土梁中弯起筋弯起角度一般为（C）。

A. 30°　B. 45°　C. 45°和 60°　D. 60°

228. 当有抗震要求时，双肢箍筋弯钩应采用（C）的形式的弯钩形式。

A. 90°/90°　B. 180°/90°　C. 135°/135°　D. 180°/180°

229. 施工缝是为了（D）而设置的。

A. 避免不均匀沉降　B. 避免承力不均匀

C. 避免温度变化的影响　D. 施工需要

230. 施工缝的位置应在混凝土浇筑之前确定，宜留在结构（C）且便于施工的部位。

A. 受弯矩较小　B. 受扭矩较小

C. 受剪力较小　D. 受力偶较小

231. 后浇带的宽度应考虑：施工简便，避免应力集中，一般其宽度为（D）。

A. 100～170cm　B. 50～70cm　C. 60～80cm　D. 70～100cm

232. 钢筋根数 n 可由（B）式来计算（式中 L 配筋范围的长度，a 钢筋间距）。

A. $n=L/a$　B. $n=L/a+1$　C. $n=a/L$　D. $n=(a+1)/L$

233. 钢筋加工中，箍筋内净尺寸的允许偏差为（D）。

A. ±20mm　B. ±15mm　C. ±10mm　D. ±5mm

234. 粗直径钢筋机械加工连接不包括（C）。

A. 套筒挤压连接法　B. 锥螺纹连接法

C. 绑扎连接法　D. 直螺纹连接法

235. 独立柱基础为双向弯曲，其底面短向的钢筋应放在长向钢筋的（B）。

A. 下面　B. 上面　C. 左面　D. 右面

236. 钢筋下料尺寸应该是钢筋（B）的长度。

A. 外皮之间　B. 中心线　C. 里皮之间　D. 模板间

237. 梁柱受力钢筋保护层的允许偏差值为 ±（C）的长度。

A. 10mm　B. 8mm　C. 5mm　D. 3mm

238. 施工现场室内灯具安装高度低于（B）m 时，应采用 36V 安全电压。

A. 2. 8　B. 2. 4　C. 3. 0　D. 4. 0

239. 构件的立面图表明构件的（B）。

A. 外形、型号、比例　B. 形状和尺寸

C. 钢筋配置位置　D. 构件的高度和宽度

240. 绝对标高是从我国（A）平均海平面为零点，其他各地的标高都以它作为基准。

A. 黄海　B. 东海　C. 渤海　D. 南海

241. 后浇带的保留时间若设计无要求时，一般至少保留（A）。

A. 28 天　B. 21 天　C. 14 天　D. 35 天

242. 钢筋的力学性能较好，因此构件的配筋率（C）。

A. 越大越好　B. 越小越好　C. 适量最好　D. 没有要求

243. 成型钢筋变形的原因是（B）。

A. 成型是变形　B. 堆放不合格

C. 地面不平　D. 钢筋质量不好

244. 后张法预应力筋锚固后的外露长度，不宜小于预应力筋的 1. 5 倍，且不宜小于（A）。

A. 30mm　B. 20mm　C. 15mm　D. 10mm

245. 冷扎扭钢筋不得采用（A）接头。

A. 焊接　B. 绑扎　C. 套筒　D. 其他

246. （B）是钢材冷加工的保证条件。

A. 弹性极限　B. 延伸率　C. 标准强度　D. 弹性模量

247. 钢筋接头末端至钢筋弯起点的距离不应小于钢筋直径的（C）倍。

A. 20　B. 15　C. 10　D. 5

248. 虚线是表示（A）。

A. 不可见轮廓线　B. 定位轴线　C. 尺寸线　D. 中心线

249. 有一栋房屋在图上量得长度为 60cm，用的是 1∶100 比例，其实际长度是（B）。

A. 6m　B. 60m　C. 600m　D. 6000m

250. 当梁的高度大于 1m 时，允许单独浇筑，施工缝可留在距板底面以下（B）处。

A. 1 ~ 2cm　B. 2 ~ 3cm　C. 3 ~ 4cm　D. 4 ~ 5cm

251. 计算冷拉钢筋的屈服点和抗拉强度，其截面面积应采用（A）。

A. 冷拉前的　B. 冷拉后的

C. 没有规定　D. 前、后平均值

252. 套筒挤压连接接头，拉伸试验以（C）个为一批。

A. 400　B. 600　C. 500　D. 300

253. 钢筋对焊接头处的钢筋轴线偏移，不得大于（D），同时不得大于 2mm。

A. 0. 5d（d 为钢筋直径）　B. 0. 3d

C. 0. 2d　D. 0. 1d

254. 杆件有轴向拉伸或压缩、剪切、扭转和（A）四种基本变形形式。

A. 弯曲　B. 压弯　C. 剪弯　D. 扭弯

255. 板的厚度应满足承载力、刚度和抗裂要求，从刚度条件出发，板的最小厚度对于单跨板不得小于（A）（l_0 为板的计算跨度）。

A. l_o/35B　B. l_o/30　C. l_o/25　D. l_o/45

256. 钢筋的力学性能主要有（A）、冲击韧性、疲劳强度。

A. 抗拉性能　B. 冷弯性能　C. 焊接性能　D. 抗压性能

257. 绑扎独立柱时，箍筋间距允许偏差为±20mm，其检验方法是（A）。

A. 钢尺量连续三档，取最大值

B. 钢尺量连续三档，取平均值

C. 钢尺量连续三档，取最小值

D. 钢尺连续量十档，取平均值

258. 基础中纵向受力钢筋的混凝土保护层（无垫层）厚度不应小于（B）。

A. 80mm　B. 70mm　C. 60mm　D. 50mm

259. 张拉钢筋时，操作人员的位置应在张拉设备的（A）。

A. 两侧　B. 尾端　C. 顶端　D. 任何位置

260. 粗直径钢筋机械加工中最节省钢筋的是（A）。

A. 直螺纹连接法　B. 锥螺纹连接法

C. 套筒挤压连接法　D. 无差别

261. 蛇形管的用途是（A）。

A. 调直　B. 除锈　C. 冷拉　D. 冷拔

262. 张拉设备的校验期限，不宜超过（B）。

A. 三个月　B. 半年　C. 一年　D. 二年

263. 钢筋弯曲时发生脆断，主要原因是（B）。

A. 弯曲用轴心太小

B. 钢筋塑性太差，原材料质量不良

C. 弯曲机弯曲速度太快

D. 弯曲时挡板太紧

264. （D）要求不属于钢筋工程质量的保证项目。

A. 材料应有出厂证书和试验报告

B. 钢筋的规格、尺寸、数量应符合设计要求

C. 钢筋的焊接接头必须符合焊接验收规范规定

D. 钢筋的搭接长度应小于规范规定的要求

265. （A）措施不属于钢筋绑扎规定。

A. 检查脚手架是否牢固

B. 不应将钢筋集中堆放在脚手架或模板上

C. 禁止向基坑内抛掷钢筋

D. 不准直接在成品钢筋骨架上推小车

266. 安全技术措施的制定，应在（B）阶段中落实。

A. 计划准备阶段　　B. 施工准备工作阶段

C. 钢筋施工阶段　　D. 质量验收阶段

267. 加工钢筋时，箍筋内净尺寸允许的偏差为（C）mm。

A. ±2　　B. ±3　　C. ±5　　D. ±10

268. 当要查看建筑的高度、平面布置时，应到（A）中查阅。

A. 建筑施工图　　B. 结构施工图

C. 暖卫施工图　　D. 电气施工图

269. 表明建筑物或构筑物的配筋构造详图是指（B）施工图。

A. 建筑　　B. 结构　　C. 暖卫　　D. 电气

270. 规范规定，钢筋可以在负温下进行冷拉，但其温度不宜低于（B）。

A. －10℃　　B. －20℃　　C. －30℃　　D. －40℃

271. 钢筋弯曲成型时，全长允许偏差为（B）mm。

A. ±5　B. ±10　C. ±15　D. ±20

272. 施工时，预应力筋如需超张拉，对冷拉Ⅱ级钢筋规范规定超张拉值为屈服点的（D）。

A. 80%　　B. 85%　　C. 90%　　D. 95%

273. 预应力混凝土的锚具的锚固能力，不得低于预应力筋标准张拉强度的（D）。

A. 80%　　B. 90%　　C. 95%　　D. 100%

274. 一般的绘图步骤：（C）。

A. 先画节点图、后画基础图
B. 先画立面图、后画平面图
C. 先画平面图、后画立面图
D. 先画基础图、后画门窗表

275. 现浇框架结构气压焊接头试件截取的数量规定（A）。
A. 每一楼层以200个同类型接头作为一批，每组6件
B. 每一楼层以200个同类型接头作为一批，每组3件
C. 每200个同类型接头作为一批，每组6件
D. 每200个同类型接头作为一批，每组3件

276. 焊条、焊剂出厂质量证明书包括（C）。
A. 机械强度
B. 化学成分指标
C. 机械强度和化学成分指标
D. 机械强度和焊条品种规格

277. 荷载按分布情况可分为（B）。
A. 集中荷载和人为荷载　B. 集中荷载和分布荷载
C. 线荷载和风荷载　D. 分布荷载

278. 建筑物的伸缩缝是为（A）而设置的。
A. 避免温度变化的影响　B. 避免不均匀沉降
C. 避免承力不均匀　D. 施工需要

279. 丁字尺的用途是（B）。
A. 放大或缩小线段长度用的　B. 画水平线用的
C. 画圆用的　D. 画曲线用的

280. 电器设备如果没有保护接地，将会有（A）的危险。
A. 人遭受触电　B. 设备烧坏　C. 设备断电　D. 电压不稳

281. 钢筋冷拉设备中除卷扬机和滑轮组以外，还必须（D）设备。
A. 电焊机　B. 冷拔机　C. 电动机　D. 测力机

282. 冬季钢筋焊接时，应在室内进行，如必须在室外进行时，最低气温不宜低于（B）。

A. －40℃　B. －20℃　C. －10℃　D. 0℃

283. 焊件熔接后，不能自动断路，这是对焊机发生了故障，其原因是（B）。

A. 电流过大　B. 限制行程开失灵

C. 电流过小　D. 继电器损坏

284. 钢筋镦粗使钢筋端部形成圆头，是作为（A）。

A. 预应力钢筋的锚固头　B. 代替钢筋弯头

C. 两根钢筋的接头　D. 绑扎头

285. 在深基坑或夜间施工应有足够的照明设备，行灯照明必须有防护罩，电压不得超过（C）V。

A. 220　B. 380　C. 36　D. 12

286. 平卧重叠浇筑的构件，宜（A）逐层进行张拉。

A. 先上后下　B. 先左后右　C. 先下后上　D. 先右后左

287. 与砖墙连接，拉结筋应按设计布设，如设计无明确要求，可按（B）间距设置。

A. 300mm　B. 500mm　C. 1000mm　D. 2000mm

288. 弹性变形，是指在外力作用下物体发生变形，外力卸去后，物体从变形状态（A）到原来的状态。

A. 能够完全恢复　B. 部分恢复

C. 不能恢复　D. 不能确定

289. 塑性变形，是指在外力作用下物体发生变形，外力卸去后，物体（C）到原来的状态。

A. 能够完全恢复　B. 部分恢复

C. 不能恢复　D. 不能确定

290. 张拉钢筋时，操作人员的位置在张拉设备的（D），以避免钢筋发生断裂时伤人。

A. 顶端　B. 尾端　C. 任何位置　D. 两侧

291. 张拉过程中，预应力钢材（钢丝、钢绞线和钢筋）断裂或滑脱的数量，严禁超过结构同一截面预应力总根数的（D）。

A. 20%　B. 15%　C. 10%　D. 5%

292. 已知两个标高数，求这两个标高之间的距离，可以按（B）的方法计算。

A. 同号相加，异号相减　　B. 同号相减，异号相加

C. 相减　　D. 相加

293. 独立柱基础中，钢筋的绑扎顺序为（A）。

A. 基础钢筋网片→插筋→柱受力钢筋→柱箍筋

B. 基础钢筋网片→柱箍筋→柱受力钢筋→插筋

C. 基础钢筋网片→插筋→柱箍筋→柱受力钢筋

D. 柱受力钢筋→基础钢筋网片→插筋→柱箍筋

294. 剪力墙结构大模板钢筋绑扎与预制外墙板连接时,外墙板安装就位后,将本层剪力墙边柱竖筋插入预制外墙板侧面钢筋套环内,竖筋插入外墙板套环内不得少于(C)个,并绑扎牢固。

A. 一　B. 二　C. 三　D. 四

295. 为防止在大风情况下竖向钢筋的晃动影响钢筋位置的准确和新浇混凝土与钢筋间的握裹力，应从支撑好的模板面向上1.5~2m处绑扎1~2道环向筋，且与内操作平台用支撑相连，支撑间距为每（B）左右一根。

A. 6m　B. 5m　C. 4m　D. 3m

296. 预应力筋孔道的间距应符合下列规定：在框架梁中，预留孔道垂直方向净间距不应小于孔道外径，水平方向净间距不宜小于（B）倍孔道外径。

A. 1　B. 1.5　C. 2　D. 2.5

297. 检查受力钢筋弯钩和弯折的数量：按每工作班同一类型钢筋、同一加工设备抽查不应少于（A）件。

A. 3　B. 4　C. 5　D. 6

298. 为了防止箍筋间距不足，应当（C）。

A. 使箍筋下料准确

B. 事先确定箍筋数量

C. 绑前根据配筋图预先算好箍筋的实际间距，并划线作为绑扎的依据，已绑好的钢筋骨架间距不一致时，可做局部调整，

或增加1~2个箍筋

D. 不必太重视

299. 钢筋对焊不上的原因是（B）。

A. 钢筋含碳过高　　B. 钢筋内夹杂其他杂质

C. 加工场地气温过低　　D. 工人技术水平低

300. 平面注写方式中，梁集中标注的内容，有（C）项必注值及若干项选注值。

A. 三　　B. 四　　C. 五　　D. 六

301. 钢筋检验时钢绞线的检验项目是（A）。

A. 测拉力试验　B. 测破坏负荷　C. 伸长率　D. 弯曲试验

302. 在梁、柱类构件的纵向受力钢筋搭接长度范围内，应按设计要求配置箍筋。当设计无具体要求时，受拉搭接区的箍筋间距不应大于搭接钢筋较小直径的（A）倍。

A. 5　　B. 6　　C. 7　　D. 8

303. 牛腿柱钢筋骨架的绑扎顺序为（C）。

A. 绑扎下柱钢筋→绑扎上柱钢筋→绑扎牛腿钢筋

B. 绑扎上柱钢筋→绑扎下柱钢筋→绑扎牛腿钢筋

C. 绑扎下柱钢筋→绑扎牛腿钢筋→绑扎上柱钢筋

D. 绑扎上柱钢筋→绑扎牛腿钢筋→绑扎下柱钢筋

304. 在使用钢质锥形锚具时，张拉到要求吨位后，顶压锚塞，顶压力不应低于张拉力的（B）。

A. 50%　　B. 60%　　C. 70%　　D. 80%

305. 曲线钢筋放大样时，一般情况下沿水平方向的分段尺寸在（B）范围内选取，这样可满足施工要求。

A. 150~250mm　　B. 250~500mm

C. 500~750mm　　D. 750~1000mm

306. 在梁、柱类构件的纵向钢筋搭接长度范围内，应按设计要求配置箍筋。当设计无具体要求时，受压搭接区段的箍筋间距不应大于（D）。

A. 50mm　　B. 100mm　　C. 150mm　　D. 200mm

307. 当基础底板的板厚 $h=30\sim50$cm 时，钢筋撑脚的直径为（C）。

A. 8 ~ 10mm　B. 10 ~ 12mm　C. 12 ~ 14mm　D. 14 ~ 16mm

308. 当基础底板的板厚(C)时，钢筋撑脚的直径为 8 ~ 10mm。

A. $h\leqslant15$cm　B. $h\leqslant20$cm　C. $h\leqslant30$cm　D. $h\leqslant40$cm

309. 当基础底板的板厚 $h>50$cm 时,钢筋撑脚的直径为(D)。

A. 10 ~ 12mm　B. 12 ~ 14mm　C. 14 ~ 16mm　D. 16 ~ 18mm

310. 圆形水池钢筋绑扎顺序为（D）。

A. 安装水池内模→绑扎内壁钢筋网→安装拉筋→绑扎外壁钢筋网→上口安装撑铁→检查→安外模板

B. 安装水池内模→绑扎内壁钢筋网→绑扎外壁钢筋网→上口安装撑铁→安装拉筋→检查→安外模板

C. 安装水池内模→绑扎外壁钢筋网→上口安装撑铁→绑扎内壁钢筋网→安装拉筋→检查→安外模板

D. 安装水池内模→绑扎内壁钢筋网→上口安装撑铁→绑扎外壁钢筋网→安装拉筋→检查→安外模板

311. 绑扎墙筋时，双排钢筋之间应绑支撑、拉筋，间距（B）左右，以保证双排钢筋之间距离不变。

A. 500mm　B. 1000mm　C. 1200mm　D. 1500mm

312. 为保证钢筋环向和竖向间距准确，排列均匀，钢筋绑扎时，应先沿环向每隔（A）标出各层环筋位置。

A. 4 ~ 6mm　B. 6 ~ 8mm　C. 8 ~ 12mm　D. 12 ~ 16mm

313. 先张法施工中，钢丝的预应力值偏差不得大于或小于设计规定相应阶段预应力值的（B）。

A. 4%　B. 5%　C. 6%　D. 7%

314. 先张法施工中，预应力钢丝内力的检测，一般在张拉锚固后（A）进行。此时，锚固损失已完成，钢筋松弛损失也部分产生。

A. 1h　B. 2h　C. 3h　D. 4h

315. 钢管抽芯法中，为防止在浇筑混凝土时钢管产生位移，每隔（B）用钢筋井字架固定牢靠。

A. 1. 2m　　B. 1. 0m　　C. 0. 8m　　D. 0. 6m

316. 后张法构件为了搬运等需要，可提前施加一部分预应力，使梁体建立较低的预压应力以承受自重荷载，但混凝土的立方体强度不应低于设计强度的（C）。

A. 40%　　B. 50%　　C. 60%　　D. 70%

317. 后张法施工中，立缝处混凝土或砂浆强度如设计无要求时，不得低于（C）。

A. 5MPa　　B. 10MPa　　C. 15MPa　　D. 20MPa

318. 后张法预应力混凝土屋架等构件一般在施工现场平卧重叠制作，重叠层数为（C）。

A. 1 ~2 层　　B. 2 ~3 层　　C. 3 ~4 层　　D. 4 ~5 层

319. 孔道灌浆一般采用水泥浆，水泥应采用普通硅酸盐水泥，配制的水泥浆或砂浆强度均不应低于（C）。

A. 10MPa　　B. 20MPa　　C. 30MPa　　D. 40MPa

320. 孔道灌浆一般采用水泥浆，水泥应采用普通硅酸盐水泥，配制的水泥浆或砂浆水灰比一般宜采用（D），可掺入适量膨胀剂。

A. 0. 25 ~0. 3　B. 0. 3 ~0. 35　C. 0. 35 ~0. 4　D. 0. 4 ~0. 45

321. 预应力钢丝束张拉过程中，当有个别钢丝发生滑落或断裂时，可相应降低张拉力，但滑落或断裂的数量，不应超过结构同一截面无黏结预应力筋总量的（B）。

A. 1%　　B. 2%　　C. 3%　　D. 4%

322. 用千斤顶张拉无黏结钢丝束，当油压表达到（B）时，停止进油，调整油缸位置后，继续进油张拉，直到达到所需的张拉力值。

A. 2. 5MPa　　B. 5MPa　　C. 7. 5MPa　　D. 10MPa

323. 检验批合格质量检验，当采用计数检验时，一般项目的合格点率应大于（B），且不得有严重缺陷。

A. 75%　　B. 80%　　C. 85%　　D. 90%

324. 在后张法中，灌浆试块采用边长为70.7mm的立方体试模制作，经标准养护28d后的抗压强度不应低于（C）。

A. 10MPa　B. 20MPa　C. 30MPa　D. 40MPa

325. 曲线预应力筋孔道的每个波峰处，应设置泌水管。泌水管伸出梁面的高度不宜小于（C），泌水管也兼作灌浆孔用。

A. 0.3m　B. 0.4m　C. 0.5m　D. 0.6m

326. 用卷扬机穿束宜采用慢速，每分钟约（B），电动机功率为1.5～2.0kW。

A. 5m　B. 10m　C. 15m　D. 20m

327. ϕ28钢筋对焊接头弯曲试验指标（C）。

A. 弯心直径：140mm，弯曲角90°

B. 弯心直径：112mm，弯曲角90°

C. 弯心直径：56mm，弯曲角90°

D. 弯心直径：90mm，弯曲角90°

328. 钢筋笼的保护层厚度以设计为准，设计没作规定时，可定为（B）。

A. 30～50mm　B. 50～70mm　C. 70～90mm　D. 90～110mm

329. 后张法构件如分段制作，则在张拉前应进行拼装。块体拼装的立缝宽度偏差不得超过（B）。

A. +5mm或－5mm　B. +10mm或－5mm

C. +15mm或－10mm　D. +10mm或－15mm

330. 成束无黏结筋使用防腐沥青做涂料层时，应用密缠塑料带做外包层，塑料带层数不应小于（B）。

A. 一　B. 二　C. 三　D. 四

331. 在进行大量生产焊接中，焊接变压器等不得超过负荷，其温度不得超过（B）。

A. 40℃　B. 60℃　C. 80℃　D. 100℃

332. 钢筋气压焊由于表面过烧和冷却过快引起受压区局部出现纵向裂纹，其宽度不应超过（B），否则，应切除重新压焊。

A. 2mm　B. 3mm　C. 4mm　D. 5mm

333. 油泵和千斤顶所用的工作油液，一般用（B）机油。

A. 10 号以下　B. 10～20 号

C. 20 号以上　D. 普通

334. 钢筋混凝土桩中分段制作的钢筋笼，其长度以小于（B）为宜。

A. 8m　B. 10m　C. 12m　D. 15m

335. 金属螺旋管的连接采用大一号同型螺旋管，接头管的长度为（B），其两端用密封胶带或塑料热缩管封裹。

A. 100～200mm　B. 200～300mm

C. 300～400mm　D. 400～500mm

336. 绑扎独立柱时，箍筋间距的允许偏差是 ±20mm，其检查方法是（A）。

A. 用尺连续检查三档，取其最大值

B. 用尺连续检查三档，取其最小值

C. 用尺连续检查三档，取其平均值

D. 随机量一档，取其数值

337. 经检查、检验不合格的钢筋，则（C）。

A. 请示工长　B. 酌情使用

C. 不得投入使用　D. 增加钢筋根数

338. 钢筋的冷处理是指对钢筋进行（D），使其更好的发挥钢筋强度的潜力。

A. 冷拉、冷拔、冷轧扭　B. 冷拉、冷拔

C. 冷拉、冷拔、调直　D. 冷拉、冷拔、冷轧扭、调直

339. 钢筋混凝土板中的配筋主要有（D）。

A. 受力钢筋与分布钢筋

B. 受力钢筋与构造钢筋

C. 受力钢筋

D. 受力钢筋、分布钢筋与构造钢筋

340. 圈梁允许偏差在检查数量为（D）。

A. 每 30～50mm 抽查一处（每一处 3～5m）但不少于 3 处

B. 关键部位检查，但不少于3处

C. 按有代表的件数检查10%，但不少于3处

D. 每4m左右检查一处，但不少于3处

341. 放大样是指按（D）比例对钢筋或构件进行放样。

A. 1∶5　　B. 1∶10　　C. 1∶100　　D. 1∶1

342. 冷轧扭钢筋不得采用（A）接头。

A. 焊接　　B. 绑扎　　C. 套筒　　D. 其他

343. 混凝土与钢筋能在一起组成复合材料，主要由于二者之间（A）。

A. 黏结力　　B. 强度相似　　C. 刚度相似　　D. 摩擦力

344. （D）是承受门、窗洞上部墙体荷载作用。

A. 圈梁　　B. 联系梁　　C. 框架梁　　D. 过梁

345. （A）是钢材中的主要元素，其含量的多少直接影响到钢材的性质。

A. C　　B. S　　C. P　　D. SI

346. 焊机的电源开关内装置电压表，以便观察电压的波动情况。如电源电压下降大于（A）则不宜进行焊接。

A. 5%　　B. 10%　　C. 15%　　D. 20%

347. 梁中箍筋ϕ10@100（4）/150（2），其中（4）（2）表示（D）。

A. 加密区为4根箍筋，非加密区为2根箍筋

B. 加密区为2根箍筋，非加密区为4根箍筋

C. 加密区为2根箍筋，非加密区为4根箍筋

D. 加密区为4根箍筋，非加密区为2根箍筋

348. 钢筋撑脚每隔（C）放置一个。

A. 0.6m　　B. 0.8m　　C. 1.0m　　D. 1.2m

349. 地下室（箱形基础）钢筋绑扎时，如果纵向钢筋采用双排，两排钢筋之间应垫以直径（D）的短钢筋。

A. 18mm　　B. 20mm　　C. 22mm　　D. 25mm

350. 剪力墙的连梁沿梁全长的箍筋构造要符合设计要求，

但在建筑物顶层连梁伸入墙体的钢筋长度范围内，应设置间距不小于（D）的构造箍筋。

A. 80mm B. 100mm C. 120mm D. 150mm

351. 预应力筋孔道的间距规定：对预制构件，孔道至构件边缘的净间距不应小于（A），且不应小于孔道直径的一半。

A. 30mm B. 40mm C. 50mm D. 60mm

352. 除受剪预埋件外，锚筋不宜多于（D）排。

A. 1 B. 2 C. 3 D. 4

353. 后张法有粘接预应力筋张拉后应尽早进行孔道灌浆，孔道内水泥浆应饱满密实，并进行检查，其检查数量为（D）。

A. 每工作班抽查 5% B. 每工作班抽查 15%

C. 每工作班抽查 50% D. 全数检查

354. 预应力筋端部锚具的制作质量要求：其钢丝镦头的强度不得低于钢丝强度标准值的（C）。

A. 90% B. 95% C. 98% D. 100%

355. 采用机械锚固措施时，锚固长度范围内的箍筋不应小于纵向钢筋直径的（B）倍。

A. 0. 15 B. 0. 25 C. 0. 30 D. 0. 35

356. 钢筋绑扎搭接接头连接区段的长度为（B）l_1（l_1 为搭接长度），凡搭接接头中点位于该连接区段长度内的搭接接头均属于同一连接区段。

A. 1. 1 B. 1. 2 C. 1. 3 D. 1. 4

357. 采用锥形螺杆锚具时，预顶的张拉力为预应力筋张拉力的（D），以使钢丝束牢固地锚在锚具内，张拉时不致滑动。

A. 50% ~60% B. 60% ~80%

C. 100% ~120% D. 120% ~130%

358. 当 HRB400 和 RRB400 级钢筋在锚固区的混凝土保护层厚度大于钢筋直径的 3 倍且配有箍筋时，其锚固长度可乘以修正系数（A）。

A. 0. 8 B. 1. 0 C. 1. 2 D. 1. 4

2.2 多项选择题

1. 图样会审的目的是：（A、B、C、D）。

A. 熟悉施工图样，弄清操作内容

B. 领会设计意图，理解操作要点

C. 构思操作过程，明确操作要求

D. 确定合理的施工操作方法

2. 施工班组技术管理的主要任务有：（A、B、C、D）。

A. 严格执行技术管理制度

B. 认真执行施工组织设计，落实好各项技术措施

C. 使用合格的材料和半成品

D. 做好检验批及分项工程质量检验评定工作

3. 技术交底的内容一般有：（A、B、C、D）。

A. 图样交底　　　B. 设计变更交底

C. 施工工艺交底　D. 技术措施交底

4. 由专人对钢筋配料单进行核对，核对内容主要有：（A、B、C、D）。

A. 核对抽样的成型钢筋种类是否齐全，有无漏项

B. 钢筋图样是否符合设计要求，是否便于施工

C. 抽样的成型钢筋弯钩、弯折是否符合《钢筋混凝土工程施工质量验收规范》的要求

D. 核对各种钢筋下料长度尺寸是否准确

5. 在已绑扎或安装的钢筋骨架中，同一截面内受力钢筋接头太多，其截面面积占受力钢筋总截面面积的百分率超过规范规定数值，其原因有：（A、B、C）。

A. 钢筋配料技术人员配料时，疏忽大意，没有认真考虑原材料长度

B. 不熟悉有关绑扎、焊接接头的规定

C. 没有分清钢筋位于受拉区还是受压区

D. 施工单位技术管理不严格

6. 预防钢筋弯曲成形后弯曲处断裂的措施有：（A、B、D）。

A. 更换成形轴后再弯曲

B. 加工场地围挡加温至0℃以上

C. 切断该段钢筋重新配料对焊

D. 重新做化学分析冷弯试验

7. 钢筋保护层垫块设置不合格的原因有：（A、B、C）。

A. 施工管理人员对设置垫块的目的认识不足

B. 施工单位技术管理不严格

C. 现场操作人员对垫块的尺寸、设置要求不熟悉

D. 生产厂轧制工艺或原料原因造成

8. 成型钢筋变形的原因：（A、B、C、D）。

A. 成形后摔放　　B. 地面不平

C. 堆放时过高压弯　　D. 搬运方法不当或搬运过于频繁

9. 钢筋全长有一处或多处弯曲或曲折的原因有：（A、B、C、D）。

A. 条状钢筋运输时装车不注意

B. 运输车辆较短

C. 条状钢筋弯折过度

D. 卸车时吊点不准，堆放压垛过重造成

10. 预应力钢筋工程原材料检验的主控项目有：（A、B、C、D）。

A. 预应力筋进场

B. 无粘接预应力筋的涂包质量

C. 锚具、夹具和连接器

D. 孔道灌浆用水泥和外加剂

11. 预应力钢筋工程原材料检验的一般项目有：（A、B、C、D）。

A. 预应力筋使用前的外观检查

B. 金属螺旋管的尺寸和性能

C. 锚具、夹具和连接器

D. 金属螺旋管使用前的外观检查

12. 预应力钢筋工程张拉和放张检验的主控项目有：（A、B、C、D）。

A. 张拉或放张时的混凝土强度

B. 预应力筋的张拉

C. 张拉锚固后实际建立的预应力值

D. 避免预应力筋断裂或滑脱

13. 预应力钢筋工程灌浆及封锚检验的一般项目有：（B、C、D）。

A. 张拉后的孔道灌浆

B. 后张法预应力筋锚固的外露部分

C. 灌浆用水泥浆的水灰比、泌水率

D. 灌浆用水泥浆的抗压强度

14. 以下关于非预应力钢筋加工说法正确的是：（A、B、D）。

A. 箍筋弯钩的弯弧内直径除应满足受力钢筋的弯钩和弯折的规定外，尚应不小于受力钢筋直径

B. 箍筋弯钩的弯折角度：对一般结构，不应小于90°；对有抗震要求的结构，应为135°

C. 箍筋弯后平直部分长度：对一般结构，不宜小于箍筋直径的3倍；对有抗震等要求的结构，不应小于箍筋直径的10倍

D. 按每工作班同一类型钢筋、同一加工设备抽查不应少于3件

15. 以下关于非预应力钢筋连接说法正确的是：（A、B、C、D）。

A. 钢筋的接头设置应全数检查

B. 同一纵向受力钢筋不宜设置两个或两个以上接头

C. 接头末端至钢筋弯起点的距离不应小于钢筋直径的10倍

D. 钢筋的接头的检验方法有：检查产品合格证、接头力学性能试验报告

16. 建筑工程质量验收的划分为：（A、B、C、D）。

A. 单位（子单位）工程　　B. 分部（子分部）工程

C. 分项工程　　D. 检验批

17. 检验批合格质量应符合的规定：（A、B、C）。

A. 主控项目的质量经抽样检验合格

B. 一般项目的质量经抽样检验合格：当采用计数检验时，一般项目的合格点率应不小于80%，且不得有严重缺陷

C. 具有完整的施工操作依据和质量检查记录

D. 分项工程所含检验批的质量检查记录应完整

18. 钢筋工在下料之前应首先看懂图样，看懂每一种类型钢筋的（A、B、C、D）。

A. 形状　　B. 级别　　C. 直径　　D. 长度

19. 预应力筋使用前，应进行外观检查，其质量应符合下列（A、B）的要求。

A. 有黏结预应力筋展开后应平顺，不得有弯折，表面不得有裂纹、小刺、机械损伤、氧化铁皮和油污等

B. 无黏结预应力筋护套应光滑、无裂缝，无明显褶皱

C. 预应力筋的力学性能必须符合设计要求

D. 预应力筋的品种、级别、规格和数量必须符合设计要求

20. 板式楼梯平法施工图中，集中标注表达（A、B、C、D）。

A. 梯板的竖向几何尺寸　　B. 梯板的类型代号

C. 梯板的序号　　D. 楼梯间的平面尺寸

21. 钢筋的弯钩通常有（A、B、D）等几种形式。

A. 直弯钩　　B. 半圆弯钩　　C. 圆弯钩　　D. 斜弯钩

22. 钢筋混凝土桩的钢筋笼由（A、B、D）组成。

A. 主筋　　B. 箍筋　　C. 插筋　　D. 螺旋筋

23. 根据承力结构形式的不同，台座可分为（C、D）等。

A. 立式台座　B. 卧式台座　C. 槽式台座　D. 墩式台座

24. 后张法施工中，张拉时应认真做到（A、B、D）对中，以便张拉工作顺利进行，并不致增加孔道摩擦损失。

A. 孔道　B. 锚环　C. 楔块　D. 千斤顶

25. 平法制图的表示方法，是把结构构件的（A、B）等，按照平面整体表示方法制图规则，整体直接地表达在各类构件的结构平面布置图上，再与标准结构详图相配合，即构成一套新型完整的结构设计的方法。

A. 尺寸　B. 配筋　C. 钢筋的形状　D. 钢筋的性能

26. 柱平法列表注写方式中，柱编号由（B、D）组成。

A. 尺寸代号　B. 序列号　C. 轴线代号　D. 类型代号

27. 板式楼梯平法施工图中，注写内容包括（B、C）。

A. 原位标注　B. 外围标注　C. 集中标注　D. 截面标注

28. 钢筋原材料验收的主控项目一般有（A、B、C）。

A. 力学性能检验

B. 抗震结构

C. 化学成分检验或其他专项检验

D. 截面标准

29. 要熟知（A、B、C、D）等直接影响钢筋加工、绑扎安装的工艺，根据工艺要求不同来编制相应的钢筋配料单。

A. 焊接设备　B. 钢筋加工条件

C. 粗钢筋弯曲设备　D. 预应力张拉设备

30. 构件中的非预应力钢筋，因弯曲会使长度发生变化，所以配料时不能根据配筋图尺寸直接下料，必须根据各种构件的（A、B、C、D）等规定，结合所掌握的一些计算方法，再根据图中尺寸计算出下料长度。

A. 混凝土保护层　B. 搭接　C. 钢筋弯曲　D. 弯钩

31. 后张法施工的张拉机具和设备，主要由（A、B、D）组成。

A. 液压千斤顶　B. 油管部分　C. 活塞　D. 高压油泵

32. 后张拉施工中，SBG 型塑料波纹管用于预应力筋孔道，具有（A、B、C、D）等优点。

A. 密封性好，预应力筋不生锈

B. 提高预应力筋的防腐保护，可防止氯离子侵入而产生的电腐蚀；不导电，可防止杂散电流腐蚀

C. 强度高，刚度大，不怕踩压，不易被振动棒凿破

D. 减小张拉过程中的孔道摩擦损失；提高了预应力筋的耐疲劳能力

33. 后张法施工中，根据预应力混凝土的结构特点、预应力筋形状与长度以及施工方法的不同，预应力筋张拉方式有（A、B、C、D）等几种。

A. 分批张拉方式　　B. 分段张拉方式

C. 分阶段张拉方式　D. 补偿张拉方式

34. 预应力混凝土与普通混凝土相比，具有（A、B、C、D）特点。

A. 提高混凝土的抗裂度和刚度，从而提高构件的刚度和整体性

B. 增强构件的耐久性，相应地延长混凝土构件的使用寿命

C. 节约材料，降低成本，增大建筑物的使用空间，从整体上减轻了结构自重，提高了抗震能力，为发展重载、大跨、大开间结构体系创造了条件

D. 制作成本较高，对材料要求较高

35. 锚具和夹具的种类很多，按外形可分为（A、B、C、D）等。

A. 螺杆式　B. 镦头式　C. 夹片式　D. 锥销式

36. 钢筋配料单是根据施工图样中钢筋的（A、B、C、D）进行编号，并计算下料长度，用表格形式表达的单据。

A. 品种　B. 规格　C. 外形尺寸　D. 数量

37. 下列关于混凝土保护层的说法，正确的是：（A、B、D）。

A. 保护钢筋不受外部自然环境的影响而侵蚀

B. 保证钢筋与混凝土良好的工作性能

C. 混凝土保护层越厚越好

D. 混凝土保护层是指在钢筋混凝土构件中，钢筋外边缘到构件边端之间的距离

38. 滑动模板（滑模）适用于现场浇筑的钢筋混凝土高耸结构，如（A、B、C、D）等。

A. 筒仓　B. 双曲线冷却塔

C. 烟囱　D. 高层建筑中的剪力墙

39. 先张法施工采用长线台座时，（A、B、C、D）在台座上进行。

A. 预应力筋的张拉　B. 预应力筋的放张

C. 预应力筋的临时锚固　D. 混凝土构件的浇筑和养护

40. 钢筋代换一般采用（B、C）。

A. 等品种代换　B. 等面积代换

C. 等强度代换　D. 等规格代换

41. 冷加工钢筋分为（A、B、C）。

A. 冷轧带肋钢筋　B. 冷拔螺旋钢筋

C. 冷轧扭钢筋　D. 余热处理钢筋

42. 钢筋强化机械包括（A、B、C）。

A. 钢筋冷拉机　B. 钢筋冷拔机

C. 钢筋轧扭机　D. 弯曲机

43. 钢筋的连接方式主要分为（A、B、C）。

A. 绑扎搭接　B. 机械连接　C. 焊接　D. 锚接

44. 弯起钢筋的弯起角一般分为（A、B、C）。

A. 30°　B. 45°　C. 60°　D. 180°

45. 钢筋表面应洁净，不应有（A、B、C、D）。

A. 油渍　B. 浮皮　C. 焊接　D. 漆污

46. 钢筋在混凝土中的粘接锚固作用有（A、B、C、D）。

A. 胶结力　B. 摩阻力　C. 咬合力　D. 机械锚固力

47. 预应力混凝土的施工工艺，按张拉工艺可分为（A、C、D）。

A. 机械张拉法　B. 先张法

C. 电热张拉法　D. 化学张拉法

48. 预应力筋常用的放张方法有（A、B、C、D）。

A. 千斤顶放张　B. 砂箱放张　C. 楔块放张　D. 预热熔割

49. 锚具和夹具的种类很多，按作用机理可分为（B、C、D）。

A. 螺杆式　B. 摩阻型　C. 握裹型　D. 承压型

50. 滑动模板（简称滑模）装置由（A、C、D）组成。

A. 模板系统　B. 支撑系统　C. 操作系统　D. 滑升系统

51. 先张法采用长线台座生产预应力混凝土构件时，台座必须具有足够的（B、C、D）。

A. 塑性　B. 强度　C. 稳定性　D. 刚度

52. 先张法的台座一般由（A、B、D）组成。

A. 台面　B. 横梁　C. 牛腿　D. 承力结构

53. 锚具的封闭保护应符合设计要求；当设计无具体要求时，（A、C、D）。

A. 凸出式锚固端锚具保护层厚度不应小于50mm

B. 锚具表面不得有裂纹、小刺、机械损伤、氧化铁皮和油污等

C. 应采取防止锚具腐蚀和遭受机械损伤的有效措施

D. 外露预应力筋的保护层厚度：处于正常环境时，不应小于20mm；处于易受腐蚀的环境时，不应小于50mm

54. 钢筋原材料品种、等级混杂不清的原因是（A、B、D）。

A. 原材料管理不善

B. 制度不严

C. 运输不当

D. 入库之前专业材料人员没有严格把关

55. 绑扎安装骨架外形不准的原因是（A、B、C）。

A. 各号钢筋加工尺寸不准或扭曲

B. 安装时各号钢筋未对齐

C. 某号钢筋位置不对

D. 钢筋工手艺太差

56. 防止预埋筋移位的措施有（A、B）。

A. 绑扎时增加定位筋，或对较高柱子采用与承台筋或其他筋焊接牢固的方法；浇筑混凝土时由专人负责检查复位

B. 对浇筑时无法恢复的钢筋位置，在混凝土初凝后及时放线，凿除部分混凝土复位；对较大尺寸的位移，则需与设计共同商讨采用其他方法解决

C. 下料准确，严格把关

D. 与模板绑牢

57. 梁、肋箍筋被压弯的原因是（A、C、D）。

A. 梁、肋过高

B. 工人操作不当

C. 箍筋设计直径较小

D. 无设计或没及时绑扎构件筋及拉筋

58. 钢筋弯曲成形后弯曲处断裂的原因是（A、B、D）。

A. 弯曲轴未按规定更换　B. 加工场地气温过低

C. 加工场地气温过高　D. 材料含磷量高

59. 电弧焊接头尺寸不准的原因是（A、B）。

A. 施焊前准备工作没有做好，操作比较马虎

B. 预制构件钢筋位置偏移较大

C. 施焊前未进行检查

D. 焊接人员没有上岗证

60. 对热轧圆钢盘条组批检验时，每批应由同一（A、B、C、D）的钢筋组成。

A. 牌号　B. 炉罐号　C. 规格　D. 交货状态

61. 冷轧扭钢筋检验项目有（A、B）。

A. 拉伸试验　B. 弯曲试验　C. 剪切试验　D. 化学成分

62. 冷轧带肋钢筋检验项目有（A、B、D）。

A. 拉伸试验 B. 弯曲试验 C. 剪切试验 D. 化学成分

63. 在后张法施工中，常用的张拉机械有（A、B、C、D）。

A. 拉杆式千斤顶 B. 穿心式千斤顶

C. 锥锚式千斤顶 D. 液压传动用的高压油泵和多接油管

64. （A、B、C、D）等直接影响配件钢筋的长度，也就在钢筋配料单中反映出来。

A. 场地大小 B. 安装施工条件

C. 水平运输条件 D. 垂直运输条件

65. 先张法长线台座上的预应力筋，可采用钢丝和钢绞线，根据张拉装置不同，可采用（A、C）。

A. 单根张拉方式 B. 成束张拉方式

C. 整体张拉方式 D. 机械张拉方式

66. 先张法施工一般有（A、C）等几种。

A. 台线法 B. 黏结后张法 C. 模板法 D. 无黏结电热法

67. 电弧焊接头尺寸不准表现为（A、B、C、D）。

A. 帮条及搭接接头焊缝长度不足

B. 帮条沿接头中心成纵向偏移

C. 接头处钢筋轴线弯折和偏移

D. 焊缝尺寸不足或过大

68. 后张法施工中，穿束需要解决的问题是（A、D）。

A. 穿束时机 B. 穿束部位 C. 穿束设备 D. 穿束方法

69. 后张法施工中，工具锚夹片中的润滑剂可采用（A、B、C、D）等。

A. 石墨 B. 二硫化钼 C. 石蜡 D. 专用退锚灵

70. 砂箱装置由（A、B）组成。

A. 钢制的套箱 B. 活塞 C. 钢横梁 D. 台墩

71. 后张法施工中，钢筋束、钢绞线束预应力筋、预应力钢筋束的制作一般包括（A、B、D）等工序。

A. 开盘冷拉 B. 下料 C. 调直 D. 编束

72. 锥锚式千斤顶工作过程分为（A、B、C）三个阶段。

A. 张拉　B. 顶压　C. 回程　D. 退楔

73. 预应力原材料进场时质量检验的方法为（A、B、C）。

A. 检查产品合格证　B. 检查出厂检验报告

C. 检查进场复验报告　D. 抽样检查

74. 钢筋安装时，受力钢筋的（A、C、D）必须符合设计要求。

A. 品种　B. 力学性能　C. 规格　D. 数量

75. 钢筋连接方式，可分为（A、B、D）。

A. 绑扎搭接　B. 焊接　C. 螺栓连接　D. 机械连接

76. 现浇框架柱竖筋和伸出筋的接头方法可采用（A、B、C、D）。

A. 绑扎搭接　B. 帮条焊接

C. 电渣焊接　D. 气压焊接和挤压连接

77. 钢筋基本锚固长度，取决于（A、B、C）。

A. 钢筋强度　B. 混凝土抗拉强度

C. 钢筋外形有关　D. 混凝土保护层厚度

78. 预应力混凝土工程，在后张法中，预应力又可分为（B、C）。

A. 机械张拉　B. 有黏结　C. 无黏结　D. 电张拉

79. 热轧光圆钢筋、余热处理钢筋、热轧带肋钢筋拉伸试验检验项目有（A、C）。

A. 弯心直径　B. 弯曲强度　C. 弯曲角度　D. 弯曲挠度

80. 镦头设备分为（B、D）两类。

A. 张拉机械　B. 冷镦机柜　C. 回程机械　D. 热镦设备

81. 后张法施工中，先穿束法按穿束与预埋波纹管之间的配合，又可分为（A、B、C）等几种情况。

A. 先穿束后装管　B. 先装管后穿束

C. 二者组装后放入　D. 边装管边穿束

82. 后张法施工中，金属螺旋管按照径向刚度分为（A、D）。

A. 标准型　　B. 扁型　　C. 圆形　　D. 增强型

83. 关于钢筋绑扎，说法正确的是（A、B、D）。

A. 同一构件中相邻纵向受力钢筋的绑扎接头宜相互错开

B. 绑扎接头中钢筋的横向净距不应小于钢筋直径

C. 绑扎接头中钢筋的横向净距不应大于25mm

D. 箍筋直径不应小于钢筋较大直径的0.25倍

84. （A、C）说法不正确。

A. 带有颗粒状的钢筋，可以按原规格使用

B. 片状老锈后留有麻点的麻烦，不能按原规格使用

C. 板的上部钢筋，可以作为脚手架使用

D. 钢筋上严禁绑、挂电线，在绑扎钢筋时，不要碰撞电线

85. 建筑工程全面质量管理工作的主要内容是（A、B、C、D）等。

A. 工程质量检验和评定　　B. 质量监督

C. 质量通病的防治　　D. 工程质量事故处理

86. 关于预应力混凝土制作表述正确的为（B、C）。

A. 预应力筋张拉的两种程序是不等效的

B. 为保证钢筋与混凝土粘接，应在混凝土强度达到70%的设计强度等级后方可放松预应力筋

C. 先张法中预应力放张可利用楔块和砂箱进行

D. 先张法施工工艺中混凝土浇筑过程中可留施工缝

87. （A、C）说法不正确。

A. 预埋件的锚固筋必须位于构件主筋的内侧

B. 预埋件的锚固筋必须位于构件主筋的外侧

C. 负弯矩钢筋，可间隔一个绑扎

D. 预埋件锚固筋应设在保护层内

88. 圈梁的作用是（A、B、C、D）。

A. 箍住楼板，贯穿墙身

B. 增加建筑物整体性

C. 防止建筑物不均匀沉降

D. 抵抗地震和其他振动对建筑物的不良影响

89. 电弧焊接头的主要形式有（A、B、C、D）。

A. 搭接接头　B. 剖口焊接头

C. 帮条接头　D. 熔槽帮条接头

90. 关于材料弹性和塑性的特性和表现描述正确的是（C、D）。

A. 弹性变形和塑性变形均为材质破坏性变形

B. 弹性变形和塑性变形均改变了材料的原始形状和尺寸

C. 弹性变形和塑性变形均不会导致材质产生裂隙破坏

D. 弹性和塑性会随着温度和外力条件的改变而转换

91. 钢筋的加工一般包括（A、B、D）。

A. 冷拉　B. 除锈　C. 验收　D. 弯曲

92. 钢筋验收内容包括（A、C、D）。

A. 查对标牌　B. 查对厂家

C. 力学性能检查　D. 外观质量检查

93. 钢筋混凝土中钢筋的防锈措施有（B、C、D）。

A. 表面刷防锈漆　B. 限制水灰比和水泥用量

C. 限制外加剂氯盐的作用　D. 保证混凝土的密实性

94. 钢材中含碳量的增加，会导致钢材（B、C、D）。

A. 塑性、韧性进高　B. 焊接、耐腐蚀性能降低

C. 强度、硬度提高　D. 塑性、韧性降低

95. 施工图的审核一般分为（B、C、D）形式。

A. 变更　B. 设计交底　C. 初审　D. 会审

96. 钢筋混凝土结构，对热轧钢筋的要求是机械强度较高，具有一定的（A、B）。

A. 弹性　B. 塑性　C. 冷弯性　D. 可焊性

97. 预应力筋张拉时，不应填写（A、B、C）。

A. 钢筋配料单　B. 钢筋化学成分表

C. 钢筋机械性能表　D. 施工预应力记录表

98. 钢筋接头检查时应注意（A、B、C、D）。

A. 接头数量 B. 接头方式 C. 接头位置 D. 接头质量

99. 钢筋预埋件一般由（A、B、C）组成。

A. 锚板 B. 直锚筋 C. 弯折钢筋 D. 箍筋

100. 钢筋采用直螺纹机械连接的特点是（A、B、C）。

A. 轴线不偏移 B. 抗拉强度不降低

C. 工效高 D. 无须人工

101. 用弯曲机弯钢筋时，应（A、B、C）。

A. 划出安全区 B. 设标志

C. 禁止非操作工入内 D. 有设计人员

102. 预埋钢筋时，应检查（A、B）。

A. 钢筋规格 B. 预埋位置 C. 屈服强度 D. 运输方式

103. 钢筋施工对文明施工的要求有（A、B、C、D）。

A. 搬运下料规范 B. 堆放有序

C. 标牌明确 D. 不违章作业

104. 加工场搬运长钢筋时应（B、C、D）。

A. 设围栏 B. 一人指挥 C. 行动一致 D. 同起同落

105. 钢筋工高空作业时，必须（A、B）。

A. 系安全带 B. 戴安全帽 C. 戴防护镜 D. 着防滑鞋

106. 钢筋的下料、加工、绑扎必须符合（A、B、C）。

A. 设计图纸 B. 规范 C. 操作规程 D. 项目经理要求

107. LYZ-1A 型电动卷扬张拉机由（A、B、C、D）组成。

A. 电动力卷扬机 B. 弹簧测力计

C. 电器自动控制装置 D. 专用夹具

108. 握裹型锚具、夹具按照握裹力形成的方式，分为（B、D）等几种。

A. 帮条式 B. 挤压式 C. 波浪式 D. 浇铸式

109. 在先张法施工中，常用的张拉机械有（B、C、D）。

A. 油泵 B. 台座式液压千斤顶

C. 电动螺杆张拉机 D. 电动卷扬张拉机

110. 冷却塔筒壁钢筋布置时，为保证钢筋位置准确，在内外层钢筋间按一定距离进行支撑，支撑分为（B、D）等几种形式。

A. 混凝土支撑 B. 钢筋支撑 C. 铝合金支撑 D. 木支撑

111. 墩式台座是由（B、C、D）等组成。

A. 锚板 B. 台面 C. 钢横梁 D. 台墩

112. 后张法施工中，预应力钢丝束的制作一般包括（B、C、D）等工序。

A. 冷拉 B. 调直 C. 下料编束 D. 安装锚具

113. 后张法施工中，单根预应力钢筋的制作一般包括（A、C、D）等工序。

A. 配件 B. 下料 C. 对焊 D. 冷拉

114. 后张法施工中，灌浆用的设备包括（A、B、C、D）。

A. 灰浆搅拌机 B. 灌浆泵和储浆桶

C. 过滤器 D. 橡胶管和喷浆嘴

115. 后张法施工中，金属螺旋管按照截面形状分为（A、C）。

A. 圆形 B. 单波纹 C. 扁形 D. 双波纹

116. 后张法施工中，金属螺旋管按照相邻咬合之间的凸出部分的数目分为（B、D）。

A. 圆形 B. 单波纹 C. 扁形 D. 双波纹

117. 构件立面图表明构件的（A、D）。

A. 构件的高度 B. 形状和尺寸

C. 钢筋配置位置 D. 构件的宽度

118. 对焊接头合格的要求有（A、B、C）。

A. 接着处弯折不大于4°

B. 钢筋轴线位移不大于0.1d

C. 钢筋轴线位移不大于2mm

D. 接着处弯折不大于3°

119. 实际建立的预应力值与设计规定值偏差的百分率检查数量（A、C）。

A. 按预应力混凝土工程不同类型件数各抽查10%

B. 总数不小于3种

C. 均不小于3种

D. 按预应力混凝土构件总数抽查10%

120. 焊条在存放时应（A、D）。

A. 距地面大于0.3m　　B. 距墙壁大于0.5m

C. 距地面大于0.5m　　D. 距墙壁大于0.3m

121. （A、C、D）说法不正确。

A. 柱子纵向受力钢筋直径不宜小于12mm

B. 全部纵向钢筋配筋率不宜超过10%

C. 全部纵向钢筋配筋率不宜超过5%

D. 伸入梁支座范围内的纵向受力钢筋，当梁宽为150mm及以上时，不应少于两根

122. 冷拉低碳钢丝机械性能检验中拉力实验包括（A、B、D）指标。

A. 抗拉强度　　B. 屈服点　　C. 抗压强度　　D. 伸长度

123. 要使构件能够安全正常工作，应满足（A、B、C）要求。

A. 强度　　B. 刚度　　C. 稳定性　　D. 对称性

124. 钢筋保护层厚度是（A、B、D）。

A. 底板下部钢筋35mm　　B. 顶板上部钢筋35mm

C. 外墙外排钢筋15mm　　D. 内隔墙为15mm

125. 表征钢材抗拉性能的技术指标有（A、B、D）。

A. 屈服点　　B. 伸长率　　C. 屈强比　　D. 抗拉强度

126. 材料抵抗外力破坏的能力，主要有（A、B、C、D）。

A. 抗拉　　B. 抗压　　C. 抗弯　　D. 抗剪

127. 预应力钢筋混凝土工程先张拉特点为（B、C）。

A. 所用锚具系一次性耗件

B. 可多个同时生产

C. 台座一次性投资大，且为固定性生产

D. 现场制作较大型构件

128. 钢筋冷拉作业前，应对（A、B、C、D）进行检查。
A. 设备各连接部位　　B. 安全装置
C. 冷拉夹具　　D. 钢丝绳
129. 钢筋调直机在（B、C）前不得送料。
A. 工作　　B. 调直块未固定
C. 防护罩未盖好　　D. 戴防护手套
130. 条型基础横向受力钢筋的直径一般为（A、B、C）。
A. 8mm　　B. 10mm　　C. 12mm　　D. 15mm
131. 在下列构件中必须配钢筋的是（A、B、C）。
A. 柱　　B. 梁　　C. 板　　D. 散水
132. 植筋施工的工艺包括（A、B、C、D）。
A. 钻孔　　B. 清孔　　C. 填胶黏剂　　D. 植筋
133. 浇筑混凝土时应检查钢筋（A、B、C）。
A. 钢筋是否移位　B. 是否倾倒　C. 有无漏扎　D. 抗拉力
134. 切断机切料时，不得切断（A、B、D）钢筋。
A. 超过规定直径　B. 超过规定强度　C. 多根　D. 烧红
135. 现场吊运钢筋时，吊钩下（A、D）。
A. 严禁站人　B. 可以站人　C. 可以通行　D. 不能通行
136. 加工厂无同型号钢筋时，应（A、B）。
A. 申请进料　　B. 经设计同意调换
C. 施工员调换　　D. 自己决定
137. 搬运钢筋时可采取（A、B、C）。
A. 两人抬　　B. 拖车运　　C. 吊车吊运　　D. 从地上拖
138. 钢筋露天存放时，应该（A、D）。
A. 底部用方木垫高　　B. 不用盖护
C. 放在地上　　D. 用棚布盖护
139. 钢筋电阻点焊必须实验项目有（A、B、C）。
A. 抗拉强度　B. 抗剪强度　C. 弯曲实验　D. 红外线探伤
140. 箍筋的下料长度包括（A、B、C）。
A. 箍筋周长　　B. 弯折钩长度

C. 箍筋调整值　　D. 焊接长度

141. 钢筋下料牌应包括以下（A、B、C、D）内容。

A. 钢筋型号　　B. 编号　　C. 下料长度　　D. 根数

142. 剪力墙身拉筋排布设置有（C、D）等形式。

A. 三角形　　B. 菱形　　C. 梅花形　　D. 矩形

143. 钢筋设计规范中对抗震等级有要求的震级分（A、B、C、D）。

A. 一级　　B. 二级　　C. 三级　　D. 四级

144. 钢筋电阻点焊过程可分为（A、B、C）几个阶段。

A. 预压　　B. 通电　　C. 锻压　　D. 张拉

145. 钢筋气压焊供气设备包括（A、B）供气装置。

A. 氧气　　B. 乙炔　　C. 氢气　　D. 氮气

146. 框架柱顶纵向钢筋末端锚固形式有（A、B、C）。

A. 直锚　　B. 向内弯锚　　C. 向外弯锚　　D. 斜锚

147. 冷轧带肋钢筋按强度可分为（B、C、E）。

A. CRB450 级　　B. CRB550 级　　C. CRB650 级

D. CRB850 级　　E. CRB970 级

148. 热轧钢筋分为（A、B）。

A. 热轧光圆钢筋　　B. 热轧带肋钢筋　　C. 热轧扭钢筋

D. 余热处理钢筋　　E. 热弯钢筋

149. 热轧钢筋的力学性能包括（A、B、C、D）。

A. 屈服点　　B. 抗拉强度　　C. 伸长率

D. 冷弯　　E. 松弛率

150. 热轧钢筋的表示符号有（B、C、D）。

A. δ　　B. ϕ　　C. Φ　　D. ⏀

151. 钢筋的力学性能试验包括（A、B、C）。

A. 拉伸　　B. 冷弯　　C. 反弯　　D. 高温　　E. 冷拔

152. 钢筋混凝土的环境类别分为（A、B、C、D、E）。

A. 一类　　B. 二类　　C. 三类　　D. 四类　　E. 五类

153. 下列数据属于钢筋混凝土保护层的为（B、C、D、E）

A. 10mm　B. 15mm　C. 20mm　D. 25mm　E. 40mm

154. C20 混凝土受拉钢筋的最小锚固长度有（B、C）。

A. 31d　B. 39d　C. 41d　D. 48d　E. 51d

155. 框架梁柱中的箍筋肢数一般有（A、B、C、D、E）。

A. 2 肢　B. 3 肢　C. 4 肢　D. 6 肢　E. 8 肢

156. 梁柱中箍筋的直径一般为（A、B、C）。

A. 6mm　B. 8mm　C. 10mm　D. 16mm　E. 18mm

157. 弯曲机作业时，严禁在（A、B）站人。

A. 弯曲作业半径内　B. 机身不设固定销一侧

C. 弯曲作业半径外　D. 机身设固定销一侧

158. 下列直径的钢筋（A、B、C）一般采用绑扎接头。

A. 6mm　B. 8mm　C. 10mm　D. 25mm　E. 30mm

159. 钢筋加工主要设备有（A、B、C、D、E）。

A. 钢筋切断机　B. 钢结构弯曲机　C. 对焊机

D. 调直机　E. 钢筋除锈机

160. 钢筋的焊接方式主要有（A、B、C、D、E）。

A. 闪光对焊　B. 电弧焊　C. 电阻点焊

D. 电渣压力焊　E. 气压焊

161. 框架梁的箍筋间距一般为（A、B、C、D）。

A. 100mm　B. 150mm　C. 200mm

D. 250mm　E. 300mm

162. 钢筋图中 ϕ10@200 表示（A、B、C）。

A. 钢筋为光圆钢筋　B. 钢筋直径 10mm　C. 10 条钢筋

D. 钢筋间距 200mm　E. 钢筋长度为 200mm

163. 钢筋弯钩形式主要有（B、C、D）。

A. 圆弯钩　B. 半圆弯钩　C. 直弯钩　D. 斜弯钩

164. 绑扎钢筋时的手工工具有（B、C、D）。

A. 铁锹　B. 手锤　C. 钢筋钩子　D. 钢筋扳手

E. 镊子

165. 梁中钢筋主要有（A、B、C）。

A. 箍筋　　B. 纵向钢筋　　C. 拉筋　　D. 横向钢筋

E. 分布筋

166. 进场钢筋的检查内容主要有（A、B、C、D）。

A. 合格证　　B. 出厂化验单　　C. 是否锈蚀

D. 有无起渣卷层　　E. 标牌明确

167. 绑扎钢筋时扎丝的规格一般为（C、D）钢丝。

A. 8 号　　B. 12 号　　C. 22 号　　D. 20 号　　E. 30 号

168. 钢筋机械连接的方法有（B、C、D）。

A. 锚接　　B. 套筒挤压连接　　C. 锥螺丝连接

D. 直螺丝连接　　E. 焊接

169. 钢筋的连接主要检查（A、B、C、D）。

A. 接头数量　　B. 连接方式　　C. 接头位置

D. 接头面积百分率　　E、接头的长度

170. 常用的钢筋加工设备有（A、B、C、D）。

A. 切断机　　B. 卷扬机　　C. 弯曲机　　D. 电焊机

171. 弯曲机作业时，严禁（A、B、C、D、E）。

A. 变换角度　B. 加速　C. 清扫　D. 加油　E. 减速

172. 当焊接实验钢筋不符合要求时应（A、D）。

A. 暂停使用　　B. 可以用　　C. 次要部位用

D. 加倍取样实验　　E. 重要部位用

173. 当底板钢筋为双层钢筋时，在上下层钢筋间应设（A、C）。

A. 钢筋支撑　　B. 不用支撑　　C. 马凳　　D. 木棍

174. 主梁中同一根纵向受力钢筋不准设（B、C、D、E）个接头。

A. 1　　B. 2　　C. 3　　D. 4　　E. 5

175. 冷拔低碳钢丝的直径主要有（A、B、C）几种。

A. 3mm　　B. 4mm　　C. 5mm　　D. 8mm　　E. 10mm

176. 下列工序属于钢筋制作工序的是（A、B、C、D）。

A. 冷拉　　B. 调直　　C. 切断　　D. 弯曲　　E. 绑扎

177. 对焊钢筋作业时，操作工必须（A、B、C、D）。

A. 戴防护镜　　B. 穿绝缘鞋

C. 戴绝缘手套　　D. 戴安全帽

178. 热扎带肋钢筋的主要实验项目有（A、B、C、D）。

A. 屈服点　　B. 抗拉强度　　C. 伸长率

D. 弯曲实验　　E. 反复试验

179. 钢筋一般检查项目包括（A、B、C、D）。

A. 平直　　B. 无损伤　　C. 无裂纹　　D. 无片状老锈

180. 板、墙中分部钢筋的直径一般为（A、B、C）。

A. 6mm　　B. 8mm　　C. 10mm　　D. 20mm　　E. 25mm

181. 冷拔光圆钢筋锚固长度，按不同的混凝土强度一般为（B、C、D）。

A. 20d　　B. 25d　　C. 30d　　D. 35d　　E. 45d

182. 经设计允许钢筋代换时，应采用（A、B、C）。

A. 等强度代换　　B. 等面积代换

C. 提高一个型号　　D. 降低一个型号

183. 箍筋弯钩的弯折角度一般有（C、D）。

A. 30°　　B. 45°　　C. 90°　　D. 135°　　E. 180°

184. 纵向钢筋与横截面筋搭接排布方式有（A、B、C）。

A. 内侧搭接　　B. 斜向搭接　　C. 同层搭接

D. 外侧搭接　　E. 错层搭接

185. 数据调直切断机的主要作用是（A、B）。

A. 调直钢筋　　B. 切断钢筋　　C. 弯曲钢筋

D. 钢筋除锈　　E. 冷拉钢筋

186. 钢筋对焊接头弯曲实验时弯心直径分为（A、B、C）。

A. 2d　　B. 4d　　C. 5d　　D. 10d　　E. 12d

187. 连续闪光焊的工艺过程包括（A、B）阶段。

A. 连续闪光　　B. 顶锻　　C. 张拉

D. 断电　　E. 降温

188. 预埋件 T 字接头电弧焊分为（A、B）。

A. 贴角焊　B. 穿孔焊　C. 熔槽焊

D. 对焊　E. 坡口焊

189. 手工埋弧压力焊机由（A、B、C）几部分组成。

A. 焊接机架　B. 工作平台　C. 焊接机头

D. 保护罩　E. 夹具

190. 钢筋焊接接头无损检测包括（A、B）方法。

A. 超声波检查　B. 无损张拉　C. 远红外线　D. 肉眼观察

191. 钢筋加工厂制作完毕后，应及时（A、B、C、D）。

A. 清理废料　B. 切断电源　C. 清理机械

D. 清点工具　E. 清洗钢筋

192. 钢筋机械连接根据拉伸性能分为（A、B、C）几个等级。

A. A 级　B. B 级　C. C 级　D. D 级　E. E 级

193. 钢筋绑扎现场主要准备的用品应有（A、B、C、D）。

A. 钢丝　B. 钢筋钩　C. 钢筋扳子

D. 小撬棍　E. 铁镊子

194. 采用平法注写钢筋的方法主要有（A、B）

A. 集中标注　B. 原位标注　C. 列表标注

D. 画图　E. 立体标注

195. 国标图集表示纵向受拉钢筋锚固长度的符号是（C、D）

A. L_L　B. L_{LE}　C. L_a　D. L_{ae}　E. L_e

196. 国标图集表示纵向受拉钢筋搭接长度的符号是（A、B）。

A. L_L　B. L_{LE}　C. L_a　D. L_{ae}　E. L_e

197. 设计图中最主要的配筋构造有（A、B、C、D、E）。

A. 柱　B. 梁　C. 板　D. 剪力墙　E. 基础

198. 三类环境中基础梁钢筋混凝土保护层厚度宜为（C、D）。

A. 20mm　B. 30mm　C. 40mm　D. 50mm　E. 60mm

199. 钢筋绑扎出现错误时，应该（A、B、D）。

A. 及时报告施工员　　B. 返工处理　　C. 继续绑扎

D. 暂停施工　　E. 浇混凝土

200. 混凝土浇筑中导致钢筋骨架变形时，应（A、B、C）。

A. 停止浇筑　　B. 整理钢筋　　C. 加固骨架

D. 继续浇筑　　E. 暂停施工

201. 螺纹钢筋的螺纹形状主要有（A、C）。

A. 人字纹　　B. 之字纹　　C. 月牙纹

D. 一字纹　　E. 直纹

202. 钢筋电渣压力焊比电弧焊的优点是（B、C、D）。

A. 环保　B. 节省钢材　C. 工效高　D. 成本低　E. 省电

203. 钢筋电弧焊的质量缺陷有（A、B、D、E）。

A. 表面不平　　B. 焊瘤　　C. 气泡　　D. 夹渣

E. 咬边

204. 冷拉钢筋时使用的设备工具有（A、B、C、D）。

A. 卷扬机　　B. 钢筋夹具　　C. 地锚　　D. 剪刀

E. 氧气瓶

205. 钢筋焊接网制作方向间距宜为（A、B、C）。

A. 100mm　　B. 150mm　　C. 200mm　　D. 400mm

E. 500mm

206. 框架梁下部纵向钢筋在跨中位置不应有（A、B、C）。

A. 搭接接头　B. 焊接接头　C. 机械接头　D. 复合接头

207. 在深坑内进行钢筋作业时，应该（A、B、C）。

A. 登梯子上下　　B. 有必要安全措施　　C. 戴安全帽

D. 戴口罩　　E. 绝缘鞋

208. 钢筋绑扎完成后现场验收内容包括（A、B、C、D、E）。

A. 钢筋长度　B. 间距　C. 保护层　D. 规格　E. 根数

2.3 判断题

1. 钢筋对焊操作人员劳动时必须穿绝缘鞋戴绝缘手套。(√)

2. 钢筋对接接头弯曲试验的弯曲角为60°。(×)

3. 钢筋闪光对焊接头处轴线偏移不得大于钢筋直径的0.1倍，且不大于2mm。(√)

4. 在允许钢筋接头的部位，应优先选用绑扎接头。(×)

5. 人工断钢筋时，短于30cm的钢筋头，禁止用机械切断。(√)

6. 进行钢筋焊接时，对于不明牌号的电焊条和经受潮雨淋后的电焊条禁止使用。(√)

7. 钢筋的焊接接头，既可以在加工厂焊接，也可以在施工现场焊接。(√)

8. 受力钢筋的保护层即是混凝土能包裹钢筋的厚度，没有严格的标准。(×)

9. 进行纵横梁配筋工作时，应站在有安全栏杆的脚手架上进行操作。(√)

10. 吊钢筋柱子时，直立定位后，方可拆除风拦绳。(√)

11. Ⅰ级钢筋和Ⅱ级钢筋在施工中相同直径的可以交换使用。(×)

12. 直径大于28mm的钢筋，可以使用绑扎接头。(×)

13. 热轧钢筋的最大直径为50mm，最小直径为6mm。(√)

14. 钢筋力学性能指标中最重要的是屈服强度、抗拉强度、伸长率。(√)

15. 钢筋对焊机的电极，应用优质紫铜制造。(√)

16. 钢筋进料应检查产品合格证，出厂检验报告和进厂复检报告。(√)

17. 当受拉钢筋直径大于28mm时，受压钢筋的直径大于

32mm 时。都不宜用绑扎接头。(√)

18. 纵向钢筋同一连接区段内搭接接头百分率应大于 50%。(×)

19. 钢筋机械连接和焊接接头连接区段长度为 35d。(√)

20. 搬运传递长钢筋时，应注意周围作业人员安全。(√)

21. 在板上开边长小于 300mm 的圆洞或方洞时，必须增加周围加强钢筋。(×)

22. 梁纵向受力钢筋水平方向净间距下部筋，不应小于 25mm 和 1.5d。(√)

23. 柱中纵向受力钢筋的直径不宜小于 12mm，全部纵筋的配筋率不宜大于 5%。(√)

24. 箍筋间距不应大于 400mm 和构件截面的短边尺寸。(√)

25. 剪力墙水平钢筋的搭接长度不应小于 1.2L_a。(√)

26. 条型基础横向受力钢筋的直径一般为 6～16mm，间距为 120～250mm。(√)

27. 梁中受力钢筋长度方向净尺寸的加工误差不大于 ±50mm。(×)

28. 钢筋除锈可用手工除锈和喷砂除锈，但不能用酸洗除锈。(×)

29. 冷拔钢丝和冷轧带肋钢筋经调直机调直后，其抗拉强度显著增强。(×)

30. 手动液压切断器切断力为 80kN，可切断直径 16mm 以下钢筋。(√)

31. 箍筋弯钩平直段长度，一般结构不小于 5d，抗震结构不小于 10d。(√)

32. 热轧钢筋电焊时，压入深度为较小钢筋直径的 30%～45%。(√)

33. 钢筋焊接网尺寸偏差中，网片的长度、宽度误差为 ±25mm。(√)

34. 钢筋采用搭接焊时焊接端应预弯，使两钢筋轴线在同一轴线上。（√）

35. 钢筋电弧焊只能焊接Ⅰ级钢筋，不能焊接Ⅱ级钢筋。（×）

36. 坡口焊、熔槽焊、绑条焊接头的焊缝余高不得大于3mm。（√）

37. 埋弧压力焊接头钢筋咬边深度不得超过0.5mm。（√）

38. 钢筋接头采用套筒挤压连接，具有接头质量稳定性好，成本低的优点。（×）

39. 在绑扎现场发现钢筋的品质、直径、形状、尺寸与设计不相符时，应立即纠正和处理。（√）

40. 在绑扎双层钢筋时，底层钢筋的弯钩应朝上，上层钢筋的弯钩应朝下。（√）

41. 钢筋网和钢筋骨架，为防止运输和安装过程中发生变形，应采取加固措施。（√）

42. 设计抗震等级与钢筋的锚固长度没有关系。（×）

43. 非框架梁底部纵筋锚固长度满足15d时，不再弯锚。（√）

44. 平法标注中ϕ8@100/200表示直径8mm的箍筋在加密区间距为100mm，非加密区间距为200mm。（√）

45. 在钢筋替换中，既可用大型号钢筋替换小型号，也可用小型号钢筋替换大型号。（×）

46. 钢筋可以露天存放，经雨淋生锈后不降低钢筋质量。（×）

47. 电焊机和卷扬机都不是钢筋加工设备。（×）

48. 在钢筋连接方式中，最优方式是机械连接，最差是绑扎连接。（√）

49. 冷拉钢筋作业时，两端设挡板，2m内禁止作业或通行。（√）

50. 在钢筋弯钩中，最常见的是半圆弯钩。（√）

51. 框架柱的上、下两端箍筋均应加密，钢筋接头处箍筋也应加密。(√)

52. 箍筋应做成封闭式，基本形式为双肢筋。(√)

53. 直接承受动力荷载的构件不宜采用焊接接头，必须采用机械连接。(√)

54. 在三类环境的结构构件，受力钢筋不宜采用环氧树脂涂层带肋钢筋。(×)

55. 钢筋的质量检验分为主要控制项目和一般项目。(√)

56. 在钢筋混凝土中，碱度低的水泥应限制使用，或使用时采取防腐措施。(√)

57. 梁中架立筋的直径，当梁跨度大于6m时，不宜小于12mm。(√)

58. 钢筋闪光对焊接头外观检查，对于电机接触处钢筋表面可以有明显烧伤。(×)

59. 钢筋的下料、加工、绑扎必须严格遵照设计图纸、规范和操作规程。(√)

60. 钢筋应按图样中的尺寸下料。(×)

61. 钢筋弯钩有半圆弯钩、直弯钩及斜弯钩三种形式。(√)

62. 钢筋弯曲时，内皮缩短，外皮延长，只有中心线尺寸不变，故下料长度即为中心线尺寸。(√)

63. 一般钢筋成形后量度尺寸都是沿直线量内皮尺寸。(×)

64. 弯曲钢筋的量度尺寸等于下料尺寸。(×)

65. 有抗震要求的结构，箍筋弯钩的弯曲直径不应小于箍筋直径的10倍。(√)

66. 箍筋弯钩平直部分的长度，对一般结构，不宜小于箍筋直径的2.5倍。(×)

67. 预应力钢筋冷拉时，如焊接接头被拉断，可切除该焊区总长约为200～300mm，重新焊接后再冷拉，但一般不超过3

次。(×)

68. 造成钢筋长度和弯曲角度不符合图纸要求的原因是多方面的，主要有下料不准确，画线方法不对或误差大；用手工弯曲时，扳距选择不当等。(√)

69. 电渣压力焊适用于柱、墙、构筑物等现浇混凝土结构中竖向受力钢筋的连接。(√)

70. 焊剂应存放在干燥的库房内，当受潮时，在使用前应经250～300℃烘焙1h。(×)

71. 钢筋电弧焊所采用的焊条有碳钢焊条及低合金钢焊条。(√)

72. 钢筋电弧焊所采用焊条的型号根据熔敷金属的抗拉强度分为E43系列、E50系列和E55系列三种，它们分别表示抗拉强度高于或等于420MPa、490MPa和540MPa。(√)

73. 钢筋电弧焊焊条型号根据熔敷金属的抗拉强度、焊接位置和焊接形式选用。(√)

74. 预应力混凝土与普通钢筋混凝土相比，具有抗裂性好、刚度大、材料省、自重轻、结构寿命长等优点。(√)

75. 预应力混凝土按施加预应力的方法分为先张法和后张法。(×)

76. 先张法是在浇筑混凝土前张拉预应力筋，并将张拉的预应力筋临时固定在台座或钢模上，然后才浇筑混凝土。待混凝土达一定强度（一般不低于设计强度等级的75%），保证预应力筋与混凝土有足够黏结力时，放松预应力筋，借助于混凝土与预应力筋的黏结，使混凝土产生预压应力。(√)

77. 先张法适宜于在施工现场制作大型构件（如屋架等），以避免大型构件长途运输的麻烦。(×)

78. 先张法的特点是直接在构件上张拉预应力筋，构件在张拉预应力筋过程中，完成混凝土的弹性压缩。(×)

79. 后张法的优点为构件配筋简单，不需锚具，省去预留孔道、拼装、焊接、灌浆等工序，一次可制成多个构件，生产效

率高，可实行工厂化、机械化，便于流水作业，可制成各种形状构件等。(×)

80. 后张法是先制作混凝土构件或块体，并在预应力筋的位置预留出相应的孔道，待混凝土强度达到设计规定数值后，穿预应力筋（束），用张拉机进行张拉，并用锚具将预应力筋（束）锚固在构件的两端，张拉力即由锚具传给混凝土构件，而使之产生预压应力，张拉完毕在孔道内灌浆。(√)

81. 后张法适用于预制厂或现场集中成批生产各种中小型预应力混凝土构件，如吊车梁、屋架、过梁、基础梁、檩条、屋面板、槽形板、多孔板等，特别适于生产冷拔低碳钢丝混凝土构件。(×)

82. 后张法预应力的传递主要依靠预应力筋两端的锚具。锚具可以重复使用。(×)

83. 无黏结预应力混凝土是一项先张法新工艺。(×)

84. 无黏结应力法为发展大跨度、大柱网、大开间楼盖体系创造了条件。(√)

85. 预应力筋通常由单根或成束的钢丝、钢绞线或钢筋组成。(√)

86. 预应力筋按材料类型可分为钢丝、钢绞线、钢筋（钢棒）、非金属预应力筋等，其中以钢绞线与钢筋采用最多。(×)

87. 预应力钢丝按表面形状不同，可分为光圆钢丝、刻痕钢丝和螺旋肋钢丝。(√)

88. 钢绞线是用多根冷拉钢丝在绞线机上进行螺旋形绞合，并经回火处理而成。按其构成丝不同，可分为1×2、1×3、1×7三种。其中1×7钢绞线是中心一根，外围为六根丝绞成，工程中应用得最多。1×2和1×3多应用于构件后张法施工中。(×)

89. 钢绞线的捻向有左捻和右捻两种，国标规定为右捻。(×)

90. 钢绞线的捻距为钢绞线公称直径的2~6倍。(×)

91. 钢绞线的强度有1570N/mm^2、1670N/mm^2、1860N/mm^{2}三种，后者是需用量较大的高强度钢绞线。（√）

92. 精轧螺纹钢筋是一种用冷轧方法在整根钢筋表面上轧出不带纵肋而横肋为不连续的梯形螺纹的直条钢筋。（×）

93. 预应力钢丝的外观质量应逐盘检查。钢丝表面不得有油污、氧化铁皮、裂纹或机械损伤，表面上亦不许有浮锈和回火色。（×）

94. 施工缝是指浇筑整体混凝土结构时，因技术或其他原因中断施工后再行续浇、先浇筑的结硬部分之间形成的接缝。（√）

95. 钢绞线外观检查合格后，从同一批中任意选取3盘钢绞线，每盘在任意位置截取一根试件进行拉伸试验。（√）

96. 成盘卷的预应力筋，宜在出厂前加防潮纸、麻布等材料包装。（√）

97. 装卸无轴包装的钢绞线、钢丝时，宜采用C形钩或三根吊索，也可采用叉车。（√）

98. 预应力筋在室外存放时，不得直接堆放在地面上，必须采取垫枕木并用苫布覆盖等有效措施，防止雨露和各种腐蚀性气体、介质的影响。（√）

99. 锚具是先张法结构或构件中为保持预应力筋拉力并将其传递到混凝土上用的永久性锚固装置。（×）

100. 夹具是后张法构件施工时为保持预应力筋拉力并将其固定在张拉台座（或钢模）上用的临时性锚固装置。（×）

101. 预应力筋用锚具、夹具和连接器按锚固方式不同，可分为夹片式（单孔与多孔夹片锚具）、支承式（镦头锚具、螺母锚具等）、锥塞式（钢质锥形锚具等）和握裹式（挤压锚具、压花锚具等）四类。（√）

102. 制作预应力锚具，每工作班应进行抽样检查，对挤压锚，每工作班抽查5%，且不应少于10件。（×）

103. 穿心式千斤顶主要适用于张拉焊有螺丝端杆锚具的粗

钢筋、带有锥形螺杆锚具的钢丝束及镦头锚具钢丝束。(×)

104. 预应力结构的钢筋有非预应力筋和预应力筋两种。(√)

105. 千斤顶校验时，千斤顶与压力表一定要配套校验，压力表的精度不宜低于 1 级，校验用的试验机或测力计精度不得低于 ±3%。(×)

106. 油泵和千斤顶油箱内一般应保持 65% 左右的油位，不足时应补充；补充的油应与油泵中的油相同。(×)

107. 预应力混凝土工程应由有预应力施工资质的组织承担施工任务。施工单位应定期组织施工人员进行技术培训。(√)

108. 预应力筋用锚具、夹具和连接器安装前应擦拭干净；当按施工工艺规定需要在锚固零件上涂抹介质以改善锚固性能时，应在锚具安装后涂抹。(×)

109. 先张法预应力筋进行超张拉（103% ~105% 控制应力）主要是为了减少松弛引起的应力损失值。(√)

110. 预应力混凝土构件在预应力筋放张前要对试块进行试压。(√)

111. 对配筋不多的先张法预应力钢丝混凝土构件，预应力钢丝放张可采用剪切、割断和熔断的方法逐根放张，并应自两侧向中间进行。(×)

112. 钢筋的接头宜位于最大弯矩处。(×)

113. 现浇框架的箍筋间距允许偏差为 ±30mm。(×)

114. 轴线包括定位轴线和非定位轴线。(√)

115. 冷拔钢筋的闪光对焊接或电弧焊，应在冷拉前进行。(√)

116. 钢筋料牌是绑扎在已加工完成的钢筋上，表示钢筋编号品种、规格及外形尺寸的标牌。(×)

117. 现浇楼板负弯矩钢筋要逐扣绑扎。(√)

118. 钢筋绑扎配料单是钢筋加工的依据。(√)

119. 预应力混凝土主要是通过张拉预应力钢筋来预压混凝

土，从而提高构件的抗裂度。(√)

120. 伸缩缝是为避免建筑物长度或宽度较大时，导致墙身由于温度变化而引起墙身伸缩开裂而设置的。(√)

121. 代换钢筋应经设计单位同意，并办理技术核定手续后方可进行。(√)

122. 列入钢筋加工计划的配料单，将每一编号的钢筋制作一块料牌，作为钢筋加工的依据。(√)

123. 施工缝的位置，宜留在结构剪力较小且便于施工的部位。(√)

124. 绑扎内墙钢筋时，应先将外墙预留的 $\phi6$ 拉结筋理顺，再与内墙钢筋及附加搭接筋绑牢。(√)

125. 柱基、柱位、梁柱交接处，箍筋间距应按设计要求加密。(√)

126. 有抗震要求的柱子箍筋弯钩应弯成 135°，平直部分长度不小于 10cm。(×)

127. 钢筋的应力松弛，在预应力混凝土结构中将导致钢筋和混凝土预应力增加。(×)

128. 预应力钢筋在使用前必须经过查对牌号、外观和力学性能的复验，合格后方可使用。(√)

129. 预应力筋张拉后，对设计位置的偏差不得大于 10mm。(×)

130. 墙体双层钢筋绑扎时，应后绑扎先立模板一侧的钢筋。(√)

131. 梁箍筋绑扎时其交点部分应交错绑扎。(√)

132. 无黏结预应力是先行埋置无黏结预应力筋，在混凝土达到设计强度后再行张拉，依靠其两端锚固的一种施工方法。(×)

133. 墙体钢筋位置偏移时，应采取 6∶1 的缓坡方法纠正。(×)

134. 负弯矩钢筋歪斜或下垂，在混凝土浇筑前须调整复位。

(√)

135. 钢筋配料单不是钢筋加工的依据。(×)

136. 建筑图由曲线和直线组成，应先画直线，后画曲线，以便于曲线连接。(×)

137. 框架结构房屋的外墙不承受墙身的自重。(×)

138. 当模板安装完毕后，在钢筋绑扎前应共同检查模板尺寸，发现有错应及时纠正。(√)

139. 千斤顶可以在超过规定负荷和行程的50%情况下使用。(×)

140. 钢筋焊接时如发现焊接零件熔化过快、不能很好接触，其原因可能是焊接电流太小。(×)

141. 为了区分内力方向，规定剪力值向上为正，向下为负；弯矩值顺时针为正，逆时针为负。(√)

142. 材料消耗定额是材料分配和限额领料、考核工料消耗的依据。(√)

143. 沉降缝是为避免建筑物产生不均匀沉降时导致墙身开裂而设置的。(√)

144. 预制构件中的吊环钢筋锚固长度，一般必须埋入混凝土的长度为30d（d为钢筋直径）。(√)

145. 混凝土的养护龄期愈长，其强度愈高。(√)

146. 有抗震要求的框架，不宜以强度等级较高的钢筋代替原设计中的钢筋。(√)

147. 机械性能试验包括拉伸、弯曲和抗剪试验。(√)

148. 荷载的分布情况可分为集中荷载、分布荷载、线荷载等。(√)

149. 国产钢筋质量证明书和复验报告要同时具备方可使用。(√)

150. 进口钢筋必须作机械性能检验，配有化学成分分析报告方可使用。(√)

151. 多层框架结构有现浇和装配两种形式，但不论是现浇

还是装配式多层框架结构，在图纸上表示方法基本是一样的。（√）

152. 圈梁的作用是箍住楼板，贯穿墙身，增加建筑物整体性，防止建筑物不均匀沉降，抵抗地震和其他振动对建筑物的不良影响。（√）

153. 预应力钢筋与孔道壁之间的摩擦所引起的预应力损失，仅在先张法预应力混凝土构件中才有。（×）

154. 对于配筋较复杂的钢筋混凝土构件，除绘制立面图和断面图外，还要把每种规格的钢筋抽出，画大样图，以便下料加工制作。（√）

155. 圈梁宜连续地设置在同一平面上，并形成封闭状。（√）

156. 钢筋接头末端至钢筋弯起点距离不应小于钢筋直径的 10 倍。（√）

157. 起吊钢筋骨架，下方严禁站人，待骨架降至距模板 2m 以下后才准靠近，就位支撑好，方可摘钩。（×）

158. 对于双向双层钢筋，为确保筋体位置准确，要垫钢筋凳。（√）

159. 在钢筋混凝土构件代号中，"TL" 是表示托梁。（×）

160. 梁、柱的主筋保护层加大了，影响不大。（×）

161. 当板、次梁和主梁交叉处，板的钢筋在上，次梁钢筋在下，主梁钢筋在中。（×）

162. 钢筋混凝土构件中钢筋主要承受拉力。（√）

163. 预埋件的锚固筋必须位于构件主筋的内侧。（√）

164. 施工过程中应避免电火花损伤预应力筋；受损伤的预应力筋经监理认可可不更换。（√）

165. 堆放钢筋的场地要干燥，一般要应枕垫搁起，离地面 200mm 以上。非急用钢筋宜放在有棚盖的仓库内。（√）

166. HRB400 级变形钢筋具有较高的强度，可直接在普通钢筋混凝土结构中使用，也可经冷拉后用作预应力钢筋。（√）

167. 钢筋与混凝土这两种材料，其温度膨胀系数基本相同。因此，温度变化时，钢筋与混凝土产生的变形基本相同，内部产生的温度应力很小，不致破坏结构的整体性。(√)

168. 钢筋混凝土构件中混凝土主要承受压力。(√)

169. 所谓的配筋率即是纵向受力钢筋的有效面积与构件的截面面积的比值，用百分率表示。(×)

170. 预应力钢筋可采用砂轮锯或切断机切断，也可采用电弧切断。(×)

171. 钢筋的代换的原则有等面积代换和等强度代换两种。(√)

172. 构造柱纵向受力钢筋可在同一截面上连接。(√)

173. 图纸比例是指实物尺寸与图纸尺寸之比。(√)

174. 图纸会审记录具有施工图的同等效力，发放部门、数量与施工图相同。(×)

175. HRB500 级钢筋强度高，主要经冷拉后用作预应力钢筋混凝土结构中。(√)

176. 基础起支撑建筑物的作用，把建筑物的荷载传给地基。(√)

177. 施工缝是指浇筑整体混凝土的结构时，因技术或其他原因中断施工后再进行续浇，先浇筑的结硬部分与续浇部分之间形成的接缝。(√)

178. 承受动力作用的设备基础，一般应留施工缝。(×)

179. 圈梁在门窗上部通过时，可兼起过梁作用。(√)

180. 采用钢绞线的预应力混凝土，其强度不宜低于 C30。(×)

181. 预应力钢筋应先对焊后冷拉。(√)

182. 凡制作时需要预先起拱的后张法构件，预留孔道不宜随构件同时起拱。(×)

183. 进口钢筋可不必做机械性能检验。(×)

184. 张拉钢筋要严格按照计算确定的应力值和伸长率进行，也可酌情改动。(×)

185. 使用进口钢筋时，发现钢筋出厂质量保证书和相应的技术资料不符，可以拒绝使用。(√)

186. 钢筋弯曲试验结构如有两个试件未达到规定要求，应取双倍数量的试件进行复验。(√)

187. 热轧钢筋试样的规程是：拉力试验的试样为：$5d_0$ + 200mm；冷弯试验试样为 $5d_0$ + 150mm（d_0——标距部分的钢筋直径）。(√)

188. 钢筋组装完毕后，应立即进行“三检”。(√)

189. 弯起钢筋弯起段用来承受弯矩和剪力产生的主拉应力。弯起钢筋的弯起角度：当梁高 $h \leqslant 800$mm 时，采用 45°；当 $h >$ 800mm 时，采用 60°。(√)

190. 有主次梁的楼板。混凝土宜顺着次梁方向浇筑，施工缝位置应留置在次梁跨度的三分之一范围内。(√)

191. 夜间禁止钢筋工程的施工。(×)

192. 预制构件的吊环，必须采用未经冷拉的Ⅰ级热轧钢筋，严禁以其他钢筋代换。(√)

193. 板上部钢筋，可作为脚手架使用。(×)

194. 截面高度大于 800mm 的梁，其箍筋直径不宜小于 8mm。(√)

195. 梁搁在墙上，梁端对墙的压力是线荷载。(×)

196. 后浇带的保留时间若设计无要求，一般至少保留 21 天。(×)

197. 粗直径钢筋的对焊采用闪光-预热-闪光焊工艺。(√)

198. 对于吊车梁、桁架等重要构件，不宜用光面钢筋代换螺纹钢筋，以免裂纹开展。(√)

199. 柱子纵向受力钢筋直径不宜小于 12mm，全部纵向钢筋配筋率不宜超过 5%。(√)

200. 伸入梁支座范围内的纵向受力钢筋，当梁宽为 150mm 及以上时，不应少于两根。(√)

201. 钢筋焊接接头，焊接制品的机械性能必须符合钢筋焊

接及验收的专门规定。其检验方法是：检查焊接试件试验报告。(√)

202. 分布钢筋应配置在受力钢筋弯折处及直线段内，在梁的截面范围内可不配置。(×)

203. 钢筋的摆放，受力钢筋放在下面时，弯角应向下45°角。(×)

204. 后浇带的宽度应考虑施工简便，避免应力集中，一般其宽度为70～100mm。(×)

205. 在预应力构件中，预应力筋可配置成直线或曲线。(√)

206. 结构施工图不包括基础平面图。(×)

207. 单向板中单位长度上，分布钢筋的截面面积不应小于受力钢筋截面面积的10%，且每米长度内不小于3根。(√)

208. 柱子钢筋可先绑扎成骨架，整体安装。(√)

209. 冷拔钢筋经张拉完毕后，强度提高，但塑性降低。(√)

210. 框架—剪力墙结构体系中，剪力墙主要承受抗拉强度和屈服点。(×)

211. 绘图步骤：先画平面图、后画立面图。(√)

212. 结构平面图内横墙的编号顺序从左到右。(√)

213. 热轧光面钢筋屈服点不小于245MPa。(×)

214. 结构荷载可分为永久荷载和可变荷载。(×)

215. 比例尺的用途是放大或缩小线段用的。(√)

216. 丁字尺的用途是画水平线用的。(√)

217. 点画线是表示定位轴线和中心线。(√)

218. 虚线是表示不可见的轮廓线。(√)

219. 建筑物的伸缩缝是为避免温度变化的影响而设置的。(√)

220. 建筑物的沉降缝是为避免不均匀沉降而设置的。(√)

221. 受力钢筋的接头位置不宜在截面变化处。(×)

222. 弹性变形是指在外力作用下，物体发生变形，外力卸去后，物体从变形状态能够部分恢复到原来状态。(×)

223. 结构自重是一种均布荷载。(√)

224. 偏心受力构件中，如纵向只有一个方向偏心，则这种构件叫作单向偏心受压构件。(√)

225. 钢筋网受力钢筋的摆放：钢筋在下边时，弯钩朝下；钢筋在上边时，弯钩朝上。(×)

226. 柱中的纵向受力钢筋的直径，不宜小于12mm。(√)

227. 板中受力钢筋的直径，采用现浇板时不宜小于10mm。(×)

228. 分布钢筋的截面面积，不应小于受力钢筋截面面积的20%。(×)

229. 钢筋弯起60°时，斜段长度的计算系数为1.414d。(×)

230. 钢筋间距S可由下式$S = b/(n-1)$计算，式中b为配筋范围长度，n为钢筋根数。(√)

231. 当基础无垫层时，基础中纵向受力钢筋的混凝土保护层厚度不应小于25mm。(×)

232. 某C20的混凝土板宽1m，纵向钢筋间距100mm布置，混凝土的保护层厚为5cm，则应布置11根钢筋。(√)

233. 放大样是指按1:1比例对钢筋或构件进行放样。(√)

234. 钢筋90°弯折时的弯曲调整值为2.5d。(×)

235. 设计图纸上箍筋一般标注中心线尺寸。(×)

236. 接头末端至钢筋弯起点的距离不应小于钢筋直径的10倍。(√)

237. 对焊接头外观检查时，接头处轴线偏移不得大于钢筋直径0.1倍，且不大于3%。(√)

238. 钢筋碳含量一般控制在不超过0.55%的水平，当超过此水平时钢筋的可焊性不良。(√)

239. 经冷拉的钢筋的屈服点可提高30%～50%。(×)

240. 冷轧扭钢筋的加工尺寸偏差不应超过10mm。(√)

241. 冷轧扭钢筋不得采用焊接接头。(√)

242. 套筒挤压连接接头，拉伸实验以500个为一批。(√)

243. 采用电渣压力焊时出现气孔现象时，有可能为焊接电流大引起的。(×)

244. 钢筋电渣压力焊钢筋较常采用的焊剂是360焊剂。(×)

245. 电焊机的接地线的电阻不得大于4Ω。(√)

246. 钢筋对焊接头处的钢筋轴线偏移，不得大于0.2d，同时不得大于2mm。(×)

247. 冬季钢筋焊接时，应在室内进行，如必须在室外进行时，最低气温不宜低于－20℃。(√)

248. 电焊接头处的钢筋弯折不得大于4°，否则应切除。(√)

249. 焊机的电源开关内装置电压表，以便观察电压的波动情况。如电源电压下降大于5%则不宜进行焊接。(√)

250. 接头处钢筋轴线的偏移，不得超过0.1d（d为钢筋直径），同时不得大于3mm。(√)

251. 钢筋气压焊接头处钢筋轴线的偏移不得超过0.1倍钢筋直径，同时不得大于2mm。(√)

252. 钢筋气压对焊接头处的弯折，不得大于4°。(×)

253. 成型钢筋变形的原因是，地面不平。(×)

254. 墙面钢筋绑扎时先绑扎先立模板，弯钩朝向模板。(√)

255. 墙体受力钢筋间距的允许偏差为±10mm。(√)

256. 受力钢筋30倍范围内（不小于500mm），一根钢筋只能一个接头。(√)

257. 预应力混凝土结构的混凝土强度不宜低于C30。(×)

258. 预应力钢筋张拉锚固后实际应力值不得大于或小于工程设计规定检验值的5%。(√)

259. 张拉过程中，预应力钢筋断裂或滑脱的数量，严禁超过结构同一截面预应力筋总数的5%。(√)

260. (工料计算) 钢筋需用量 = 施工净用量 × (1 + 损耗率)。(√)

261. 从事电、气焊作业的电、气焊工人，必须戴电、气焊手套，绝缘鞋和合用护目眼镜及防护罩。(√)

262. 施工现场室内灯具安装高度低于2m时，应采用36V安全电压。(×)

263. 三检制度是指自检、互检、交接检。(√)

264. 直钢筋的下料长度 = 构件长度 - 混凝土保护层厚度 + 弯钩调整值。(√)

265. 混凝土的养护龄期越长，其强度越高。(√)

266. 混凝土的收缩与徐变会引起预应力损失。(√)

267. C是钢材中的主要元素，其含量的多少直接影响到钢材的性质。(√)

268. 钢筋发生变形，这是力的作用造成的。(√)

269. 圈梁是承受门、窗洞上部墙体荷载作用。(×)

270. 混凝土与钢筋能在一起组成复合材料，主要由于二者之间摩擦力。(×)

271. 制图时应先上后下，先左后右。(√)

272. 在悬臂构件中，钢筋的位置可以有偏差。(×)

273. 高处作业人员的身体，要经领导允许合格后才准上岗。(×)

274. 电焊时，一、二次线必须加防触电保护设施，一次线不得超过5m。(√)

275. 在板上开边长小于300mm的圆洞或方洞时，必须增加周围加强钢筋。(×)

276. 用做预应力钢筋的强度标准值保证率应不低于80%。(×)

277. 现浇框架结构气压焊接头试件截取的数量规定每一楼

层以200个同类型接头作为一批，每组6件。(×)

278. 钢筋焊接接头外观检查数量应符合如下要求：每批检查15%，并不少于20个。(×)

279. 在受力钢筋直径30倍范围内（不小于50mm），一根钢筋不能多于两个接头。(×)

280. 焊条、焊剂出厂质量证明书包括机械性能和化学成分指标。(√)

281. 施工缝是为了避免不均匀沉降而设置的。(×)

282. 力的三要素是：大小、方向和作用点。(√)

283. 钢筋和混凝土这两力学性质不同的材料在结构中共同工作的基本前提是它们之间的温度膨胀系数大致相同。(√)

284. 已知两个标高数，求这两个标高之间的距离，可以按同号相加，异号相减的方法计算。(×)

285. 地基系建筑物基础下边的土层，它承受整个建筑物的荷载。(√)

286. 钢筋大冷拉设备中除卷扬机和滑轮组以外，还必须有测力机。(√)

287. 焊件熔接后，不能自动断路，这是对焊机发生了故障，其原因是限制行程开关失灵。(√)

288. 每个氧气瓶的减压器和乙炔瓶的减压器只许接2把焊接钳。(×)

289. 油泵和千斤顶所用的工作油液，一般用普通机油。(×)

290. 电器设备如果没有保护接地，将会有设备烧坏的危险。(×)

291. 大、中、小型机电设备要由持证上岗人员专职操作、管理和维修。(√)

292. 高处作业人员的身体要经工长允许后才准上岗。(×)

293. 在深基础或夜间施工应有足够的照明设备，行灯照明必须有防护罩，电压不得超过220V。(×)

294. 在同一垂直面遇有上下交叉作业时，必须设安全隔离

层，下方操作人员必须戴安全帽。（√）

295. 预应力钢筋混凝土构件的灌浆，如是曲线孔道时，宜低点压入、高点排出。（√）

296. 双排网片的定位，应用支撑筋或拉筋。（√）

297. 用砂浆垫块保证主筋保护层的厚度，垫块应绑在主筋内侧。（×）

298. 基础底板采用双层钢筋网时，在上层钢筋下面应每隔 40～60cm 设置撑脚以保证钢筋位置正确。（×）

299. 在进行大量生产焊接中，焊接变压器等不得超过负荷，其温度不得超过 80℃。（×）

300. 钢筋气压焊由于表面过烧和冷却过快引起受压区局部出现纵面裂纹，其宽度不应超过 5mm，否则，应切除重新压焊。（×）

301. 作为分项工程，钢筋工程质量的检验评定包括 3 个部分。（√）

302. 当梁的跨度等于 4～6m 时；架立钢筋的直径不宜小于 8mm。（√）

303. 混凝土保护层是指在钢筋混凝土构件中，钢筋外边缘到构件边端之间的距离。（√）

304. 钢筋配料单是根据施工图样中钢筋的品种、规格以及外形尺寸、数量进行编号，并计算下料长度，用表格形式表达的单据。（√）

305. 平法制图的表示方法，是把结构构件的尺寸和配筋等，按照平面整体表示方法制图规则，整体直接地表达在各类构件的结构平面布置图上，再与标准结构详图相配合，即构成一套新型完整的结构设计的方法。（√）

306. 技术交底的内容一般有：图样交底、设计变更交底、施工工艺交底、技术措施交底、质量标准交底。（√）

307. 对于预应力构件的灌浆及封锚的检查，采用抽查即可。（×）

308. 无黏结预应力筋的张拉与后张法带有螺纹端杆锚具的钢丝束张拉相似，一般采用一次超张拉，也可采用二次张拉。(√)

309. 在钢筋放大样中，水平分段越长，其曲线长度的计算结果精确度越高；反之水平分段越短，其曲线长度的计算结果精确度越低。(×)

310. 铺设双向配筋的无黏结筋时，应先铺设标高较高的无黏结筋，再铺设标高较低的无黏结筋。(×)

311. 构件中的非预应力钢筋，因弯曲会使长度发生变化，所以配料时不能根据配筋图尺寸直接下料。(√)

312. 现浇柱与基础连接用的插筋，其箍筋应比柱的箍筋增大一个柱筋直径，以便连接。(√)

313. 绑扎楼梯钢筋时，作业开始前，检查模板及支撑是否牢固，可以踩在钢筋骨架上进行绑扎。(×)

314. 滑动模板（滑模）中，钢筋加工的长度，应根据结构尺寸及滑模工艺要求计算得出。(√)

315. 劳动定额是班组劳动生产率考核的依据。(√)

316. 钢筋混凝土材料的强度是充分发挥钢筋和混凝土这两种不同强度特性材料的联合作用。它们在钢筋混凝土中各有其合适的位置：钢筋主要在受拉区，混凝土主要在受压区工作。(√)

317. 钢筋焊接后进行机械性能试验时，应按照同品种、同规格、每200个焊头为一组抽取6个试件。(√)

318. 建筑工程图图线的线型，一般有实线、虚线、点画线、折断线和波浪线五种。(√)

319. 对抗裂要求较高的结构，可用电张法施工预应力筋。(×)

320. 如果预埋件宽度与构件宽度一样的话，锚固筋离预埋件中钢板的距离要求为：保护层厚度加主筋直径和锚固筋直径，预埋件上的锚固筋要偏位使与另一埋件锚固筋错开。(√)

321. 钢筋配料单是钢盘加工的依据。（√）

322. 钢筋料牌可以区别各工程项目、构件和各种编号钢筋的标志。（√）

323. 钢筋料牌是随着加工工艺传送，最后系在加工好的钢筋上，作为钢筋的品种、规格及外形尺寸、数量的标志。（√）

324. 用高强度钢筋代换低强度钢筋时，可不必注意构件的最小配筋率。（×）

325. 混凝土的收缩和徐变会引起预应力损失。（√）

326. 当钢筋安装完毕，在浇捣混凝土过程中，钢筋网、架可以作运料车道。（×）

327. 钢丝、钢丝线、热处理钢筋及冷拉Ⅳ级钢筋，宜用电弧切割。（×）

328. 焊接时发现焊接零件熔化过快，不能很好接触，其原因可能是电流太小。（×）

329. 班组的施工生产统计，就是将班组每天所完成产品的数量、品种按要求填表上报，便于上级及时掌握班组生产情况。（√）

330. 在进行钢筋调直时，钢筋从承受架上钻出，说明钢筋已经调直了。（×）

331. 对吊车梁、屋架下弦等抗裂性要求高的构件，宜用Ⅰ级光面钢筋代替变形钢筋。（×）

332. 产量定额是单位劳动时间必须完成的合格产品，以t/工日、件/工日等表示。（√）

333. 材料管理是施工企业管理的重要组成部分。班组的材料管理主要做好材料计划、验收、使用、保管、统计、核算等工作。（√）

334. 钢筋质量的说明书（原件是构件）和复验报告只要具备一种即可。（×）

335. 生产班组的考核指标，主要是指人和材料（工具）的消耗。（√）

336. 钢筋进场验收后，要按规定取样进行机械性能复验。(√)

337. 弯曲试验结果如有两个试件未达到规定要求，应取双倍数量的试件进行复验。(√)

338. 预应力钢筋与螺丝端杆对焊接头只作拉伸试验，但要求全部试件断于焊接处，并成脆性断裂。(×)

339. 施工预应力用的张拉设备校验期限，不宜超过二年。(×)

340. 为了保证电器设备可靠运行，必须把电力系统中性点接地，这种方式称为工作接地。(×)

341. 施工预应力用的张拉设备要配套校验，以确定张拉力与表读数的关系曲线。(√)

342. 截面中双面有钢板的预埋件，一般有用锚固件将两块钢板焊成整体的和单独布置（不焊成整体）的两种形式。(√)

343. 图中“ϕ6@250”是表示直径6mm的Ⅰ级钢筋长250mm。(×)

344. 钢筋对焊接着弯曲试验指标是：Ⅰ级钢筋，其弯心直径为$2d$，弯曲角度90°时不出现断裂，在接头外侧不出现宽度大于0.5mm的横向裂纹为合格。(√)

345. 钢筋机械性能试验得出的数据填入钢筋试验报告单，加盖试验单位及技术监理部门的印章后，即成为具有法律效力的钢筋有关性能质量的依据。(√)

346. 握裹型锚具、夹具因其耗钢量大，装配复杂，故较少采用，一般只在特殊情况下采用。(√)

347. 混凝土保护层厚度越大越好。(×)

348. 同一截面内，可同时配有不同种类和不同直径的钢筋，但每根钢筋的拉力差不应过大（如同一品种的钢筋直径差值一般不大于5mm），以免构件受力不均。(√)

349. 柱平法施工图列表注写方式中，当柱与剪力墙重叠一层时，其根部标高为墙顶面往下一层的结构层楼面标高。(√)

350. 梁原位标注中，梁支座上部纵筋指含通长筋在内的所有纵筋。当上部纵筋多于一排时，用斜线“/”将各排纵筋自上而下分开。(√)

351. 梁原位标注中，当梁中间支座两边的上部纵筋不同时，须在支座两边分别标注；当梁中间支座两边的上部纵筋相同时，可仅在支座的一边标注配筋值，另一边省去不注。(√)

352. 绑扎现浇板钢筋时，双层钢筋的绑扎顺序为先下层后上层，两层钢筋之间，须加钢筋支架，间距1m左右，并和上下层钢筋连成整体，以保证上层钢筋的位置。(√)

353. 在后张法中，浇筑混凝土时预留孔道允许出现小的移位和变形。(×)

354. 绑扎接头长度应符合设计要求，如设计无明确要求时，纵向受拉钢筋接头长度应按受拉钢筋最小绑扎搭接长度规定采用。(√)

355. 垫保护层用砂浆垫块时，垫块应绑在竖筋外皮上，用塑料卡时应卡在外排钢筋上，间距一般500mm，以保证主筋保护层厚度的正确。(×)

356. 雨篷板为悬挑式构件，为防止板的倾覆，雨篷板与雨篷梁必须一次整浇。(√)

357. 绑扎牛腿柱钢筋骨架时，绑扎接头的搭接长度，应符合设计要求和规范规定。在搭接长度内，绑扣要朝向柱内，便于箍筋向上移动。(√)

358. 绑扎冷却塔筒壁钢筋时，先绑扎内侧环向钢筋，再绑扎内侧竖向钢筋，在环向钢筋与内模板之间垫好保护层，最后绑扎外侧环向筋和竖向筋。(×)

359. 钢筋混凝土烟囱筒壁设计为双层配筋时，水平环筋的设置，应尽可能地便于施工，内侧水平环筋绑在内侧立筋以外，外侧水平环筋绑在外侧竖筋以内。(×)

360. 绑扎环形及圆形基础钢筋时，为确保筒壁基础插筋位置正确，除依靠弹线外，还应在其杯口上部和下部绑扎1~2道

固定圈，固定圈可按其所在位置设计半径制作。(×)

361. 剪力墙预制点焊网片绑扎搭接时，网片立起后应用木方临时支撑，然后逐根绑扎根部搭接钢筋，搭接长度要符号规范规定。(√)

362. 在后张法施工中，单根预应力钢筋的下料长度，应由计算确定。为了保证预应力筋下料长度有一定的精度，对其冷拉率必须先行测定，作为计算预应力筋下料长度的依据。(√)

363. 现浇框架板钢筋绑扎顺序为：清理模板→模板上画线→绑扎下层（负弯矩）钢筋→绑扎上层（负弯矩）钢筋。(√)

364. 台座式液压千斤顶的机械代号为 YT。(√)

365. 在现浇板配筋平面图中，与受力筋垂直的分布筋不应画出，但应画在钢筋表中或用文字加以说明。(√)

366. 在钢筋施工过程中仅有钢筋配料单就能作为钢筋加工与绑扎的依据，钢筋料牌可有可无。(×)

367. 研读施工中图时，对于图样上明确，但由于施工条件限制而不能完全按图施工的，不得采用其他变通方法。(×)

368. 弯起钢筋的放置方向错误的主要原因：事先没有对操作人员认真交底，造成操作错误，或在钢筋骨架立模时疏忽大意。(√)

369. 现浇肋形楼板、负弯矩钢筋歪斜的主要原因：一是绑扎不牢。二是只有内根分布筋连接，整体性差，施工中不注意人为碰撞。(√)

370. 预应力筋张拉锚固后实际建立的预应力值与工程设计规定检验值的相对允许偏差为 ±5%。(√)

371. 检查钢筋制作与安装质量是否符合要求，检查的方法，其一为观察，其二为用金属直尺检查。(√)

2.4 简答题

1. 什么叫后张法施工？

答：后张法施工是指先浇筑混凝土，待混凝土强度达到设计要求后，在预留孔洞中穿钢筋，张拉钢筋，然后用锚具将预应力钢筋锚固在构件两端的预应力混凝土施工方法叫后张法。

2. 钢筋骨架外形尺寸不准的原因和防治措施有哪些？

答：造成钢筋骨架外形尺寸不准的原因主要是：

（1）加工过程中各钢筋外形不正确。

（2）安装质量不符合要求。

防治措施有：

（1）绑扎时将多根钢筋端部对齐。

（2）防止钢筋骨架偏斜或扭曲。

（3）对尺寸不准的骨架，可将个别尺寸不准的个别钢筋松绑，重新绑扎。

（4）切忌用锤子敲击，以免其他部分的钢筋变形或松动。

3. 防治钢筋材质不合格的质量通病的措施是什么？

答：钢筋进场时应具有出厂合格证和进场复验报告，特别要注意鉴别质保书和批号的真假。材料进场时，按品种、规格、炉号分批检查，对钢筋进行外观检查验收，包括有无缩颈断裂、起皮、油污、损伤等。外观检查或检测不合格的钢筋不得下料施工，必须按国家现行规范及时取样送试验室作力学性能检验，如为进口钢筋，还需作化学分析。

4. 支座分为哪三类？

答：支座可以分为三种：

（1）可动铰支座。

（2）固定铰支座。

（3）固定端支座。

5. 钢筋冷拉操作时要注意哪些事项？

答：（1）冷拉前应对设备进行检验或复核，在操作过程中做好原始记录。

（2）测力器应经常维护，定期检查，确保读数准确。

（3）预应力钢筋应先对焊后冷拉，以免因焊接而降低冷拉后的强度，并可同时检验电焊接头的质量。

（4）做好防锈工作。

（5）钢筋冷拉时，如遇电焊接头被拉断，可重焊再拉，但不宜超过两次。

6. 现浇框架钢筋绑扎应注意哪些安全事项？

答：（1）绑扎深基础钢筋时，应搭设马道以联系施工人员上下基槽，严禁从马道上下材料。往基坑搬运钢筋时，应有明显的信号，禁止向基坑内乱掷、乱扔钢筋。

（2）绑扎、安装钢筋骨架前，应检查模板及其支撑是否牢固，安全网是否架设。

（3）高处绑扎钢筋时，应注意不得将钢筋集中堆放在脚手板或模板上，不要任意放置工具、箍筋及短料，以免坠落伤人。

（4）禁止以墙、柱钢筋骨架作为梯子攀登操作，柱子钢筋超过4m时在骨架中间应加设支撑拉杆加以固定。

（5）绑扎完毕的平台钢筋，严禁踩踏或放置重物，尤其是悬挑构件，保护好钢筋成品。

7. 钢筋中碳含量对其性能有何影响？

答：碳是决定钢筋性能最重要的元素。试验表明：当钢中含碳量在0.8%以下时，随含碳量增加，钢的强度和硬度也越高，塑性和韧性下降。对于含碳量大于0.3%的钢，其焊接性能显著下降。一般工程用碳素钢为低碳钢，即含量小于0.25%，工程用低合金钢含碳量小于0.52%。

8. 绑扎梁柱接点钢筋的操作顺序及注意问题是什么？

答：梁柱节点钢筋施工顺序是：立下柱钢筋—绑扎下柱箍筋—穿梁底筋—套梁柱节点处柱筋并绑扎—穿梁上部钢筋—套梁箍筋—绑扎梁箍筋。

操作时应注意：

（1）柱纵筋弯钩应弯向柱心。

（2）梁柱箍筋接头应错开在四个。

（3）每个交叉点需绑扎。

（4）箍筋须垂直于纵筋。

（5）节点处柱子箍筋不能减少或不设。

9. 什么叫平法制图？

答：建筑结构施工图平面设计方法，简称平法。它是把结构构件的尺寸和配筋等，按照平面整体表示方法的制图规则，整体直接地表达在各类结构平面布置图上，再与标准结构详图相配合，构成一套完整的结构设计的方法。平法施工彻底改变了将构件从结构平面布置中索引出来，再逐个绘制配筋详图的繁琐方法。

10. 柱平法施工图有哪两种表达方法？

答：列表注写方式和截面注写方式。

11. AT 型板式楼梯平面注写方式中，集中注写的内容有哪几项？

答：集中注写的内容有 4 项，第 1 项为楼梯类型代号和序号 AT××，第 2 项弃旧图新楼梯厚度 h，第 3 项为踏步段总高度 H（$H = h_s \times (m+1)$），式中：h_s 为踏步高，$m+1$ 为踏步数目，第 4 项为楼板配筋，楼板的分面钢筋注写在图名的下方。

12. 荷载按其分布情况可分为哪两大类？并简述两类荷载性质。

答：荷载按其分布的情况可分为集中荷载和分布荷载两类。在荷载作用面积远远小于结构受荷面积，且将其简化为集中一点上时，就叫作集中荷载。连续分布在一块面积上的荷载叫作分布载荷。

13. 平法制图有什么特点？

答：平法制图的特点是施工图数量少，单张图样信息量大，内容集中，构件分类明确，非常有利于施工。经过十年来的推广应用，平法已成为钢筋混凝土结构工程的主要设计方法。

14. 用流程图表示钢筋进场验收程序。

答：如图 2.4-14 题图所示。

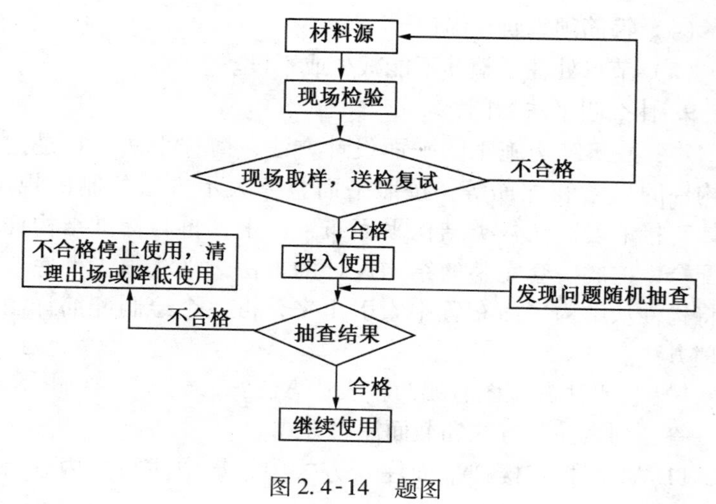

图 2.4-14　题图

15. 钢筋原材料的验收有哪些主控项目？

答：（1）力学性能检验。

（2）抗震结构。

（3）化学成分检验和其他专项检验。

16. 预应力混凝土与普通混凝土相比，具有哪些特点？

答：预应力混凝土与普通混凝土相比，具有以下的特点：

（1）提高混凝土的抗裂度和刚度，从而提高了构件的刚度和整体性。

（2）增强构件的耐久性，相应地延长混凝土构件的使用寿命。

（3）节约材料，降低成本，一般可节约能源 15% 左右，并且增大了建筑物的使用空间，从整体上减轻了结构自重，提高了抗震能力，为发展重载、大跨、大开间结构体系创造了条件。

（4）使用范围广，可用于大跨度预制混凝土屋面梁、屋架、吊车梁等工业厂房构件，又可用于预应力简支桥梁和连续桥梁等大跨度桥梁、水工结构、核电站安全壳、电视塔、圆形水池与筒仓等大型特种结构。

（5）制作成本较高，对材料要求较高。要求预应力混凝土结构的混凝土强度等级不低于C30，当采用碳素钢丝、钢绞线、热处理钢筋作预应力筋时，混凝土的强度等级不宜低于C40。

17. 夹片式锚具有哪几种类型？

答：主要有JM型、XM型、QM型、OVM型等。

18. 简述钢质锥形锚具的工作原理。

答：使用时，通过调整千斤卡盘（张拉设备）上楔片的松紧，使各根钢丝受力均匀，然后进行成束张拉。张拉到要求吨位后，顶压锚塞，顶压力不应低于张拉力的60%，此时锚塞被顶入锚圈，钢丝被夹紧在锚塞周围。锚塞上刻有细齿槽，夹紧钢丝后可防止滑移。

19. 在先张法施工中，常用的张拉机械有哪些？

答：在先张法施工中，常用的张拉机械有台座式液压千斤顶、电动螺杆张拉机、电动卷扬张拉机等。

20. 什么是弯曲调整值？

答：钢筋弯曲时，外侧伸长，内侧缩短，轴线长度不变，因弯曲处形成圆弧，而量尺寸又是沿直线外包尺寸，因此弯曲钢筋的度量尺寸大于下料尺寸，两者之间的差值叫弯曲调值。

21. 用流程图表示弯起钢筋的放大样操作步骤。

答：如图2.4-21题图所示。

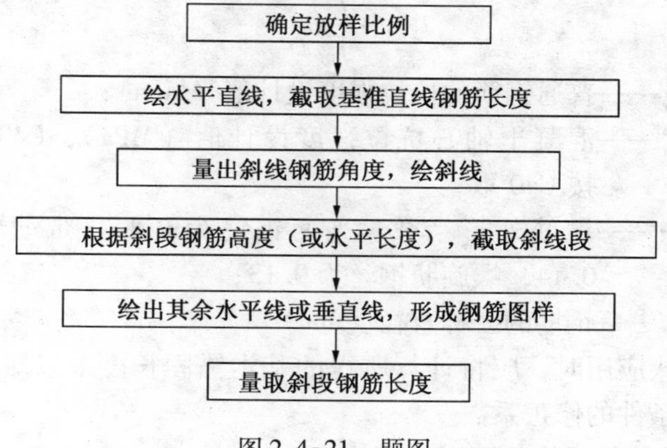

图2.4-21　题图

22. 简述钢筋配料单的编制步骤。

答：配料单编制步骤：

（1）熟悉图样，识读构件配筋图，弄清每一编号钢筋的品种、规格、形状和数量，以及在构件中的位置和相互关系。

（2）熟悉有关国家规范对钢筋混凝土构件的一般规定（如混凝土保护层、钢筋的接头及钢筋弯钩等）。

（3）绘制钢筋简图。

（4）计算每种编号钢筋的下料长度。

（5）计算每种编号钢筋的需要数量。

（6）填写钢筋配料单。

（7）填写钢筋料牌。

23. 预应力钢筋下料长度应考虑哪些因素？

答：预应力钢筋下料长度应由计算确定，计算时，应考虑以下因素：构件孔道长度或台座长度、千斤顶工作长度（算至夹挂预应力钢筋部位）、镦头预留量、预应筋外露长度等。

24. 怎样确定钢筋的锚固长度？

答：钢筋基本锚固长度，取决于钢筋强度及混凝土抗拉强度，并与钢筋外形有关。《混凝土结构设计规范》（GB 50010—2010）给出了受拉钢筋锚固长度 l_a 的计算公式。

$$l_a = \alpha \frac{f_y}{f_t} d$$

式中 f_y——普通钢筋的抗拉强度设计值（MPa）；

f_t——混凝土轴心抗拉强度设计值（MPa），C40 以上，按 C40 取；

α——钢筋外形系数，光面钢筋为 0.16，带肋钢筋为 0.14，螺旋肋钢丝为 0.13；

d——钢筋的公称直径（mm）。

上式应用时，应将计算所得的基本锚固长度乘以对应于不同锚固条件的修正系数。

25. 钢筋代换的原则有哪几条？

答：当施工中遇有钢筋的品种和规格与设计要求不符时，可参照以下原则进行钢筋代换：

（1）等强度代换。当构件受强度控制时，钢筋可按强度相等原则进行代换。

（2）等面积代换。当构件按最小配筋率配筋时，钢筋可按面积相等原则进行代换。

当构件受裂缝宽度或挠度控制时，钢筋代换后应进行裂缝宽度或挠度验算。

26. 钢筋在混凝土中的粘接锚固作用有什么？

答：钢筋在混凝土中的粘接锚固作用有：胶结力——接触面上的化学吸附作用，但其影响不大；摩阻力——与接触面的粗糙程度及侧压力有关，随滑移的发展其作用逐渐减小；咬合力——带肋钢筋对肋前混凝土挤压而产生的，为带肋钢筋锚固力的主要来源；机械锚固力——弯钩、弯折及附加锚固措施（如焊锚板、贴焊钢筋等）提供的锚固作用。

27. 预应力混凝土后张法施工的操作程序是什么？

答：预应力混凝土后张法施工的操作程序是：

（1）承应力筋（束）操作。

（2）张拉机具准备及检验。

（3）混凝土构件制作。

（4）张拉伸长值的校验。

（5）预应力筋的锚固。

（6）张拉及孔道灌浆。

28. 什么是先张法施工？

答：先张法施工是指在浇灌混凝土构件之前，在台座上或钢模内先张拉预应力筋然后浇混凝土，用其与预应力筋的黏结力对混凝土产生预应压力的一种施工方法。

29. 什么是预应力混凝土？

答：在构件的受拉区预先施加压应力，使混凝土预先受压产生一定的压缩变形。当构件安装后再受力时，受压区产生拉伸变形，首先与预先所受的压缩变形抵消，然后随着外力的不断增加，混凝土才开始伸长，这样就延长了混凝土裂缝出现和开裂的时间。这种预先施加压应力的钢筋混凝土称为预应力混凝土。

30. 钢筋混凝土有哪些优缺点？

答：优点是：（1）强度高，刚性大，适用于各类承重结构。

（2）抗震、抗冲击性能好。

（3）耐久、耐火性能好。

（4）凝结前有很好的可塑性，适合制作各种形状的构件。

（5）原材料来源广，价格较低。

缺点是：自重大，混凝土抗拉强度低，易产生裂缝。

31. 钢筋绑扎前应做好哪些准备工作？

答：为了保证钢筋绑扎的质量并提高工效，钢筋绑扎前应充分做好准备工作，一般应做好以下几项工作：

（1）施工图是钢筋绑扎、安装的重要依据，因此施工前应熟悉结构施工图和配筋图，明确各部位做法，明确钢筋安装的位置、标高、形状、各细部尺寸及其他要求，在确定不同种类的结构钢筋正确合理的绑扎顺序。

（2）根据配筋图及钢筋配料单，清理核对成型钢筋，要核对钢号、直径、形状、尺寸和数量，以及出厂合格证明、复验单，如有错漏，应及时纠正增补。

（3）根据施工组织设计中对钢筋安装时间和进度的要求，研究确定相应的施工方法。

（4）备好机具、材料，包括扳手、绑扎钩、小撬棍子、绑扎铅丝、划线尺、保护层垫块、临时加固支撑、拉筋以及双层钢筋需用的支架等，另外还要搭设操作架子。

（5）对形式复杂、钢筋交错密集的结构部位，应先研究逐根钢筋穿插就位的先后顺序；与木工相互配合，固定支模与钢筋绑扎的先后顺序，以保证绑扎与安装的顺序进行，以免造成不必要的返工。

（6）清扫与弹线。清扫绑扎地点，弹出构件中线或边线，在模板上弹出洞口线，必要时弹出钢筋位置线。

（7）做好钢筋除锈和运输工作。

（8）做好互检、自检及交检工作，在钢筋绑扎安装前，应会同施工员、木工等，共同检查模板尺寸、标高、预埋铁件和水、电、气的预留情况是否符合要求。

32. 对钢筋绑扎接头的长度有什么要求？

答：绑扎接头长度应符合设计要求。如设计无明确要求时，纵向受拉钢筋接头长度应按受拉钢筋最小绑扎搭接长度规定采用，受压钢筋绑扎接头的搭接长度应按受拉钢筋最小绑扎搭接长度规定数值的0.7倍采用。

33. 绑扎在浇筑柱钢筋有哪些程序？

答：先将箍筋套入基础或模板面伸出的插筋上，再立好柱子的四角立筋，与插筋的接头绑好，绑扣要向里，便于箍筋向上移动，然后立其余的主筋，最后从下至上地逐根绑扎箍筋，开口应间隔在四角主筋上并放平。

34. 简述钢筋网的施工操作程序。

答：四周两行钢筋交叉点应每点扎牢，中间部分交叉点可相隔交错扎牢，但必须保证受力钢筋不发生位移。双向主筋的钢筋网，则须将全部钢筋相交点扎牢。绑扎时应注意相邻绑扎点的钢丝扣成八字形，以免网片歪斜变形。

35. 钢筋绑扎安装完毕后，应检查哪些内容？

答：钢筋绑扎安装完毕后，应按以下内容进行检查：

（1）对照设计图样检查钢筋的钢号、直径、根数、间距、位置是否正确，应特别注意钢筋的位置。

（2）检查钢筋的接头位置和搭接长度是否符合规定。

（3）检查混凝土保护层的厚度是否符合规定。

（4）检查钢筋是否绑扎牢固，有无松动变形现象。

（5）钢筋表面不允许有油渍、漆污和片状铁锈。

（6）安装钢筋的允许偏差，不得大于规范的要求。

36. 现浇框架板钢筋绑扎操作工艺是什么？

答：（1）清扫模板。用粉笔在模板上划好主筋、副筋间距。

（2）先摆底部主筋，后放副筋。并由电工配合将楼板内的电线管放在楼板主筋上。

（3）楼板筋搭接长度为 30d（二级钢筋为 35），同一截面接头面积不超过总面积的 25%。

（4）绑扎楼板筋，一般用顺扣或八字扣绑扎，如板为双段配筋，则两层绑扎，最后垫好砂浆垫块。

37. 箍筋转角与主筋交点如何绑扎？

答：箍筋转角与主筋交点均要绑扎，主筋与箍筋非转角部分交点可用梅花式交错绑扎。箍筋的接头（即弯钩叠合处）应沿柱子竖向交错布置。

38. 牛腿处钢筋绑扎操作要点？

答：钢筋绑扎操作要点：

（1）柱子主筋若有弯钩，弯钩应朝向柱心。

（2）绑扎接头的搭接长度，应符合设计要求和规范规定。在搭接长度内，绑扣要朝向柱内，便于箍筋向上移动。

（3）牛腿钢筋应放在柱的纵向钢筋内侧。牛腿部位的箍筋应按变截面计算加工尺寸。

39. 简述墩式台座的组成和适用范围？

答：墩式台座采用钢筋混凝土台墩作为承力结构的台座，由台墩、台面与钢筋横梁等组成，墩式台座主要用于生产中小型构件。

40. 简述钢筋混凝土桩钢筋笼的制作要求和制作方法？

答：钢筋混凝土桩钢筋笼的制作要求：

（1）钢筋笼所用钢筋规格、材质、尺寸应符合设计要求。

（2）钢筋笼的制作偏差应符合规范规定。

（3）钢筋笼的直径除按设计要求外，还应符合下列规定：用导管灌注水下混凝土的桩，其钢筋笼内径应比导管连接处的外径大 100mm 以上，钢筋笼的外径应比钻孔直径小 100mm 左右。沉管灌注桩，钢筋笼外径应比钢管内径小60～80mm。

（4）分段制作的钢筋笼，其长度以小于10m为宜。

钢筋混凝土桩钢筋笼的制作方法：

（1）在钢筋圈制作台上制作钢筋圈（箍筋）并按要求焊接。

（2）钢筋笼成形，可用三种方法：1）木卡板成形法。2）木支架成形法。3）钢管支架成形法。

41. 对后张法预应力筋孔道的间距和保护层有哪些规定？

答：预应力筋孔道的间距和保护层应符合下列规定：

（1）对预制构件，孔道的水平净间距不宜小于50mm，孔道至构件边缘的净间距不应小于30mm，且不应小于孔道直径的一半。

（2）在框架梁中，预留孔道垂直方向净间距不应小于孔道外径，水平方向净间距不宜小于1.5倍孔道外径；从孔壁算起的混凝土最小保护层厚度，梁底为50mm，梁侧为40mm，板底为30mm。

42. 简述现浇楼梯的钢筋绑扎顺序和操作要点。

答：楼梯钢筋绑扎顺序：

模板上画线→钢筋入模→绑扎受力钢筋和分布筋→检查→成品保护。

钢筋绑扎操作要点：

（1）在模板上画出钢筋的间距及弯起位置。

（2）钢筋的弯钩应全部向内。

（3）作业开始前，检查模板及支撑是否牢固，不准踩在钢筋骨架上进行绑扎。

43. 预应力工程的原材料检验有哪些主控项目和一般项目？

答：主控项目有：

预应力筋进场、无黏结预应力筋的涂包质量、锚具、夹具和连接器、孔道灌浆用水泥和外加剂。

一般项目有：

预应力筋使用前的外观检查、锚具、夹具和连接器、金属螺旋管的尺寸和性能、金属螺旋管使用前的外观检查。

44. 灌浆和封锚的检验项目有哪些？

答：主项项目有：

张拉后的孔道灌浆、锚具的封闭保护。

一般项目有：

后张法预应力筋锚固后的外露部分、灌浆用水泥浆的水灰比、泌水率、灌浆用水泥浆的抗压强度。

45. 钢筋成形后发生变形，主要原因是什么？如何防止？

答：(1) 原因是成形后摔放，地面不平，堆放时过高压弯，搬运方法不当或搬运过于频繁。

(2) 防治措施有：成形后或搬运堆放要找平场地，轻拿轻放，搬运车辆应合适，垫块位置恰当，最好单层堆放，如重叠放以不压下面钢筋为准，并按使用先后堆放，避免翻堆。若变形偏差太大不符合要求，应校正或重新制作。

46. 如何防止同一截面钢筋接头过多？

答：同一截面内受力钢筋接头太多，其截面面积占受力钢筋总截面面积的百分率超过规范规定的数值。其防治措施有：

(1) 配料时首先要仔细了解钢材原材料长度，再根据设计要求，选择搭配方案。

(2) 要认真学习规范，明白同一截面的含义。

(3) 分清受拉区和受压区，若分不清，都按受拉区设置搭接接头。

(4) 轴心受拉和轴心受压构件中的钢筋接头，均采取焊接接头。

(5) 现场绑扎时，配料人员要作详细交底，以免放错位置。

(6) 若发现接头数量不符合规范规定，但未进行绑扎，应再重新指定设置方案，已绑扎好的，一般情况下应拆除骨架，重新绑扎，或抽出个别有问题的钢筋，返工重做。

47. 导致现浇肋形楼板的负弯矩钢筋歪斜，甚至倒垂在下部受力钢筋上的原因是什么？怎样防止？

答：已绑扎好的肋形楼板四周和梁上部的负弯矩钢筋被踩斜，原因是绑扎不牢；只有几根分布筋连接，整体性差，施工中不注意人为碰撞。

防治措施有：

负弯矩钢筋按设计图样定位，绑扎牢固，适当旋转钢筋支撑，将其与下部钢筋连接，形成整体，浇筑混凝土时，采取保护措施，避免人员踩压。对已被压倒的负弯矩钢筋，浇筑混凝土前应及时调整，将其复位加固，不能修整的钢筋应重新制作。

48. 结构预留钢筋锈蚀的防治措施有哪些？

答：工程上的梁柱预留钢筋，当长期不能进行下道工序施工时，应用水泥浆涂抹表面或浇筑低等级混凝土；量大时，可搭设防护篷或用塑料布包裹。如出现锈迹，必须用手工或机械除锈，严重锈蚀的，视具体情况研究分析后，采取稳妥方案处理。

49. 如何防止弯起钢筋的放置方向错误？

答：对发生操作错误的问题，事先应对操作人员作详细的交底，并加强检查与监督，或在钢筋骨架上挂提示牌，提醒安装人员注意。

50. 钢筋保护层垫块设置不合格有哪些表现？

答：钢筋保护层垫块设置不合格表现为垫块厚度不足、垫块厚度过厚、垫块未放置好、垫块强度不足或脆裂、忘记放置垫块。

51. 钢筋弯曲成形后弯曲处断裂的原因是什么？如何防止？

答：原因是：

（1）弯曲轴未按规定更换。

（2）加工场地气温过低。

（3）材料含磷量高。

防治措施是：

（1）更换成形轴后再弯曲。

（2）加工场地围挡加温至0℃以上。

（3）重新做化学分析冷弯试验。

52. 阳台塌落的原因及防治措施是什么？

答：阳台塌落的原因是：

由于对受拉钢筋位置不甚了解，对其上、下保护层厚度颠倒，或虽明白其受力状态，但保护层垫块不牢或密度不足而造成浇捣混凝土时钢筋网片下沉。

阳台塌落的防治措施有：

在绑扎这种结构钢筋时，提醒操作者注意，并对保护层垫块加固加密，浇捣混凝土时亦应注意操作，发现问题的应砸掉重做，以免造成更大损失。

53. 现浇悬挑雨篷板钢筋绑扎操作要点是什么？

答：（1）雨篷的主筋在上，分布筋在主筋的内侧，位置应正确，不可放错。

（2）钢筋的弯钩应全部向内，雨篷梁与板的钢筋应有足够的锚固长度。

（3）雨篷钢筋骨架在模内绑扎时，不准踩在钢筋骨架上进行绑扎。

（4）雨篷板双向钢筋的交叉点均应绑扎，钢丝方向呈八字形。

（5）应垫放足够数量的马凳，确保钢筋位置的准确。

54. 施工班组技术管理的主要任务有哪些？

答：（1）严格执行技术管理制度。

（2）认真执行施工组织设计，落实好各项技术措施。

（3）使用合格的材料和半成品。

（4）做好检验批及分项工程质量检验评定工作。

55. 绑扎箍筋有何注意事项？

答：（1）箍筋转角与主筋交点均要绑扎，主筋与箍筋非转角部分交点可用梅花式交错绑扎，箍筋的接头（即弯钩叠合处）应沿柱子竖向交错布置。

（2）有抗震要求的柱子，箍筋弯钩应弯成135°，平直部分长度不小于10倍钢筋直径。

（3）箍筋采用90°角搭接时，搭接处应焊接，单面焊焊接长度不小于10倍钢筋直径。

（4）柱基、柱顶、梁柱交接处，箍筋间距应按设计要求加密。

56. 钢筋对焊时，接头区域有裂缝，应如何防治？

答：首先检查钢筋的化学成分，如果不合格应及时更换钢筋；如果钢筋无质量问题，则可能是预热不够，应增加预热程度，可采取低频预热的方法。

57. 生产班组经济责任有哪些内容？

答：生产班组经济责任是：包任务指标；保指标（保工程质量、劳动效率，材料节约和施工安全）；搞好班组管理（质量管理、安全管理、劳动管理、材料管理、文明施工、计划生育、文化技术学习、原始记录等）。

58. 怎样当好班组长？

答：（1）以身作则，严格要求自己。

（2）要掌握一定的技术、业务知识。

（3）了解班组人员的技术水平，做到知人善任。

（4）善于调动每个成员的积极性。

（5）牢固树立“百年大计，质量第一”的观念，不断提高班组长技术素质。

（6）加强班组核心的团结。

（7）关心班组内成员的生活。

59. 钢筋保护层厚度不准的原因及防治措施有哪些？

答：原因：水泥砂浆垫块的厚度不准，位置不符合要求，或者浇筑过程中钢筋移位。

防治措施：根据工程需要，分类生产各种规格的水泥砂浆垫块，严格控制其厚度，使用时对号入座，不得乱用。水泥砂浆垫块或塑料定位卡的放置数量和位置应符合施工规范的要求，并且绑扎牢固。在混凝土浇筑施工中，在钢筋网片有可能随混凝土浇捣而沉落的地方，应采取措施，防止保护层偏差。浇捣混凝土前发现保护层尺寸不准时，应及时采取补救措施，如用钢丝将钢筋位置调整后绑吊在模板棱上，或用钢筋架支托钢筋，以保证保护层厚度准确。施工中不得踩踏梁、板类构件和悬臂构件上部的水平钢筋（负弯矩钢筋），防止此类钢筋位置下移造成受力状态发生改变，埋下事故隐患。

60. 钢筋张拉时，高压油泵的表针往回降是什么原因？怎样排除？

答：原因之一是高压油泵漏油，必须查出漏油点，以排除故障；原因之二是控制阀上的单向阀失灵，此时应清洗和修理阀口或更换新件；原因之三是截止阀密封失效，此时应修好阀口和阀杆。如果以上原因都不是，则应停止张拉施工，对高压油泵作进一步修理。

61. 叙述在施工缝处继续浇筑混凝土的规定。

答：（1）已浇筑的混凝土，其抗压强度不应小于$1.2N/mm^2$。

（2）在已硬化的混凝土表面，应清除杂物，松软混凝土并湿润，不得积水。

（3）在继续浇筑前，施工缝处宜先铺一层水泥浆或与原混凝土内成分相同的水泥砂浆。

（4）混凝土应细致捣实，使新旧混凝土紧密结合。

62. 绑扎浇筑柱钢筋有哪些程序？

答：先将箍筋套入基础或模板面伸出的插筋上，再立好柱子的四角立筋，与插筋的接头绑好，绑扣要向里，便于箍筋向上移动，然后立其余的主筋，最后从下至上地逐根绑扎箍筋，开口应间隔地放在四角主筋上并放平。

63. 牛腿柱钢筋绑扎操作要点是什么？

答：（1）柱子主筋若有弯钩，弯钩应朝向柱心。

（2）绑扎接头的搭接长度，应符合设计要求和规范规定。在搭接长度内，绑扣要朝向柱内，便于箍筋向上移动。

（3）牛腿钢筋应放在柱的纵向钢筋内侧。牛腿部位的箍筋，应按变截面计算加工尺寸。

64. 受力钢筋接头位置有何要求？

答：受力钢筋接头位置不宜位于最大弯矩处，并应互相错开。在绑扎接头任一搭接长度区段内的受力钢筋截面面积占受力钢筋总截面面积百分率应符合受拉区不得超过25%，受压区不得超过50%的规定。

65. 钢筋对焊时，接头中有缩孔，应如何防治？

答：(1) 降低变压器级数。

(2) 避免烧化过程过分强烈。

(3) 适当增大顶锻留量及预锻压力。

66. 民用房屋一般由哪几部分组成？

答：基础、墙、柱、楼地层、楼板、屋顶、门窗等主要部分组成。

67. 怎样验收钢筋？

答：钢筋进入现场（加工厂）应进行以下验收：

(1) 应有出厂质量证明书（试验报告单）。

(2) 每捆（盘）钢筋均应有标牌。

(3) 应按炉罐批号及直径分批堆放分批验收。

68. 什么叫钢筋混凝土？

答：由两种力学性能不同的材料钢筋和混凝土组合而成的。钢筋主要承受拉力，混凝土主要承受压力。

69. 板上开洞时钢筋怎样处置？

答：板上有孔洞加固配筋：

(1) 圆洞或方洞垂直于板跨方向的边长小于300mm时，可将板的受力钢筋绕过洞，不必加固。

(2) 当$300 \leqslant D$，$B \leqslant 1000$时，应沿洞边每侧配置加强钢筋，其面积不小于洞口宽度内被切断的受力钢筋面积的1/2，且不小于$2\phi 10$。

(3) 当D（B）>1000如无特殊要求，应在洞边设置小梁。

70. 什么是力偶和力偶矩？

答：力偶为一大小相等，方向相反，作用线互相平行但不共线的力系。力偶矩为使物体发生转动效应的大小。

71. 电渣压力焊在冬期操作时应注意什么？

答：应在室内进行，如必须在室外焊接时，最低气温不宜低于-20℃且应有防雪挡风措施，焊后的接头，严禁立即碰到冰、雪。

72. 钢筋对焊烧化过分剧烈，并产生强烈的爆炸声，其防治措施是什么？

答：防治措施是：降低变压器级数，或减低烧化速度。

73. 电热张拉法是利用什么原理？

答：电热张拉法是利用钢材热胀冷缩的原理，在钢筋上通电，使之热胀伸长，待达到要求值时，切断电源，锚固钢筋；随着温度下降，钢筋冷却收缩。由于钢筋端已经锚固，不能自由冷缩，钢筋中便产生了拉应力；钢筋的冷缩压紧了构件两端，使构件产生了预应力。

74. 钢筋气压焊对钢筋的端面有什么要求？操作要点是什么？

答：钢筋端面必须干净，去除氧化膜。操作要求是：

（1）用钢丝刷清除锈斑、水泥浆、油污和其他杂质。

（2）用砂轮机磨平端面，清除氧化膜、毛刺，并沿圆周倒一小角。

75. 钢筋张拉时，千斤顶的活塞不回程或回程困难，是什么原因？如何排除？

答：首先检查操作阀门是否用错；再检查张拉缸是否回油，油量是否加足；第三检查回程缸是否漏油，按漏油情况处置。

76. 什么情况下选择闪光对焊？焊接工艺如何选择？

答：钢筋的纵向连接宜采用闪光对焊，其焊接工艺应根据具体情况选择：小直径钢筋采用连续闪光焊。大直径钢筋，如端面平整，宜采用闪光—预热—闪光焊，Ⅳ级钢筋必须采用预热闪光焊或闪光—预热—闪光焊。

77. 电热张拉法优、缺点是什么?

答：电热张拉法具有设备简单、操作方便、无摩擦损失、便于高空作业等优点。但具有耗电、伸长值不易准确掌握、成批生产尚需校核的缺点。

78. 编制钢筋配料单一般有哪几个步骤?

答：(1) 熟悉构件配筋率。(2) 绘制钢筋简图。(3) 计算钢筋下料长度。(4) 填写钢筋配料单和料牌。

79. 如何防止弯起钢筋的位置方向错误?

答：弯起钢筋的位置方向错误表现为弯起钢筋方向不对，弯起的位置不对。其原因是事先没有对操作人员认真交底，造成操作错误或在钢筋骨架立模时疏忽大意。

其防治措施是对可能发生操作错误的问题，事先应对操作人员作详细的交底，并加强检查与监督或在钢筋骨架上挂提示牌，提醒安装人员注意。

80. 钢筋的代换有几种方法?

答：钢筋代换一般有两种方法，即等截面代换和等强度代换。

81. 什么是后张法施工?

答：构件制作时，在放置预应力筋的部位留孔道，待混凝土达到规定设计强度后，在孔道中穿入预应力筋，并张拉到设计控制应力，同时用锚具在构件端部加以锚固，最后进行孔道灌的一种预应力构件施工方法。

82. 钢筋代换的原则是什么?

答：当施工中遇有钢筋的品种和规格与设计要求不符时，可参照以下原则进行钢筋代换：

(1) 等强度代换：当构件受强度控制时，钢筋可按强度相等原则进行代换。

(2) 等面积代换：当构件按最小配筋率配筋时，钢筋可按面积相等原则进行代换。

当构件受裂缝宽度或挠度控制时，钢筋代换后应进行裂缝宽度或挠度验算。

83. 先张法施工的张拉注意事项是什么？

答：（1）张拉时，张拉机具与预应力筋应在一条直线上；同时在台座面上每隔一定距离放一根圆钢筋头或相当于保护层厚度的其他垫块，以防预应力筋因自重下垂而破坏隔离剂，沾污预应力筋。

（2）顶紧锚塞时，用力不要过猛，以防钢丝折断；在拧紧螺母时，应注意压力表读数应始终保持所需的张拉力。

（3）预应力筋张拉完毕后，对设计位置的偏差不得大于5mm，也不得大于构件截面最短边长的4%。

（4）在张拉过程中发生断丝或滑脱钢丝时，应予以更换。

（5）台座两端应有防护设施。张拉时沿台座长度方向每隔4 ~5m 放一个防护架，两端严禁站人，也不准进入台座。

84. 现浇框架板钢筋绑扎顺序及操作要点是什么？

答：（1）现浇框架板钢筋绑扎顺序：清理模板→模板上画线→绑扎下层钢筋→绑扎上层（负弯矩）钢筋。

（2）钢筋绑扎操作要点：

1）将模板清扫干净，在模板上画好主筋、分布筋间距；按画好间距，先摆受力主筋，再放分布筋。

2）要及时配合预埋件、电线管、预留孔等的安装。

3）钢筋搭接长度、位置的确定应符合规范要求。

4）双向板钢筋在相应点绑扎，单向板外围两根钢筋的相交点，应全部绑扎，中间点可隔点交错绑扎；绑扎一般用八字扣。

5）双层钢筋的绑扎顺序为先下层后上层，两层钢筋之间，须加钢筋支架，间距1m 左右，并和上下层钢筋连成整体，以保证上层钢筋的位置。

6）绑扎负弯矩钢筋时，每个扣均要绑扎。

85. 钢筋配料单核对主要包括哪些内容？

答：（1）核对抽样的钢筋品种是否齐全，有无漏项。（2）钢筋配料单与钢筋施工图进行核对，钢筋抽样是否符合设计要求，是否符合设计要求，是否便于施工。（3）核对钢筋配料单的抽样尺寸、形状、钢号是否符合施工验收规范和抗震规范要求。

86. 钢筋施工中，隐蔽工程的检查主要包括哪些内容？

答：主要包括：（1）钢筋品种、规格、数量、位置、形状、焊接尺寸、接头位置、预埋件的数量及位置等是否正确。（2）材料代用情况，现场钢筋对焊接头的实验报告。（3）预应力钢筋张拉记录等。

87. 什么是放样法，它包含哪两种方式？

答：放样法即是将钢筋进行放样，通过对钢筋样图进行逐段直接测量，得到钢筋长度的方法。放样包括放大样和放小样两种方式。

88. 看钢筋图的目的是什么？

答：（1）根据图纸要求制作合格的半成品。（2）根据图纸要求，将各型号的钢筋绑扎或焊成钢筋骨架或钢筋网等。

89. 钢筋保护层的作用有哪些？

答：（1）保护钢筋，防止钢筋生锈。（2）保证钢筋与混凝土之间有足够的黏结力，使钢筋和混凝土共同工作。

90. 钢筋混凝土构件用钢筋表面应达到什么要求？

答：钢筋表面应洁净，无损伤、无油渍、漆污和铁锈，凡带有颗粒状或片状老锈的钢筋不得使用。

91. 写出屋面板、楼梯板、过梁、屋架、柱基础构件的代号？

答：WB、TB、GL、WJ、ZJ。

92. 制钢筋配料单一般有哪几个步骤？

答：熟悉图纸、绘制钢筋简图、计算下料长度、填写钢筋配料单、填写钢筋料牌。

93. 绑扎梁柱节点钢筋的注意事项？

答：（1）柱的纵向钢筋弯钩应朝向柱心。（2）箍筋的接头应交错布置在柱四个角的纵向钢筋上。（3）箍筋转角与纵向钢筋交叉点均应绑扎牢固，绑扎扣成八字形。（4）梁的钢筋应放在柱的纵向钢筋内侧。

94. 什么是钢筋的弯曲调整值？

答：钢筋下料时，应该在标注尺寸或计算尺寸上减去一个值，这个值就是弯曲调整值。

95. 钢筋进场应怎样验收？

答：（1）应有出厂质量证明书（试验报告单）。（2）每捆（盘）钢筋均应有标牌。（3）应按炉罐批号及直径分批堆放分批验收。

96. 简述钢筋配料单的概念、作用及其步骤是什么？

答：（1）概念：

钢筋配料单是根据施工图纸中钢筋的品种、规格以及外形尺寸、数量进行编号，计算下料长度用表格形式表达的单据。

（2）作用：

1）是钢筋加工依据。

2）是提出材料计划，签发任务单和限额领料单的依据。

3）是钢筋施工的重要工序。

（3）编制步骤：

1）熟悉图纸，识读构件配筋图，弄清每一钢筋编号的直径、规格、种类、形状和数量，以及在构建中的位置和相互关系。

2）绘制钢筋简图。

3）计算每种规格钢筋的下料长度。

4）填写钢筋配料单。

5）填写钢筋料牌。

97. 简述现浇框架板钢筋绑扎操作工艺过程？

答：（1）清扫模板上的刨花、碎末、电线头等杂物。用粉笔在模板上划好主筋、分布筋间距。

（2）先摆放底板主筋，后放分布筋。电工应及时配合将楼板内的电线管放在主筋上面。

（3）楼板钢筋搭接长度、同一截面接头面积应符合规定。

（4）绑扎时，一般用顺扣、八字形式绑扎。周围两根钢筋的相交点全部绑扎，其余点可隔头交错绑扎（双向板钢筋交点全部绑扎）。双层配筋板，可设钢筋撑脚（铁马凳）支架上层钢筋，确保有效高度。

（5）绑扎负筋（加铁、盖铁）时每个钢筋交点都要绑扎。最后垫好保护层垫块，板的钢筋保护层厚度按规范规定进行。

98. 钢筋放样时，应注意哪些事项？试述弯起钢筋放样的步骤？

答：（1）钢筋放样时，应注意下列事项：

1）设计图中对钢筋配置无具体表明的，一般可按规范中构造规定。

2）在钢筋的形状尺寸符合设计要求的前提下，应满足加工、安装条件。

3）对形状复杂的钢筋可用放大样的方法配筋。

4）除设计图配筋外，必须考虑施工需要而增设的有关附加筋。

（2）弯起钢筋放样的步骤：

1）确定放样比例。2）绘制水平直线，截取基准直线钢筋长度。3）量出斜段钢筋角度，绘制斜线。4）根据斜段钢筋高度（或水平长度），截取斜线段。5）绘出其余水平（或垂直）线，形成钢筋图样。6）量取斜段钢筋长度。

99. 简述钢筋与混凝土共同作用的原理。

答：钢筋与混凝土共同作用的原理是：

（1）混凝土硬化后，钢筋与混凝土接触表面之间存在黏结力，从而保证在荷载的作用下，钢筋与其外围混凝土能够协调变形并进行力和变形的相互传递。

（2）钢筋和混凝土的温度线膨胀系数比较接近（钢筋：$1.2 \times 10^{-5}/℃$，混凝土：$1.0 \times 10^{-5} \sim 1.5 \times 10^{-5}/℃$），当温度变化时，两者不会产生较大的温度应力而使黏结遭到破坏。

（3）混凝土将钢筋紧紧包裹住，可以阻止有害物质及水分侵蚀钢筋，保证了结构的耐久性。

100. 钢筋电渣压力焊施焊的操作要点是什么？

答：钢筋电渣压力焊施焊的操作要点是：

（1）闭合回路、引弧：通过操纵杆或操纵盒上的开关，先后接通焊机的焊接电流回路和电源的输入回路，在钢筋端面引燃电弧，开始焊接。

（2）电弧过程：引燃电弧后，应控制电压值。借助操纵杆使上下钢筋端面之间保持一定距离，进行电弧过程的延时，使焊剂不断溶化而形成必要深度的渣池。

（3）电渣过程：随后逐渐下送钢筋，使上钢筋端部插入渣池，电弧熄灭，进入电渣过程的延时，使钢筋全断面加速溶化。

（4）挤压断电：电渣过程结束，迅速下送上钢筋，使其断面与下钢筋端面相互接触，趁热排除熔渣和溶化金属。同时切断焊接电源。

（5）接头焊毕，应停歇20～30s（寒冷地区应当延长）后，才可回收焊剂和卸下焊接夹具。

101. 简述钢筋工程质量保证措施有哪些？

答：（1）钢筋进场必须具有出厂合格证明，并应及时对钢筋进行复检，不合格的钢材严禁用于工程。

（2）钢筋表面应清洁。表面存在油污、漆污的钢筋及用锤敲击时剥落现象严重并已损伤钢筋截面的，或在除锈后钢筋表面有麻坑、斑点伤蚀表面时，应降级使用或剔除不用。

（3）钢筋的尺寸、规格、质量必须满足设计要求。

（4）钢筋焊接应由专业培训合格的熟练工人持证上岗操作，且必须严格按照要求进行操作。焊接接头应经试验合格后方可大规模施焊。

（5）钢筋接头的位置设置应符合施工规范要求，宜设置在受力较小处。

（6）钢筋代换必须经设计人员同意。

(7) 利用塑料定位卡或砂浆垫块严格控制好钢筋保护层厚度。

(8) 钢筋接头位置和搭接长度必须符合设计要求和施工质量验收规范的有关规定。

(9) 梁柱交点处的混凝土核心区为抗震的关键部位，必须按照设计要求设置加密箍筋，不得漏设。

102. 简述钢筋套筒挤压连接工作原理和施工工艺流程?

答：(1) 原理：将两根需连接的变形钢筋插入钢制的连接套筒，利用专用的液压压接钳挤压钢套筒，使之产生塑性变形，靠变形后的钢套筒内壁紧密嵌入钢筋螺纹内互相咬合将两根钢筋紧密结合为整体。

(2) 施工工艺流程为：钢套筒、钢筋挤压部位检查、清理、矫正→划出套筒套入长度标记→将套筒按规定长度套入钢筋，安装压接钳→开动液压泵，隧道压套筒至接头成型→卸下压接钳→接头外观检查。

103. 使用钢筋除锈机的操作要点有哪些?

答：(1) 检查钢丝刷的固定螺丝有无松动，传动部分的润滑情况是否良好，检查封闭、防护罩装置及排尘设备的完好情况，并按规定清扫防护罩的铁锈、铁屑等。

(2) 检查电器设备的绝缘及接地是否良好，特别是移动式除锈机更应经常检查。

(3) 操作人员必须侧身送料，禁止在除锈机的正前方站人。在整根长钢筋除锈时，一般由两人操作，操作人员要紧密配合，互相呼应。

(4) 操作人员要将袖口扎紧，并戴好防护镜，防止圆盘钢丝刷上钢丝甩出伤人。

(5) 严禁将两头已弯钩成型的钢筋在除锈机上操作。弯度太大的钢筋宜在基本调直后再进行除锈。

104. 钢筋弯曲成型操作要点?

答：(1) 钢筋弯曲前，应弄清楚弯曲钢筋的各部尺寸和形状确定弯曲的先后顺序。尤其是批量生产时，钢筋应尽量避免来回反复调头，以减少工作量，提高工效。

（2）钢筋的弯曲顺序确定以后，应将各弯曲点标设在钢筋或工作台上。弯曲点的确定，应根据不同弯曲角度扣除调整值，可在相邻两段长度中各扣一半。钢筋端部带半圆弯钩的一段，应增加钢筋直径的1/2长度。划线时，一般从钢筋中部向两边进行，出现的误差由两端均摊，两端不对称的钢筋，可以从一端划起，划到另一端如果误差太大，应更新调整。划完线后，应与设计要求校对一遍，以免出现差错。

（3）在进行弯曲时，因钢筋弯曲轴的心柱是转动的，所以钢筋弯曲点在两种弯曲方法中，即机械弯曲和人工弯曲操作，放置在工作盘上的位置不同。

（4）校验画线是否正确，弯曲操作顺序是否合理，弯曲点与心柱的位置关系是否妥当，钢筋在经过试弯，并检查弯曲的各部分尺寸合格后方可进行批量加工。

105. 简述先张法张拉前的准备工作内容？

答：（1）安装定位板：安装前应先检查定位板上的钻孔位置与孔径大小是否与设计图纸相符。安装时，要量准定位板下的孔眼与台面距离，以保证钢丝的和泥土保护层尺寸，然后将定位板固定在横梁上。

（2）穿钢丝：操作时，拉一根钢丝就穿一根，并用圆锥形夹具固定在定位板上。此时要注意按次序对准两定位板上的孔眼，不能交错。当两端夹具未夹紧前，不得放松钢丝，防止钢丝滑出碰人，或者弹出打成圆圈绞乱。

（3）防止隔离剂玷污钢筋：当采用黄土加石灰膏或肥皂水加滑石粉作隔离剂时，应将隔离剂干燥后，再穿钢丝，且不能碰掉隔离剂，否则，构件混凝土会与台面黏结，起运构件困难。当采用废机油作隔离剂时，应防止预应力钢丝表面黏上机油，影响钢丝与混凝土的黏结力。为此可沿台面长度方向每隔一定距离放置一木棱，架起钢丝。

（4）钢丝的接长：如遇钢丝长度不够，需要接长时，应优先采用焊接。也可将两根钢丝互相搭接，在搭接长度内，用20~22号铅丝用绕丝器密缠扎牢。

106. 钢筋冷拔的工艺流程？

答：（1）钢筋去皮：氧化皮和锈皮在钢筋冷拔过程中，容易磨损冷拔丝模的内孔并造成断丝，因此，拔丝前应先除掉氧化皮和锈皮，称为除皮。

（2）钢筋轧头：因为冷拉时模孔小于钢筋，为了使钢筋能穿孔拔丝机，前面一段要先轧细，可由钢筋轧头机完成。

（3）钢筋冷拔：可由拔丝机进行。拔丝机有立式/卧式两种。为了提高生产效率，可以把3~5台立式拔丝机串联成连续拔丝机。

107. 预应力混凝土构件有什么特点？

答：预应力混凝土构件具有以下特点：

（1）在正常使用条件下预应力混凝土构件挠度小，不产生裂缝，因而具有较好的耐久性。

（2）在相互荷载作用下，预应力混凝土构件的截面可以设计的小一些，所以可节省钢材，减轻自重。

（3）在预应力混凝土构件中，钢筋从张拉到破坏，始终处于高应力状态。所以预应力混凝土构件必须采用高强钢丝，从而相应地减少钢筋的截面积，节省钢材。

（4）预应力混凝土构件受拉区中的钢筋始终处于高拉应力状态，而混凝土则在外荷载抵消预压应力之前始终处于受压状态，所以预应力混凝土构件充分发挥了钢筋和混凝土两种材料的特长。

（5）预应力混凝土构件具有较好的抗裂度和刚度。

108. 设备基础钢筋应怎样绑扎？

答：（1）设备基础的钢筋，除主筋外，构造配筋很多，有钢筋网及钢筋骨架分布在基础底部、顶部及侧面上。基础顶部的钢筋，一般采用焊接网片方便，但在现场绑扎，因顶部钢筋复杂，如采用钢筋焊接网片，在灌注混凝土时会造成困难，因此应酌情采用。

（2）设备基础的配筋，首先应确定底层及侧面钢筋网片的规格类型、尺寸、数量，网片之间的接头、基础不同标高处及拐角处的处理措施，其次应确定钢筋绑扎的方法，以及钢筋与安装模板、固定架、地脚螺栓等交叉作业的顺序。

（3）在绑扎钢筋过程中，必须各工种密切配合，通力协作，既要保证钢筋位置的正确，更要确保预埋地脚螺栓或预埋地脚螺栓孔的精密度，并在灌筑混凝土前经常进行检查。

（4）垫好保护层垫块，其间距不大于1m。

2.5 计算题

1. 某基础底板配筋为 $\phi12@150$（按最小配筋率），现拟用 $\phi14$ 钢筋等面积代换，计算代换后配筋。

【解】 取1m宽板带计算：

$n_2 = n_1 dl_2 / d_2^2$

$= 1000 \div 150 \times 12^2 \div 14^2$

$= 4.85 \approx 5$（根）

$1000 \div 5 = 200$，故配筋为 $\phi14@200$

答：配筋为 $\phi14@200$。

2. 已知梁长度为5000mm，箍筋间距@200，若规定梁两端第一根箍筋离构件端头为50mm，求箍筋根数。

【解】 $L = 5000 - 2 \times 50 = 4900\text{mm}$

$n = L/s + 1 = 4900 \div 200 + 1 = 25.5 \approx 26$ 根

3. 已知24m预应力折线屋架，预留孔道长23.8m，预应力配4根Ⅲ级直径为25的钢筋，采用电热法张拉，一端用螺丝端杆锚具，另一端绑条锚具。试计算钢筋下料长度。

【解】 已知 $L = 23800\text{mm}$，$L_7 = 320\text{mm}$，$L_3 = 70\text{mm}$，经测定 $\gamma = 4\%$，$\delta = 0.3\%$

有两个对焊接头，$L_1 = 28 \times 2 = 56\text{mm}$，$h = 50\text{mm}$

由公式得：$L_0 = L + L_3 + b + h - L_7 + 30$

$= 23800 + 70 + 25 + 50 - 320 + 30$

$= 23655\text{mm}$

$L = L_0 / (L + \gamma - \delta) + n_1 L_1$

$= 22655 \div (1 + 0.04 - 0.003) + 2 \times 28$

$= 22867\text{mm}$

由计算可知，用 3 根长度为 22.87m。

答：用 3 根长度为 22.87m。

4. 有一钢筋混凝土梁，算得施工图钢筋用量低合金钢 0.07t，圆钢 0.02t，试计算其施工图钢筋需用量。（钢筋工损耗量系数 S：低合金钢 $S = 1.015$，圆钢 $S = 1.01$）。

【解】 依据公式：钢筋需用量 = 施工图净计算量 × 损耗系数

低合金钢需用量：$0.07 \times 1.015 = 0.017\text{t}$

圆钢需用量：$0.021 \times 1.01 = 0.021\text{t}$

答：低合金钢需用量：$0.07 \times 1.015 = 0.017\text{t}$。圆钢需用量：$0.021 \times 1.01 = 0.021\text{t}$。

5. 有一 18m 跨度的钢丝束预应力屋架，下统配 2 束钢丝束，每束 18 根 $\phi 5$ 碳素钢丝，采用钢质锥形锚具锚固，TD-60 型锥锚式千斤顶一端张拉，屋架孔道长度 λ 为 17.8m。试计算每根钢丝的下料长度 L。（已知：锚具长度 $L_s = 50\text{mm}$，千斤顶脚至顶上夹具末端之间的距离 $L_5 = 640\text{mm}$，钢丝外露出卡端部长度 $c = 50\text{mm}$，构件端部垫板厚度 $b = 25\text{mm}$。）

【解】 由一端张拉的计算公式：

$L = \lambda + L_5 + 2L_s + 2b + c + 50$

$= 17800 + 640 + 2 \times 50 + 2 \times 25 + 50 + 50$

$= 18690\text{mm}$

$= 18.69\text{m}$

答：下料长度为 18.69m。

6. 冷拉设备采用 50kN 电动卷扬机，卷筒直径为 400mm，转速 8.7r/min，5 门滑轮组，采用双控法。冷拉中级 25 直径钢筋（计算截面面积 $=4.91mm^2$），试核定设备能力。滑轮组工作线数 $m=11$，总效率 $n=0.83$，设备阻力 $R=8kN$，Ⅱ级钢筋的冷拉控制应力 $\delta_s=450MPa$，设备安全系数 $K=1.5$，是否满足要求？

【解】（1）由冷拉公式计算拉力 N：

$$N=\delta_s\times A_s=450\times 491$$
$$=220950N\approx 221kN$$

（2）设备拉力 F 由下式计算：

$$F=T\times m\times n-R$$
$$=50\times 11\times 0.83-8$$
$$=449kN$$

（3）设备能力应：

$$F\geqslant N\times K$$
$$F=449kN>221\times 1.5kN$$

（4）核实结果：满足要求。

答：满足要求。

2.6 实际操作题

1. 钢筋混凝土阳台板的钢筋绑扎

见表 2.6-1 所示。

考核项目及评分标准　　表 2.6-1

序号	考核项目	评分标准	满分	检测点					得分
				1	2	3	4	5	
1	受力钢筋间距	±10mm	10						
2	受力钢筋排距	±5mm	10						
3	箍筋构造筋绑扎	±20mm	10						

续表

序号	考核项目	评分标准	满分	检测点					得分
				1	2	3	4	5	
4	保护层	±3mm	10						
5	钢筋绑扎其他项目		10						
6	工艺符合操作规范	错误无分，局部错误扣5～10分	20						
7	文明施工	工完场清满分，不文明扣3～5分	10						
8	安全施工	重大事故不合格，不文明扣3～5分	10						
9	工效	根据项目，按照劳动定额进行，低于定额90%本项无分，在90%～100%之间酌情扣分，超过定额酌情加1～3分	10						

2. 钢筋混凝土框架柱的钢筋绑扎

见表2.6-2所示。

考核项目及评分标准　　表2.6-2

序号	考核项目	评分标准	满分	检测点					得分
				1	2	3	4	5	
1	对基础或下层伸出钢筋的处理	不处理不得分	10						
2	箍筋间距	±20mm	10						
3	箍筋与主筋要互相垂直	不垂直酌情扣分	15						
4	绑扎接头长度	符合设计要求	10						

续表

序号	考核项目	评分标准	满分	检测点					得分
				1	2	3	4	5	
5	保护层	±5mm	10						
6	焊接预埋件	中心线位移5mm；排距±5mm	15						
7	受力钢筋	间距 ± 10mm；排距±5mm	10						
8	文明施工	工完场清满分，不文明扣3~5分	5						
9	安全施工	重大事故不合格，不文明扣3~5分	5						
10	工效	根据项目，按照劳动定额进行，低于定额90%本项无分，在90% ~100%之间酌情扣分，超过定额酌情加1~3分	10						

3. 钢筋混凝土框架梁的钢筋绑扎

见表2.6-3所示。

考核项目及评分标准 **表2.6-3**

序号	考核项目	评分标准	满分	检测点					得分
				1	2	3	4	5	
1	受力钢筋间距	±10mm	10						
2	箍筋间距	±20mm	10						
3	箍筋与主筋要互相垂直	不垂直酌情扣分	10						
4	绑扎接头长度	符合设计要求	10						
5	保护层	±5mm	10						

续表

序号	考核项目	评分标准	满分	检测点					得分
				1	2	3	4	5	
6	焊接预埋件	中心线位移5mm	15						
7	工艺操作符合规范	间距±10mm	10						
8	文明施工	工完场清满分，不文明扣3～5分	5						
9	安全施工	重大事故不合格，不文明扣3～5分	10						
10	工效	根据项目，按照劳动定额进行，低于定额90%本项无分，在90%～100%之间酌情扣分，超过定额酌情加1～3分	10						

第三部分　高级钢筋工

3.1　单项选择题

1. 钢筋工小李在工作中采取了一系列的措施来节约施工材料，（C）的做法是错误的，不是节约施工材料的正确途径。

A. 在施工过程中，减少材料浪费

B. 在施工之前精打细算

C. 在施工过程中，减少工序，多使用价格便宜的材料

D. 在保证安全的前提下，短料接长使用

2. 在企业的生产经营活动中，(D)不符合团结互助的要求。

A. 根据员工技术专长进行分工，彼此间密切合作

B. 对待不同年纪的同事采取一视同仁的态度

C. 师徒之间要互相尊重，互相关心

D. 取消员工之间的一切差别

3. 为防止地面水对墙体的侵蚀，应在墙身下部靠近室外地坪处设置（C）。

A. 散水　B. 踢脚　C. 勒脚　D. 墙身防潮层

4. 钢筋应尽量储存在仓库或料棚内，钢筋堆下应有垫木，使钢筋离地不小于（C）mm。

A. 100　B. 20　C. 200　D. 50

5. 堆放成品钢筋时，要按工程名称和构件名称依照（C）分别存放。

A. 编号顺序　B. 加工顺序　C. 钢筋长度　D. 钢筋重量

6. 冷拔钢筋过程中，每道工序的钢筋冷拔直径应按机械出

厂说明书的规定选择，无资料时，可按每次缩减孔径（D）。

A. 2.0 ~ 2.5mm　　B. 1.5 ~ 2.0mm

C. 1.0 ~ 1.5mm　　D. 0.5 ~ 1.0mm

7. 一次切断多根钢筋时，其（C）应符合机械铭牌规定。

A. 半径　　B. 直径和截面面积

C. 总截面面积　　D. 半径和总周长

8. 钢筋调直机的调直模内径应比所调钢筋的直径（A）。

A. 大 2 ~ 4mm　B. 小 4 ~ 5mm　C. 小 2mm　D. 大 5mm

9. 作用在同一物体上的两个力，若这两个力的大小相等、方向相反、作用在（D），则物体处于平衡，即称二力平衡。

A. 相互平行的直线上　　B. 相互垂直的直线上

C. 相互交叉的直线上　　D. 同一条直线上

10. 下列对内力描述正确的是（B）。

A. 内力是物体间的作用力

B. 内力是物体内部的作用力

C. 内力的大小与外力无关

D. 内力大小随外力的增加而减少

11. 钢筋混凝土板中的分布钢筋是垂直于板内主筋方向上布置的，主要为满足（C）要求而设置的。

A. 施工　　B. 加工　　C. 构造　　D. 荷载

12. （C）具有满足斜截面抗剪强度，并使钢筋混凝土梁内形成钢筋骨架。

A. 弯起钢筋　　B. 受力钢筋　　C. 箍筋　　D. 架立钢筋

13. 桥梁中人行道板受力钢筋直径（D）。

A. 最大为 3mm　　B. 至少为 4mm

C. 不大于 5mm　　D. 不小于 6mm

14. 根据《中华人民共和国安全生产法》的有关规定，如果钢筋工发现事故隐患时，正确的处理方式是（C）。

A. 不告诉任何人，自己知道就行了

B. 立即告诉与自己要好的同伴，一同远离隐患地点

C. 立即向现场安全生产管理人员报告

D. 等安全员进行巡查时再报告

15. 根据《中华人民共和国建筑法》的规定，建筑施工企业必须为（D）办理意外伤害保险，支付保险费。

A. 年龄较大的在职职工　　B. 全体职工

C. 企业的管理人员　　D. 从事危险作业职工

16. 根据《中华人民共和国安全生产法》的规定，生产经营单位必须依法参加（B），为从业人员缴纳保险费。

A. 互助基金保险　　B. 工伤社会保险

C. 人寿保险　　D. 财产保险

17. 根据《中华人民共和国劳动法》的规定，用人单位应当保证劳动者（C）。

A. 每周休息半天　　B. 每月休息两日

C. 每周至少休息一日　　D. 每月至少休息一日

18. 根据《中华人民共和国劳动法》的规定，国家对女职工和未成年工实行特殊劳动保护。其中，未成年工是指（C）的劳动者。

A. 年满十八周岁未满二十周岁　　B. 未满二十周岁

C. 年满十六周岁未满十八周岁　　D. 未满十七周岁

19. 根据《中华人民共和国劳动法》的规定，劳动合同可以约定试用期。试用期（D）。

A. 最短为 45 日　　B. 最长不得超过一年

C. 最短为 20 日　　D. 最长不得超过六个月

20. 根据《中华人民共和国劳动法》的规定，劳动合同应当以书面的形式订立，以下属于劳动合同必备条款的是（B）。

A. 最低工作量　　B. 劳动纪律

C. 劳动工具种类　　D. 劳动工资延期支付最长时间

21. 绘制钢筋布置图时，在正、立面图中，钢筋用（A）绘制。

A. 粗实线　　B. 波浪线　　C. 曲线　　D. 折断线

22. 绘制钢筋布置图时，在断面图中（C）的钢筋应画成圆形黑点。

A. 直径较大　　　　　B. 直径较小

C. 被剖面位置切开　　D. 被外墙体遮盖

23. 在绘制钢筋布置图时，为了便于加工，应画出（B）以表示各种钢筋的形状和尺寸。

A. 相同钢筋的大样图　　B. 每种钢筋的式样简图

C. 各构件的配料单　　　D. 受力钢筋的详图

24. 结构施工图主要内容一般包括图纸目录、设计说明书、（B）及分部位的详图。

A. 全部位草图

B. 结构整体平面图和断面图

C. 模板图、钢筋附表和立面图

D. 配筋图、立面图

25. 在看复杂钢筋混凝土结构施工图时，（C）。

A. 应重点识读断面图，因为该图是制作、安装预埋件的依据

B. 应对照预埋件详图查对钢筋的数量、安装绑扎位置等

C. 应根据图纸要求考虑好钢筋绑扎与模板安装的配合

D. 不得将模板图作为制作、安装预埋件的依据

26. 审核结构施工图时，技术交底是由设计单位向建筑单位和施工单位介绍（D）。

A. 设计单位提出的施工方案　　B. 工程设计方法

C. 施工难点　　　　　　　　　D. 设计意图和要求

27. 进行设备基础施工图的识图时，首先通过平立面图和分部位的断面图审视（D）与预埋螺栓或其他锚固方式的预埋件的关系。

A. 锚固件位置　　B. 钢筋端部的形状

C. 钢筋锚固长度　D. 钢筋的布置

28. 进行牛腿柱的识图时，除自身的钢筋配置 . 外形各部位

尺寸外，应着重识读牛腿柱与基础、（C）的连接预埋件的位置。

A. 牛腿柱与吊车梁　　B. 屋架与屋面板

C. 行车梁和桁架　　D. 框架柱与墙体

29. 在牛腿柱的识图中，若已知基础槽底的标高为－0.6m，而柱顶标高为（A），则牛腿柱长为12.6m。

A. ＋12m　　B. －13.2m　　C. ＋2.1m　　D. 12.6m

30. （D）在建筑工程中是用来连接墙壁或立柱的，并便于各种材料的屋顶构件和材料的承力连接构件。

A. 构件连接栓　　B. 墙体连接栓

C. 锚固连接立柱　　D. 屋架

31. 在识读悬臂拼装预应力箱梁施工图时，应着重注意预应力筋的（C）预留管道对正情况。

A. 接长方法及杆件两端

B. 排列形式及杆件两端

C. 横纵向位置及各块件之间接缝处

D. 安装高度及各块件之间接缝处

32. 在识读悬臂分段浇筑箱梁施工图时，在各分段断面上，其纵向钢筋需与下一段钢筋连接，当设计图上无规定时，按（D）进行预留。

A. 锚固长度　　B. 钢筋直径的3倍

C. 上、下钢筋直径的和　　D. 有关施工规范

33. 在大跨度造桥机一次性现场浇筑预应力箱梁的识图过程中，要注意主梁与横隔梁交点位置与其他（D）和预应力管道的相互关系。

A. 预埋件管道　　B. 连接支承点位

C. 预应力筋连接栓　　D. 钢筋

34. 烟囱的钢筋施工主要是注意（A）各部位钢筋直径的变化，竖向钢筋与节点之间的钢筋交叉布置位置变化。

A. 顺高度方向　　B. 沿径向

C. 沿周长方向　　D. 顺受力方向

35. 编制施工班组和所需机具计划前必须了解自己所承接工程的钢筋、预应力筋的（D）及预应力张拉所用锚夹具的种类。

A. 化学成分　B. 加工方法　C. 材料标准　D. 总工程量

36. 常年使用的钢筋堆放场地（工厂化生产）最好选择有很好排水设施的水泥地面上，铺设距离地面（C）cm 高的方木或石条上。

A. 不低于 5　B. 不高于 15 ~ 20

C. 不低于 20 ~ 30　D. 不高于 10 ~ 15

37. 施工现场的临时钢筋堆放场通常布置在加工场内，钢筋堆放距地面（D）。

A. 5 ~ 10cm　B. 15cm 以下　C. 10 ~ 15cm　D. 20cm 以上

38. 钢筋加工场地的布置与钢筋加工工艺流程有着密切的关系，在细钢筋加工工艺流程中，一般首先应布置（C）。

A. 焊接　B. 切断　C. 盘圆放线　D. 冷拉调直

39. 钢筋加工计划和安装计划应统一为（A）。

A. 钢筋工程施工计划　B. 用工结构设计

C. 钢筋用量计划　D. 劳动定额

40. 钢筋工程施工计划通常是在审核熟悉（D）的基础上，了解施工组织设计的内容和工程进度后制定的。

A. 工程概况　B. 施工管理方法

C. 钢筋加工安装工艺　D. 图纸

41. 编制钢筋工程施工计划要根据本单位的实际情况，主要按照机械、（C）与工程设计图的要求制定。

A. 资金使用计划　B. 设备总造价

C. 操作人员的能力　D. 操作人员的数量

42. 编制设备需用计划是依据工程钢筋总量及规格和（D）提出设备需要量及规格。

A. 操作人员的数量　B. 结构类型要求

C. 资金到位情况　D. 工程进度要求

43. 用工计划要根据（D）编制，且需根据工程进展情况进

行增减。

A. 资金到位情况

B. 施工图纸

C. 工程难易程度和设备加工能力

D. 劳动定额和工人技术能力

44. 在编制钢筋工程施工计划时，必须同时完成质量控制保证措施和（D）保证措施。

A. 原料进场时间　B. 安全施工　C. 工期　D. 施工进度

45. 直径为15mm的Ⅲ级钢筋采用单面帮条焊时，帮条长度应≥（B）mm。

A. 100　B. 150　C. 50　D. 75

46. 直径为（D）mm的Ⅰ级钢筋采用单面帮条焊时，帮条长度应≥160mm。

A. 80　B. 60　C. 40　D. 20

47. 直径为（A）mm的Ⅲ级钢筋采用双面帮条焊时帮条长度应≥75mm。

A. 15　B. 25　C. 7.5　D. 10

48. 直径为（C）mm的Ⅰ级钢筋采用双面帮条焊时，帮条长度应≥80mm。

A. 40　B. 30　C. 20　D. 10

49. 直径为（A）mm的Ⅱ级钢筋采用双面帮条焊时帮条长度应≥75mm。

A. 15　B. 25　C. 7.5　D. 10

50. 直径为5mm的Ⅱ级钢筋采用单面帮条焊时，帮条长度应≥（A）mm。

A. 50　B. 40　C. 30　D. 20

51. 钢筋骨架的安装长度允许偏差为（A）mm。

A. ±10　B. ±8　C. ±5　D. ±2

52. 对工程中使用的预应力筋及其锚具、夹具，除做外观检查外还须（B）取试件作强度和弯折试验。

A. 按等级　B. 按批量　C. 按长短　D. 按使用部位

53. Ⅰ级钢筋与钢板搭焊的接头型式应为（D）。

A. E4316　B. F5003　C. E5003　D. E4303

54. Ⅱ级钢筋预埋件T型角焊的接头型式应为（B）。

A. E4316　B. E4303　C. E5003　D. F5003

55. 为保护钢筋工的人身安全，（C）施工必须做好临边防护，且需具备一定的抗冲击力。

A. 道路　B. 基础　C. 桥梁　D. 隧洞

56. 为保护钢筋工的人身安全，电焊机在（D），防护用品必须佩戴齐全。

A. 安装后必须检查内部线路的接点是否牢固

B. 使用时必须检查焊机周围有无水源

C. 维修前必须检查所用焊锡的成分

D. 施焊前必须检查焊机一、二次线接头是否牢固

57. 根据建筑工程中钢筋工程的检验评定标准，进口钢筋在使用前需先经（D），符合有关规定方可用于工程。

A. 冷拔性能检验　B. 冷弯试验

C. 化学成分检验和清洗　D. 化学成分检验和焊接试验

58. 根据建筑工程中钢筋工程的检验评定标准，若钢筋表面经除锈后出现（C），则严禁按原规格使用。

A. 机油　B. 水泥浆　C. 老锈　D. 浮锈

59. 根据建筑工程中钢筋工程的检验评定标准，钢筋绑扎中其缺扣、松扣不超过总扣数的（D）为优良。

A. 40% 且集中　B. 30% 且集中

C. 20% 且不集中　D. 10% 且不集中

60. 根据建筑工程中钢筋工程的检验评定标准，钢筋网片的开焊、漏焊点数不超过焊点总数的（A）；板伸入支座范围内的焊点无漏焊、开焊为优良。

A. 2% 且不应集中　B. 6% 且不应集中

C. 10% 且应集中　D. 14% 且应集中

61. 根据建筑工程中钢筋工程的检验评定标准，在钢筋的对焊中，对焊接头处弯折不大于4°；钢筋轴线偏移量不大于0.1倍钢筋直径且不大于（D）mm，钢筋无横向裂纹，无明显烧伤，焊色均匀为优秀。

A. 5　B. 4　C. 3　D. 2

62. 根据建筑工程中钢筋工程的检验评定标准，电弧焊接头的合格标准包括：（D）。

A. 接头处弯折不大于8°

B. 钢筋轴线偏移量不小于1倍钢筋直径

C. 接头处弯折不大于12°

D. 帮条沿接头中心线的纵向偏移量不大于0.5倍钢筋直径

63. 根据建筑工程中钢筋工程的检验评定标准，钢筋焊接骨架中受力主筋层距的允许偏差为（A）mm。

A. ±5　B. ±10　C. ±15　D. ±20

64. 当直径为15mm的Ⅰ级钢筋采用单面搭接焊时，钢筋焊缝的宽度应为（D）mm。

A. 4.5　B. 6　C. 9　D. 10.5

65. 当直径为10mm的Ⅰ级钢筋采用双面搭接焊时，钢筋焊缝的高度应为（A）mm。

A. 3　B. 4　C. 5　D. 6

66. 当直径为5mm的Ⅲ级钢筋采用双面搭接焊时，钢筋焊缝的高度应为（C）mm。

A. 2　B. 2.5　C. 1.5　D. 3.5

67. 在进行坡口平焊时，钢垫板宽度应大于钢筋直径10mm，V形坡口角度宜为（D）。

A. 30°　B. 45°　C. 35°~45°　D. 55°~65°

68. 在钢筋工程施工中，挤压连接可适用于钢筋混凝土结构中直径为20mm的（D）在垂直、水平位置的相互连接。

A. 钢绞线或钢丝

B. Ⅰ、Ⅱ、Ⅲ级同级同直径光圆钢筋

C. 同级异径的螺纹钢筋

D. Ⅱ、Ⅲ级带肋钢筋

69. 钢筋安装时，（A）的允许偏差为5mm。

A. 焊接预埋件中心线位移　　B. 中心线偏移量

C. 保护层之间缝隙　　D. 突出点倾斜长度

70. 钢筋网绑扎安装时，绑扎钢筋网（A）度的允许偏差为±10mm。

A. 长、宽　B. 高　C. 长、高、宽　D. 长、高

71. 钢筋网焊接安装时，网眼尺寸的允许偏差为（C）mm。

A. ±24　B. ±36　C. ±10　D. ±30

72. 钢筋安装时，受力钢筋排距的允许偏差为（D）mm。

A. ±20　B. ±15　C. ±10　D. ±5

73. 钢筋安装时，钢筋（A）的允许偏差为20mm。

A. 弯起点位移　　B. 中心线偏移量

C. 保护层之间缝隙　　D. 突出点倾斜长度

74. 在钢筋混凝土构件中，当混凝土强度等级为（C），受拉钢筋为Ⅰ级钢筋时的最小搭接长度应为30倍的钢筋直径。

A. C10　B. C20　C. C25　D. C40

75. 在钢筋混凝土构件中，当混凝土的强度等级≥C30，受拉钢筋为Ⅱ级钢筋时的最小搭接长度应为（B）倍的钢筋直径。

A. 25　B. 35　C. 40　D. 45

76. 在钢筋的加工中，（A）不是造成箍筋不规方的主要原因。

A. 调直模不正　　B. 成形轴变形

C. 弯曲角度不准　　D. 弯曲定尺移位

77. 在用电弧焊连接钢筋时，焊缝（A）度的允许偏差为-0.5mm。

A. 长　B. 宽　C. 高　D. 厚

78. 在进行钢筋的冷加工时，冷拉Ⅱ级钢筋时拉长率的允许偏差为（C）。

A. ±2% B. ±2.2% C. ±0.5% D. ±0.1%

79. 在钢筋的加工中，弯曲角度不准是造成（A）的主要原因之一。

A. 箍筋不规方 B. 控制应力过大

C. 钢筋切断机刀片松动 D. 控制冷拉率过大

80. 在进行分项工程点合格率的评定时，实测总点数为（C）点，合格总点数为225点，则分项工程点合格率为90%。

A. 450 B. 350 C. 250 D. 150

81. 在全面质量管理体系中，PDCA阶段的A是指（D）。

A. 计划 B. 实施 C. 检查 D. 处理

82. （B）是编制箱梁基础施工方案的主要依据。

A. 工程造价

B. 施工地域土质、地下水位情况

C. 周转材料的储备供应情况

D. 施工地区的经济发展水平

83. 基础施工的一般操作程序是（B）、放实物线、支外模、绑钢筋。

A. 开挖、清底、浇混凝土垫层

B. 放线、开挖、清底、浇混凝土垫层

C. 开挖、支内模、浇混凝土垫层

D. 放线、支内模、清底、浇混凝土垫层

84. 预应力屋架的施工均为预制安装，大都在（C）浇筑，一般以6~7片一组为宜。

A. 一块底板上逐层向下 B. 多块底板上同时进行

C. 一块底板上逐层向上 D. 多块底板上逐层向下

85. 考虑到吊运和吊装的方便，牛腿柱的施工一般是打对浇筑，即3块模板立在底模上浇筑，（A）。

A. 2根柱牛腿向上 B. 2根柱牛腿向下

C. 3根柱牛腿向上 D. 3根柱牛腿向下

86. 在箱形基础施工中，当底板钢筋长度为（D）m时，应采取分段对焊，现场搭接焊连接的方法。

A. 15　B. 30　C. 45　D. 60

87. 在箱形基础立墙插筋安装时，当采用两端进料时，插筋应由（D）开始，最后封口。

A. 进料强度最小的位置　B. 墙体受力最大的位置

C. 基础钢筋密集处　D. 中间向两端分头

88. 中型设备基础在土质比较好的地域上施工时，应采取深排水、阶梯式开挖基槽、（D）、绑扎钢筋。

A. 灰土垫底　B. 细石混凝土垫层

C. 钢筋混凝土垫层　D. 砂浆抹底

89. 牛腿柱的钢筋及预埋件加工必须在（B）进行。

A. 铺设侧模时　B. 铺设底板支侧模前

C. 模板安装完成后　D. 混凝土浇筑完成时

90. 对于牛腿柱钢筋的绑扎，若采用多根一起浇筑时，应采取（D）绑扎。

A. 在模板上垫木垫　B. 悬挂方式进行

C. 砖砌波形台上　D. 地面垫方木

91. 在预应力屋架的操作程序中，最后一道工序是（C）。

A. 养护拆模　B. 质量验收

C. 吊运、整理模板　D. 预应力损失的检查

92. 悬臂拼装预应力箱梁的施工程序是（D）。

A. 先张拉、后吊运、灌浆

B. 先吊运、张拉、后灌浆

C. 先吊运至现场吊装、后张拉

D. 先张拉、灌浆、后吊运

93. 在预应力箱梁施工中，对于长度为70m的预应力束应在（D）穿入孔道，以防止进浆堵塞管道。

A. 混凝土初凝后　B. 浇筑混凝土的同时

C. 混凝土终凝前　D. 浇筑混凝土前

94. 在预应力箱梁下部工程施工的同时，应首先进行（A）

的加工。

A. 底板钢筋与横梁骨架钢筋　　B. 顶板钢筋与锚槽筋

C. 伸缩预埋筋　　　　　　　　D. 八字筋

95. 作为主持钢筋工程施工的负责人，对结构中长钢筋的施工要注意其接头位置，按规范规定错开一般不应小于（D）。

A. 10～15 倍钢筋半径　　B. 15～25 倍钢筋直径

C. 25～30 倍钢筋半径　　D. 30～35 倍钢筋直径

96. 作为主持钢筋工程施工的负责人，无论是对一般设备基础，还是对大型设备基础，都要特别注意设计在（C），要绝对按设计要求加工和安装。

A. 连接点两侧是扣件形式

B. 弯起处的锚固件长度

C. 内转角处钢筋的设计

D. 在弯起处钢绞线的排放方式

97. 在安装预应力屋架中的预应力管道时，要按（D）进行安装。

A. 预应力筋的锚固方式　　B. 网格位置

C. 管道的轴线方向　　　　D. 坐标位置

98. 班组是企业（B），负有按期、按量完成上级下达任务的责任。

A. 最大的一个群体　　　　B. 工程施工的基础

C. 内部组织机构的中心　　D. 各项制度的制定者

99. 班组是直接使用劳动工具完成劳动对象（产品）的（C）。

A. 管理者　　B. 设计者　　C. 生产者　　D. 监督者

100. 班组的考核指标主要是（C）的消耗考核，而考核的计算则靠台账管理来体现和完成。

A. 水、电、气　B. 生产工时　C. 工、料、机　D. 人员

101. 加强班组管理必须建立以（C）为中心的各项管理制度。

A. 劳动定额　B. 奖金分配制

C. 岗位责任制　D. 定期培训制

102. 班组生产管理的内容不包括（A）。

A. 人员调配管理　B. 质量管理

C. 文明施工　D. 安全生产管理

103. 班组在施工中应对所需的主、辅材料、机具类，按工程任务施工中对照（C）进行按质按量的计划、验收、领用、保管、统计和核算。

A. 材料的验收单　B. 工程的总投资

C. 材料消耗指标　D. 材料的合格率

104. 劳动定额即工人在单项工作中，在单位时间内应完成所承担（B）的工作量。

A. 全部产品　B. 合格产品

C. 高成本产品　D. 低成本产品

105. （C）是在社会主义制度下实行计划经济管理企业的基本形式下的企业核算基础。

A. 班组用工量统计　B. 班组经济核算

C. 工程造价估算　D. 个人奖金分配核算

106. 班组经济核算可以为不同类型的工程（C），成为以后修订预算定额、劳动定额和工程成本的依据。

A. 积累审计经验　B. 提供人力、物力、财力支持

C. 积累经济技术资料　D. 提供施工技术数据

107. （D）不属于班组经济核算的主要内容。

A. 材料成本　B. 机械成本　C. 消耗成本　D. 监理成本

108. 钢筋调直机的走料槽应与机器的导向筒、调直筒和切断刀孔（A）。

A. 在同一中心线上　B. 在同心圆上

C. 相互保持一定偏移量　D. 位于同一断面内

109. 对于长度为（A）m 的短料应用钳子等工具夹持切断。

A. 0.3　B. 0.6　C. 0.9　D. 1.2

110. 在钢筋弯曲工作台面的搭设中，工作台面应与弯曲机的（C）在同一平面上，并应在台面上铺设薄钢板。

A. 转盘轴线　　　　　　B. 芯轴

C. 弯曲转盘和滚轴　　　D. 成型轴和滚轴

111. 在用钢筋弯曲机弯曲（D）钢筋需使用挡铁轴时，必须在挡铁轴上加套筒。

A. 非预应力　　B. 螺纹　　C. 小半径　　D. 大半径

112. 钢筋电焊机应有可靠的接地，接地电阻不得大于（A）。

A. 4Ω　　B. 5Ω　　C. 6Ω　　D. 7Ω

113. 现场对焊机应放置在（D）罩棚内。

A. 油毡　　B. 粗麻布　　C. 塑料　　D. 防雨防护

114. 在高空进行钢筋绑扎安装时，要佩戴安全带，应（B）。

A. 拆掉悬臂构件

B. 将钢筋分散堆放

C. 将钢筋按等级集中堆放

D. 将钢筋就近集中堆放

115. 在管道灌浆前，（B）严禁站人。

A. 张拉现场周围　　　　B. 预应力筋的两端

C. 加工车间通道两侧　　D. 安装现场周围

116. GW6—40 型手动钢筋弯曲机弯曲（A）钢筋的最大公称直径为 40mm。

A. A3　　B. Ⅱ级螺纹　　C. 合金钢　　D. 高碳素钢

117. GW6—40 型钢筋弯曲机弯曲钢筋时，当钢筋的抗拉强度为 $\sigma b \leqslant 450N/mm^2$，直径为 10mm 时，弯曲机一次弯曲钢筋的总根数为（D）。

A. 10 根　　B. 9 根　　C. 8 根　　D. 7 根

118. GW6—40 型钢筋弯曲机弯曲钢筋时，当钢筋的抗拉强度为 $\sigma b \leqslant 650N/mm^2$，直径为 26mm 时，弯曲机一次弯曲钢筋的总根数为（D）。

A. 5 根　　B. 4 根　　C. 3 根　　D. 2 根

119. 正常使用着的GW6—40型钢筋弯曲机需每隔3个月从工作台上的3个注油嘴注入（D）。

A. 汽油，每嘴注入1kg　　B. 柴油，每嘴注入1kg

C. 煤油，每嘴注入0.5kg　　D. 黄油，每嘴注入0.5kg

120. LJ501型钢筋切断机可切断直径为6～40mm抗拉强度为$\sigma b \leq 510N/mm^2$的（B）钢筋。

A. Ⅰ级　B. Ⅱ级　C. Ⅲ级　D. Ⅳ级

121. LJ501型钢筋切断机一次切断直径19～22mm的螺纹钢筋的总根数为（D）。

A. 5根　B. 4根　C. 3根　D. 2根

122. LJ501型钢筋切断机剪切钢筋时，钢筋必须放在（B），并使钢筋靠紧挡料块，以保证钢筋正常切断和延长刀具寿命。

A. 刀柄两端　　B. 刀具中、下部

C. 刀具上、中部　　D. 刀具上部

123. 为保证正常工作，LJ501型钢筋切断机油箱内的（B）号机械油应保持在探油针两刻度之间。

A. 10～20　B. 30～40　C. 50～60　D. 70～80

124. 钢筋对焊是利用焊接电流通过两根钢筋接触点产生的电阻热，使钢筋端部熔化，再通过（D）而使两根钢筋连接在一起。

A. 迅速加热　　B. 断电冷却

C. 迅速移动钢筋　　D. 迅速顶锻

125. LJ501型钢筋切断机的切断钢筋范围若为（B），则固定刀片尺寸应为110mm×70mm×17mm。

A. $\phi18$～$\phi20$　B. $\phi45$～$\phi50$　C. $\phi10$～$\phi30$　D. $\phi5$～$\phi35$

126. 采用UN1—75型对焊机进行预热闪光焊时，可焊接的钢筋直径为（C）。

A. 42mm　B. 56mm　C. 32～36mm　D. 36～40mm

127. 在钢筋对焊工艺中，顶锻速度是指闪光完成后的瞬间将焊口迅速闭合以使焊缝（C）的速度。

A. 熔化　　B. 迅速冷却　　C. 不受氧化　　D. 成型

128. 在钢筋对焊时，带电顶锻阶段应在（D）秒的时间里将钢筋压缩2～3mm，然后在断电后迅速以每秒6mm的速度完成顶锻过程。

A. 30　　B. 10　　C. 5　　D. 0.1

129. 使用对焊机进行连续闪光焊操作时，如果使用电压降低了（C）%，应停止焊接操作。

A. 6　　B. 3　　C. 8　　D. 4

130. BX1—200型交流弧焊机的额定负载持续率为（D）%。

A. 60　　B. 50　　C. 45　　D. 35

131. BX1—400型交流弧焊机的额定焊接电流为（D）A。

A. 100　　B. 200　　C. 300　　D. 400

132. 消除交流弧焊机变压器因过载而产生过热情况的正确有效方法包括（D）。

A. 更换变压器的线圈　　B. 移动变压器的位置

C. 调整焊接时间　　D. 降低焊接电流

133. GTJ3×8型钢筋调直切断机调直切断钢筋的直径为3～（D）mm。

A. 14　　B. 12　　C. 10　　D. 8

134. ZB4—500型超高压电动油泵的额定流量为（C）L/min。

A. 1×3　　B. 2×1　　C. 2×2　　D. 3×3

135. YCW100B型轻量化千斤顶的公称张拉力为（D）。

A. 100kN　　B. 400kN　　C. 874kN　　D. 973kN

136. YZ85—300型千斤顶的张拉行程为（C）。

A. 500mm　　B. 450mm　　C. 300mm　　D. 850mm

137. YZ85—250型千斤顶的顶压力为（D）。

A. 450kN　　B. 390kN　　C. 850kN　　D. 2500kN

138. 用于先张施工的YD200A型千斤顶的（C）为66.5MPa。

A. 最小油压　B. 顶压力　C. 额定压力　D. 回油压力

139. 采用UN1—50型对焊机进行预热闪光焊时，可焊接的钢筋直径为（C）。

A. 42mm　B. 56mm　C. 20～22mm　D. 36～40mm

140. 用于先张施工的 YCT300 型千斤顶的顶推行程包括（D）mm。

A. 750　B. 700　C. 650　D. 500

141. 用于先张施工的 YDG400A 型千斤顶的顶推力为（C）kN。

A. 5085　B. 4000　C. 3923　D. 2911

142. YZ85—500 型千斤顶的顶压行程为（B）。

A. 55mm　B. 65mm　C. 75mm　D. 85mm

143. YZ150—300 型千斤顶的顶压力为（D）。

A. 1450kN　B. 769kN　C. 350kN　D. 443kN

144. YCW150B 型轻量化千斤顶的张拉行程为（B）。

A. 100mm　B. 200mm　C. 300mm　D. 400mm

145. YCW250B 型轻量化千斤顶的张拉行程为（B）。

A. 100mm　B. 200mm　C. 300mm　D. 400mm

146. YCW400B 型轻量化千斤顶的张拉行程为（B）。

A. 100mm　B. 200mm　C. 300mm　D. 400mm

147. 采用 UN1—100 型对焊机进行预热闪光焊时，可焊接的钢筋直径为（C）。

A. 12mm　B. 20～22mm　C. 40mm　D. 36～40mm

148. 采用 UN17—150—1 型对焊机进行预热闪光焊时，可焊接的钢筋直径为（C）。

A. 12mm　B. 20～22mm　C. 40mm　D. 36～40mm

149. BX2—1000 型交流弧焊机的额定焊接电流为（D）A。

A. 100　B. 2000　C. 300　D. 1000

150. 一般来说，在钢筋加工企业中开展短期培训是适应（D）的情况而定。

A. 工期缩短　B. 工期延长

C. 季节气候和地理环境　D. 工程的转变和队伍

151. 一般来说，从事钢筋加工的企业可不需对（D）进行有关常规加工工艺的短期培训。

A. 新招聘来的民工　　B. 技校应届毕业生

C. 由建筑工程转到桥梁工程者　　D. 新提升的钢筋工技师

152. 一般来说，短期培训应根据（C），为适应钢筋的变化来进行目的性培训。

A. 企业经营成本　　B. 气候特点

C. 工程情况　　D. 开工时间

153. 一般来说，在钢筋加工企业中当（C）时，需要办一期短期培训班来使操作人员在加工操作中适应新的操作方法。

A. 加工设备经维修后重新投入使用　　B. 延长工作时间

C. 加工操作工序发生变化　　D. 缩短工作时间

154. 在短期培训中，对民工队伍的操作手应强调其在钢筋加工中各工序操作时的安全操作和质量保证要求，特别是在弯曲钢筋时（D）的更换，以避免因更换不及时而带来的质量事故或出现崩勾伤人事故。

A. 滚珠　　B. 成型轴　　C. 夹具　　D. 垫板

155. 室内正常环境是指（A）类环境。

A. 一　　B. 二 a　　C. 二 b　　D. 三 a

156. 对于经常按规定半径弯曲小直径钢筋的操作人员，在转变到轻易遇不上的大直径、大半径钢筋弯曲时，应对其重点讲解大半径弯曲的操作要领、安全注意事项和（D）。

A. 作图步骤　　B. 划线标准

C. 材料选用方法　　D. 量度方法

157. （D）不是热爱本职，忠于职守所要求的。

A. 认真履行岗位职责

B. 干一行爱一行专一行

C. 以主人翁的态度自觉地为企业做贡献

D. 一职定终身，不改行

158. 下面四个选项中的内容都是钢筋工老张传授给新员工

有关节约施工材料的经验，其中错误的做法是（D）。

A. 在施工之前精打细算

B. 在施工过程中，杜绝材料浪费

C. 在保证安全的前提下，短料接长使用

D. 多使用价格便宜的材料和设备

159. 在企业的生产经营活动中，促进员工之间团结互助的措施是（B）。

A. 互利互惠，平均分配　B. 加强交流，密切合作

C. 只要合作，不要竞争　D. 事不关己，不理不睬

160. 为防止（B）对墙体的侵蚀，应在墙身下部靠近室外地坪处设置勒脚。

A. 地下水　B. 地面水　C. 热干风　D. 虹吸水

161. 衡量钢筋（A）的指标包括屈服强度。

A. 抗拉性能　B. 塑性　C. 焊接牢固程度　D. 冷加工性能

162. 钢筋在加工过程中，若发生（B），则应对该批钢筋进行化学成分检验。

A. 塑断　B. 脆断　C. 弹变　D. 塑变

163. 力是物体间的相互作用，它使物体的运动状态发生改变或使物体的（B）发生改变。

A. 速度　B. 形状　C. 加速度　D. 平衡状态

164. 在钢筋混凝土梁中，箍筋（D）。

A. 半径不宜大于3mm　B. 直径不宜大于4mm

C. 半径不得小于5mm　D. 直径不宜小于6mm

165. 根据《中华人民共和国劳动法》的规定，国家实行劳动者每日工作时间不超过8小时，平均每周工作时间不超过（C）的工时制度。

A. 30小时　B. 36小时　C. 44小时　D. 48小时

166. 在钢筋布置图的三视图中，钢筋编号应标注在该钢筋位置的引出线端（D）中。

A. 12～14mm边长的线框　B. 10～12mm边长的正方形

C. 8 ~ 10mm 半径的小圆　　D. 6 ~ 8mm 直径的小圆

167. 在看复杂钢筋混凝土结构施工图时，应对照（B）来查对钢筋的配置方向、根数等。

A. 预埋件草图和钢筋图　　B. 钢筋图和钢筋料表

C. 模板图　　D. 预埋件详图

168. 审核结构施工图时，会审是由（D）共同参加的图纸审核工作。

A. 施工单位组织，审计单位、监理单位

B. 监理单位组织，施工单位、设计单位

C. 设计单位组织，施工单位、监理单位、建筑单位

D. 建筑单位组织，设计单位、监理单位、施工单位

169.（A）属于结构施工图的图纸目录应详列的内容。

A. 所用标准图的名称、编号　　B. 所有构件代号

C. 抗震、抗冻、抗风力等级　　D. 水文地质资料

170. 进行箱形基础识图时，首先要通过平立面布置图了解该（B），柱或墙的位置尺寸，各部位的标高、底、墙、顶的厚度、保护层厚度、排水管道的位置等。

A. 箱形基础钢筋布置　　B. 基础的外形尺寸

C. 箱形基础所用的材料　　D. 基础的施工要求

171. 审核牛腿柱图纸时，通过总体各部位的标高，计算出牛腿柱的（A），再核对牛腿柱单件图的设计尺寸，核对无误后方可安排加工绑扎。

A. 实际长度及牛腿所在位置

B. 截面尺寸及牛腿的形状、尺寸

C. 牛腿柱的截面面积

D. 钢筋总量和钢筋品种

172. 在牛腿柱的识图中，若已知基础槽底的标高为（C）m，而柱顶标高为 +13.5m，则牛腿柱长为 15.5m。

A. +2　　B. +29　　C. -2　　D. -29

173. 预应力屋架的预应力筋应布置在（D）内，以承受较

大的拉应力。

A. 桁架的上弦梁　B. 桁架的下弦梁

C. 屋架的上弦梁　D. 屋架的下弦梁

174. 烟囱的钢筋施工主要是注意顺高度方向各部位钢筋直径的变化，竖向钢筋与节点之间的（D）变化。

A. 钢筋的连接方式　B. 交叉点钢筋锚固长度

C. 环向钢筋直径　D. 钢筋交叉布置位置

175. 布置加工场地时，考虑到细钢筋加工工艺流程一般为（A），因此，应将其尽量布置在场地两侧，以便于原料、成品的运输。

A. 盘圆放线—冷拉调直—切断—成型或点焊—点焊后成型

B. 冷拉调直—成型或点焊—点焊后成型—切断

C. 盘圆放线—切断—成型—点焊成型

D. 盘圆放线—切断—冷拉调直—点焊成型

176. 编制钢筋工程施工计划要根据本单位的实际情况，主要按照机械、操作人员的能力与（C）制定。

A. 数量　B. 工程概况

C. 工程设计图的要求　D. 资金到位情况

177. 直径为5mm的Ⅲ级钢筋采用单面帮条焊时，帮条长度应≥（A）mm。

A. 50　B. 40　C. 30　D. 20

178. 直径为5mm的Ⅲ级钢筋采用双面帮条焊时，帮条长度应≥（A）mm。

A. 25　B. 30　C. 35　D. 40

179. 直径为20mm的Ⅰ级钢筋采用双面帮条焊时，帮条长度应≥（B）mm。

A. 90　B. 80　C. 70　D. 60

180. 直径为（C）mm的Ⅱ级钢筋采用单面帮条焊时，帮条长度应≥150mm。

A. 5　B. 10　C. 15　D. 20

181. 对工程中使用的预应力筋及其锚固夹具，除做外观检查外还须按批量取试件作（C）和弯折试验。

A. 塑性　　B. 化学成分　　C. 强度　　D. 硬度

182. Ⅱ级钢筋与钢板搭焊的接头形式应为（D）。

A. E4316　　B. F5003　　C. E5003　　D. E4303

183. 编制安全保证措施时，必须依照国家安全法规并根据（B）进行制定。

A. 施工进度和项目部经理的意见

B. 施工现场或建筑物的实际情况

C. 工程总工期

D. 操作人员的技术水平

184. 为保护钢筋工的人身安全，电焊机在施焊前必须检查焊机（B）。

A. 周围有无水源　　B. 一、二次线接头是否牢固

C. 所用焊锡的成分　　D. 内部线路的接点是否牢固

185. 根据建筑工程中钢筋工程的检验评定标准，钢筋绑扎中其缺扣、松扣不超过总扣数的（B）且不集中为合格。

A. 1/4　　B. 20%　　C. 1/3　　D. 40%

186. 根据建筑工程中钢筋工程的检验评定标准，钢筋对焊接头的合格标准包括（D）。

A. 钢筋轴线偏移量不大于0.5倍钢筋直径

B. 钢筋轴线偏移量小于1倍钢筋直径

C. 对焊接头处弯折不大于4°

D. 对焊接头处弯折不大于8°焊色均匀

187. 根据建筑工程中钢筋工程的检验评定标准，电弧焊接头的合格标准包括：帮条沿接头中心线的纵向偏移量不大于（A）倍钢筋直径。

A. 0.5　　B. 1　　C. 1.5　　D. 2

188. 根据建筑工程中钢筋工程的检验评定标准，钢筋焊接骨架高度的允许偏差为（D）mm。

A. ±12　B. ±10　C. ±8　D. ±5

189. 当直径为5mm的Ⅰ级钢筋采用单面搭接焊时，钢筋焊缝的高度应为（C）mm。

A. 2　B. 2. 5　C. 1. 5　D. 3. 5

190. 当直径为15mm的Ⅲ级钢筋采用双面搭接焊时，钢筋焊缝的宽度应为（D）mm。

A. 4. 5　B. 6　C. 9　D. 10. 5

191. 当直径为5mm的Ⅱ级钢筋采用双面搭接焊时，钢筋焊缝的高度应为（C）mm。

A. 2　B. 2. 5　C. 1. 5　D. 3. 5

192. 在进行坡口平焊时，钢垫板长度应为（C）。

A. 10mm以上　B. 15~25mm　C. 40~60mm　D. 35mm以下

193. 采用坡口立焊时，上一段钢筋坡口角度应为（C），下一段钢筋的坡口角度应为5°~10°。

A. 10°~15°　B. 15°~25°　C. 35°~45°　D. 50°~55°

194. 在钢筋工程施工中，挤压连接可适用于钢筋混凝土结构中直径为18~40mm的（A）在倾斜位置的相互连接。

A. Ⅱ、Ⅲ级带肋钢筋

B. Ⅰ、Ⅱ、Ⅲ级同级同直径光圆钢筋

C. 同级异径的螺纹钢筋

D. 钢绞线或钢丝

195. 在钢筋工程施工中，锥螺纹钢筋连接可适用于16~40mm（D）钢筋的连接，但径差不得大于9mm。

A. Ⅰ级异径螺纹　B. Ⅰ级异径光圆

C. 所有同级异径　D. Ⅱ. Ⅲ级同级异径

196. 钢筋网绑扎安装时，绑扎钢筋网长、宽度的允许偏差为（D）mm。

A. ±20　B. ±5　C. ±14　D. ±10

197. 钢筋安装时，受力钢筋（D）距的允许偏差为±5mm。

A. 跨　B. 步　C. 间　D. 排

198. 钢筋用于镦头的加工时，采取调直机切断钢筋尺寸的允许偏差为（D）mm。

A. ±7　　B. ±5　　C. ±3　　D. ±1

199. 预应力屋架的施工均为预制安装，大都在一块底板上逐层向上浇筑，然后（B）张拉预应力钢筋。

A. 由下至上逐层　　B. 由上至下逐层

C. 由中间向两侧进行　　D. 上下同时进行

200. 考虑到吊运和吊装的方便，牛腿柱的施工一般是打对浇筑，即3块模板立在底模上浇筑，2根柱牛腿（C）。

A. 向左　　B. 向右　　C. 向上　　D. 向下

201. 在箱形基础施工时，如果测工放线只是（A），钢筋在绑扎前应按外墙往内返墙厚尺寸弹线，以便确定钢筋位置线。

A. 外围线　B. 外墙中心线　C. 内墙中心线　D. 定位轴线

202. 三角形预应力屋架的上弦杆和腹杆可在（A）绑扎，在模板上拼装入模即可。

A. 钢筋架上　　B. 模板内　　C. 钢筋网上　　D. 墙板下

203. 牛腿柱的操作程序第一步是（D）。

A. 铺设底模支侧模　　B. 养护混凝土

C. 钢筋绑扎　　D. 钢筋及预埋件加工

204. 悬臂拼装预应力箱梁的施工程序是待本条箱梁全部浇筑完毕后，先吊运至现场吊装完毕后进行（A）。

A. 穿束、张拉预应力筋　　B. 模板加固

C. 混凝土凝结硬化　　D. 养护拆模

205. 作为主持钢筋工程施工的负责人，对结构长钢筋的施工要注意其（C），按规范规定错开一般不应小于30～35倍钢筋直径。

A. 锚固长度　　B. 搭接长度

C. 接头位置　　D. 接头的连接方法

206. 夏季浇筑混凝土C25，混凝土从搅拌机中卸出到浇筑完毕的延续时间不宜超过（B）min。

A. 60　　B. 90　　C. 120　　D. 180

207. 冬季浇筑混凝土 C25，混凝土从搅拌机中卸出到浇筑完毕的延续时间不宜超过（C）min。

A. 60　　B. 90　　C. 120　　D. 180

208. 浇筑竖向结构混凝土前，应先在底部浇入（A）mm 厚与混凝土成分相同的水泥砂浆，以避免产生蜂窝麻面现象。

A. 50 ~ 100　　B. 100 ~ 200　　C. 200 ~ 300　　D. 300 ~ 500

209. 标准养护指混凝土在温度为（20 ± 3）℃和相对湿度为（D）以上的潮湿环境或水中进行的养护。

A. 60%　　B. 70%　　C. 80%　　D. 90%

210. 钢筋调直机的走料槽应与机器的（C）。

A. 进、出料口、调直筒在同一中心线上

B. 导向筒、调直筒和切断刀孔在同一中心线上

C. 导向筒、切断刀孔在同心圆上

D. 导向筒、调直筒相互保持一定偏移量

211. 对于长度为 0.1m 的短料应（C）切断。

A. 弯曲后手握　　B. 调小切断机刀口间隙进行

C. 用钳子等工具夹持　　D. 接长后手握进行

212. 在搭设钢筋弯曲工作台面中，工作台面应与弯曲机弯曲转盘和（B），并应在台面上铺设薄钢板。

A. 滚轴在同一铅垂面上　　B. 滚轴在同一平面上

C. 芯轴在相互平行的断面内　　D. 芯轴在同一中心线上

213. 用钢筋弯曲机弯曲大半径钢筋需使用（B）时，必须在其上加套筒。

A. 弯曲转盘　　B. 挡铁轴　　C. 芯轴　　D. 滚轮

214. 现场对焊机应放置在搭设有防雨防护罩棚内，罩棚应采用（B）搭设。

A. 防光材料　　B. 防火材料　　C. 油毡　　D. 塑料

215. 在高空安装预制钢筋骨架时，要佩戴安全带，钢筋应（C）堆放。

A. 叠摞在一起集中　　B. 按等级集中

C. 分散　　　　　　　D. 就近集中

216. GW6—40 型钢筋弯曲机弯曲钢筋时，当钢筋的抗拉强度为 $\sigma_b \leqslant 450N/mm^2$，直径为 14mm 时，弯曲机一次弯曲钢筋的总根数为（D）。

A. 9 根　　B. 8 根　　C. 7 根　　D. 6 根

217. GW6—40 型钢筋弯曲机弯曲钢筋时，当钢筋的抗拉强度为 $\sigma_b \leqslant 650N/mm^2$，直径为 18mm 时，弯曲机一次弯曲钢筋的总根数为（A）。

A. 5 根　　B. 6 根　　C. 7 根　　D. 8 根

218. 钢筋对焊是利用（C），使钢筋端部熔化，再通过迅速顶锻而使两根钢筋连接在一起。

A. 焊接电阻通过两根钢筋接触点产生的电阻热

B. 高压氢气通过两根钢筋接触点产生的电熔热

C. 焊接电流通过两根钢筋接触点产生的电阻热

D. 高压氧气通过两根钢筋接触点产生的电解热

219. 采用 UN1—75 型的对焊机进行连续闪光焊时，可焊接的钢筋直径为（A）范围。

A. 12 ~ 16mm　B. 10 ~ 12mm　C. 20 ~ 25mm　D. 25 ~ 40mm

220. 在钢筋对焊工艺中，顶锻速度是指（B）的瞬间将焊口迅速闭合以使焊缝不受氧化的速度。

A. 钢筋加热完成后　　B. 闪光完成后

C. 钢筋碳化　　　　　D. 钢筋熔融

221. 在钢筋对焊时，带电顶锻阶段应在 0.1 秒的时间里将钢筋压缩（B），然后在断电后迅速以每秒 6mm 的速度完成顶锻过程。

A. 1 ~ 2mm　　B. 2 ~ 3mm　　C. 3 ~ 4mm　　D. 4 ~ 5mm

222. BX1—200 型交流弧焊机的焊接使用焊条直径为（A）。

A. 2 ~ 5mm　　B. 3 ~ 7mm　　C. 7 ~ 8mm　　D. 8mm 以上

223. BX1—400 型交流弧焊机的额定功率因数为（D）。

A. 0.25　B. 0.35　C. 0.45　D. 0.55

224. 消除交流弧焊机变压器过热的正确有效方法包括（C）、降低焊接电流。

A. 增长导线长度　B. 降低变压器级数

C. 消除短路处　D. 放开线盘

225. 在使用交流弧焊机的过程中，动铁芯在焊接时位置不固定，会造成交流弧焊机（A）。

A. 焊接电流忽大忽小　B. 变压器停止工作

C. 不产生电弧　D. 停止工作

226. ZB 高压油泵在运转时，泵内的压力上不去的主要原因包括泵体内存有空气、（B）。

A. 密封热片老化　B. 限压阀上安全阀口失灵

C. 油箱液面太高　D. 管道太细

227. YDC1500N—100 型内卡式千斤顶的公称油压为（B）MPa。

A. 38　B. 49　C. 51　D. 61

228. YZ85—250 型千斤顶的额定油压为（C）。

A. 40MPa　B. 43MPa　C. 46MPa　D. 48MPa

229. 用于先张施工的 YD200A 型千斤顶的顶推行程包括（D）mm。

A. 800　B. 750　C. 650　D. 600

230. 用于先张施工的 YDG400A 型千斤顶的顶推行程包括（D）mm。

A. 50　B. 700　C. 650　D. 800

231. YZ85—400 型千斤顶的顶压行程为（B）。

A. 55mm　B. 65mm　C. 75mm　D. 85mm

232. YZ85—500 型千斤顶的张拉力为（D）。

A. 985kN　B. 2250kN　C. 1450kN　D. 850kN

233. YZ85—600 型千斤顶的顶压力为（D）。

A. 450kN　B. 390kN　C. 850kN　D. 2500kN

234. YCW400B 型轻量化千斤顶的穿心孔径为（A）。

A. 175mm　B. 65mm　C. 54mm　D. 45mm

235. UN1—100 型对焊机每小时冷却水消耗量最多为（A）L。

A. 200　B. 300　C. 400　D. 500

236. UN2—150 型对焊机每小时最多可完成焊接件数为（D）件。

A. 110　B. 100　C. 90　D. 80

237. BX2—1000 型交流弧焊机的额定负载持续率为（D）%。

A. 30　B. 40　C. 50　D. 60

238. 一般来说，长期培训目标可采取（A）的方法进行。

A. 职校系统学习　B. 岗位自学

C. 具体施工工艺讨论　D. 技术研讨

239. 在钢筋加工企业的长期培训方案中，应选择（B）到中等职校系统学习，这样会较为便捷和较快地收到培训效果。

A. 有工作经验的工程师

B. 有事业心、对工作认真负责的青年工人

C. 工龄在 25 年以上的工人

D. 日常工作量较轻的非生产一线人员

240. 工程需要电气焊工较多，而现有的电气焊工少，需请（D）认可的技师进行电气焊的各种安全操作知识的讲解，取证后仍应进行有关工程质量的教育。

A. 施工单位　B. 监理单位

C. 教育局　D. 劳动部门（现为人力资源与社会保障厅）

241. 因预应力张拉控制应力的检查较为困难，所以应首选（D）的初、中级工来担当油泵操作者。

A. 工龄长　B. 年轻　C. 身强力壮　D. 工作责任心较强

242. 下列选项中属于职业道德范畴的是（D）。

A. 企业的经营业绩　B. 企业的发展战略

C. 从业人员的技术水平　D. 从业人员的行为准则

243. 热爱本职，忠于职守的具体要求是（C）。

A. 看效益决定是否爱岗　　B. 转变择业观念

C. 认真履行岗位职责　　D. 增强把握择业的机遇意识

244. 室外地坪标高为－0.60m，基础底面标高为－1.40m，基础的埋置深度为（A）。

A. 0.8m　B. 2.0m　C. －1.4m　D. －0.8m

245. 衡量钢筋（B）的指标有屈服点。

A. 弹性　B. 抗拉性能　C. 耐疲劳性　D. 韧性

246. 热处理钢筋是对由中碳钢制成的普通低合金钢钢筋进行（D）的调质热处理所得到的钢筋。

A. 退火和正火　B. 淬火和退火

C. 正火和过火　D. 淬火和回火

247. 冷拔低碳钢丝是将直径为（C）mm的低碳钢钢筋在常温下通过拔丝模多次强力拉拔而成。

A. 1～4　B. 4～6　C. 6～8　D. 8～10

248. 钢筋在加工过程中，若发生脆断，则应对该批钢筋进行（D）检验。

A. 塑性　B. 拉伸性能　C. 冷弯性能　D. 化学成分

249. 热轧钢筋应分批验收，在每批钢筋中任选二根钢筋，每根钢筋取两个试样分别进行（A）。

A. 拉伸和冷弯试验　B. 冷拉和拉伸试验

C. 冷弯和塑性试验　D. 冷拔和冷弯试验

250. 冷拉设备应根据冷拉钢筋的（D）进行合理选择，不允许超载张拉。

A. 密度　B. 强度和重量　C. 重量　D. 直径

251. 冷拔钢筋过程中，每道工序的钢筋冷拔（A）应按机械出厂说明书的规定选择，不得超量缩减模具孔径。

A. 直径　B. 长度　C. 等级　D. 截面面积

252. 平面一般力系的平衡条件是（D）。

A. $\Sigma F_x=0$，$\Sigma F_y=0$　B. $\Sigma F_x=0$，$\Sigma M_o=0$

C. $\Sigma F_y = 0$，$\Sigma M_o = 0$　　D. $\Sigma F_x = 0$，$\Sigma F_y = 0$，$\Sigma M_o = 0$

253. 钢筋混凝土板中的分布钢筋是垂直于板内（D）方向上布置的，主要为满足构造要求而设置的。

A. 构造钢筋　B. 拉筋　C. 架立钢筋　D. 主筋

254. 根据《中华人民共和国安全生产法》的规定，生产单位的从业人员发现直接危及人身安全的紧急情况时，（C）。

A. 不得停止作业，应待情况核实后再做处理

B. 应继续作业，并采取应急措施

C. 有权停止作业

D. 须向上级负责人立即汇报，经许可后才能停止作业

255. 结构施工图的图纸目录应详列结构施工图中所有设计图纸及（B）的名称、编号。

A. 所用标准图　　B. 水文地质资料

C. 抗震、抗冻、抗风力等级　D. 所有构件代号

256. 进行箱形基础识图时，首先要通过（C）等。

A. 模板图认清保护层厚度、排水管道的位置

B. 剖面图认清各部位的标高、底、墙、顶的厚度

C. 平立面布置图了解该基础的外形尺寸

D. 钢筋详图了解箱形基础的钢筋分布

257. 审核牛腿柱图纸时，通过总体各部位的标高，计算出牛腿柱的实际长度及牛腿所在位置，再核对牛腿柱（B），核对无误后方可安排加工绑扎。

A. 总体分布　B. 单件图的设计尺寸

C. 钢筋总量　D. 钢筋品种

258. 烟囱的钢筋施工主要是注意顺高度方向各部位钢筋直径的变化，（C）与节点之间的钢筋交叉布置位置变化。

A. 水平构件　B. 环向构件　C. 竖向钢筋　D. 预埋钢筋

259. 常年使用的钢筋堆放场地（工厂化生产）中，钢筋垛的摆放间距以（D）m 为宜。

A. 0.5～1　B. 1.5～2　C. 3～4　D. 5

260. 钢筋（B）应统一为钢筋工程施工计划。

A. 加工计划和安装计划

B. 施工进度计划和用工计划

C. 安装用工计划和用料计划

D. 加工劳动分配计划和工时周期

261. 钢筋工程施工计划通常是在审核熟悉图纸的基础上，了解了（C）后制定的。

A. 工程概况和工程量

B. 原材料购置计划

C. 施工组织设计的内容和工程进度

D. 用工计划和施工管理方法

262. 直径为（C）mm 的Ⅲ级钢筋采用单面帮条焊时，帮条长度应≥150mm。

A. 5　B. 10　C. 15　D. 20

263. 直径为 20mm 的Ⅰ级钢筋采用单面帮条焊时，帮条长度应≥（B）mm。

A. 100　B. 160　C. 80　D. 120

264. 直径为 10mm 的Ⅱ级钢筋采用双面帮条焊时，帮条长度应≥（D）mm。

A. 20　B. 30　C. 40　D. 50

265. 钢筋骨架的安装宽度、高度允许偏差为（B）mm。

A. ±10　B. ±5　C. ±4　D. ±2

266. 对工程中使用的预应力筋及其锚、夹具，除做（A）外还须按批量取试件作强度和弯折试验。

A. 外观检查　B. 冷拉率检查

C. 焊接性能测试　D. 化学成分分析

267. 预应力筋张拉操作时应掌握达到控制应力时的实际伸长值，（C）。

A. 并低于横向收缩率的10%

B. 不超过预应力值的3%

C. 与计算伸长值误差不得大于 ±6%

D. 与横向收缩率一致

268. 编制安全保证措施时，必须依照（A）并根据施工现场或建筑物的实际情况进行制定。

A. 国家安全法规

B. 上级行政主管部门领导的意见

C. 筹措到的安全生产经费数额

D. 项目部经理的意见

269. 为保护钢筋工的人身安全，在桥梁施工必须做好临边防护，且需具备一定的（D）。

A. 伸长值　　B. 柔性　　C. 刚度　　D. 抗冲击力

270. 根据建筑工程中钢筋工程的检验评定标准，进口钢筋（C）和焊接试验，符合有关规定方可用于工程。

A. 在使用前需先经匹配性的试验

B. 在加工时需进行伸长率的检验

C. 在使用前需先经化学成分检验

D. 在加工时需进行应力值的试验

271. 根据建筑工程中钢筋工程的检验评定标准，当钢筋表面经除锈后出现（B），钢筋严禁按原规格使用。

A. 慢弯　　B. 麻点　　C. 露筋　　D. 水锈的残点

272. 根据建筑工程中钢筋工程的检验评定标准，钢筋网片的开焊、漏焊点数不超过焊点总数的（D）；板伸入支座范围内的焊点无漏焊、开焊为合格。

A. 16% 且应集中　　B. 12% 且不应集中

C. 8% 且应集中　　D. 4% 且不应集中

273. 当直径为 5mm 的Ⅰ级钢筋采用双面搭接焊时，钢筋焊缝的高度应为（C）mm。

A. 2　　B. 2. 5　　C. 1. 5　　D. 3. 5

274. 当直径为 10mm 的Ⅱ级钢筋采用双面搭接焊时，钢筋焊缝的高度应为（A）mm。

A. 3　　B. 4　　C. 5　　D. 6

275. 在钢筋混凝土构件中，当混凝土强度等级为（D），受拉钢筋为Ⅲ级钢筋时的最小搭接长度应为45倍的钢筋直径。

A. C10　　B. C20　　C. C25　　D. ≥C30

276. 钢筋用于镦头的加工时，采取切断机切断钢筋尺寸的允许偏差为（D）mm。

A. ±5　　B. ±4　　C. ±3　　D. ±2

277. 钢筋的加工中，当发现箍筋不规方时，正确有效的处理方法是（D）。

A. 及时更换切断机刀片和调直轴

B. 用调直机调直或提高加工场地温度

C. 降低加工场地温度

D. 重新测定弯曲定位尺

278. 在进行钢筋的冷加工时，冷拉Ⅳ级钢筋时拉长率的允许偏差为（D）；0%。

A. −1%　　B. −2%　　C. ±1.5%　　D. ±0.2%

279. 在进行分项工程点全乡率的评定时，实测总点数为250点，合格总点数为（D）点，则分项工程点合格率为90%。

A. 100　　B. 200　　C. 125　　D. 225

280. 悬臂浇筑预应力箱梁的施工程序是，在主场（C）做立交桥、铺设底板，先浇0号块件，然后拼装架桥机，再进行其他工序。

A. 一侧顺水流方向　　B. 两侧顺桥方向

C. 两端顺轴线方向　　D. 两端平行于水流方向

281. 考虑到吊运和吊装的方便，牛腿柱的施工一般是打对浇筑，即（D）立在底模上浇筑，2根柱牛腿向上。

A. 1根牛腿模　B. 1根模板　C. 3块牛腿模　D. 3块模板

282. 对于牛腿柱钢筋的绑扎，若采用两根一组的浇筑方法，应在（B）绑扎。

A. 支架上　　B. 模板上垫木垫

C. 地面上垫方木进行　　D. 钢筋架上

283. 悬臂拼装预应力箱梁的施工程序是待本条箱梁全部浇筑完毕后，（C）进行穿束、张拉预应力筋。

A. 在吊运至现场前　　B. 逐层封闭

C. 先吊运至现场吊装完毕后　　D. 在安装过程中

284. 在预应力箱梁的孔道灌浆时，对于用粗钢筋作为预应力筋的管道，若发生穿束孔道进浆堵塞，可用（C）进行疏通，但必须在混凝土初凝前进行。

A. 1～2 根粗钢筋　　B. 2～3 根钢丝

C. 3～4 根钢绞线　　D. 多根钢丝

285. 作为主持钢筋工程施工的负责人，对结构中长钢筋的施工要注意其（C），按规范规定错开一般不应小于 30～35 倍钢筋直径。

A. 锚固长度　　B. 搭接长度

C. 接头位置　　D. 接头的连接方法

286. 对于长度为 0.2m 的短料应（B）切断。

A. 弯曲后手握　　B. 用钳子等工具夹持

C. 接长后手握进行　　D. 调小切断机刀口间隙进行

287. GW6—40 型手动钢筋弯曲机中，6—40 表示本机弯曲一级钢筋的（C）。

A. 时间　B. 长度范围　C. 最大和最小直径　D. 速度

288. GW6—40 型钢筋弯曲机弯曲钢筋时，当钢筋的抗拉强度为 $\sigma_b \leqslant 650N/mm^2$，直径为 14mm 时，弯曲机一次弯曲钢筋的总根数为（D）。

A. 9 根　　B. 8 根　　C. 7 根　　D. 6 根

289. LJ501 型钢筋切断机可切断直径为（B），抗拉强度为 $\sigma_b \leqslant 510N/mm^2$ 的Ⅱ级钢筋。

A. 60mm 以内　B. 6～40mm　C. 40～50mm　D. 50mm 以上

290. 钢筋对焊是利用焊接电流通过两根钢筋接触点产生的（D），使钢筋端部熔化，再通过迅速顶锻而使两根钢筋连接在一起。

A. 低压　　B. 电阻热　　C. 电弧热　　D. 电熔热

291. LJ501 型钢筋切断机的切断钢筋范围若为 $\phi18 \sim \phi45$，则固定刀片尺寸应为（C）。

A. 110mm × 80mm × 17mm　　B. 120mm × 75mm × 27mm

C. 110mm × 65mm × 37mm　　D. 100mm × 55mm × 47mm

292. UN1—75 型对焊机每小时最多可完成焊接件数为（D）件。

A. 100　　B. 90　　C. 85　　D. 75

293. 使用对焊机进行连续闪光焊操作时，必须打开冷却水，出水温度不得超过（C）。

A. 40℃　　B. 50℃　　C. 60℃　　D. 70℃

294. BX1—400 型交流弧焊机的额定负载持续率为（D）%。

A. 30　　B. 40　　C. 50　　D. 60

295. ZB4—500 型超高压电动油泵的（B）为 50MPa。

A. 额定流量　B. 额定压力　C. 额定张拉力　D. 回程油压

296. YCW100B 型轻量化千斤顶的公称油压为（D）MPa。

A. 24　　B. 33　　C. 42　　D. 51

297. YZ85—300 型千斤顶的顶压行程为（A）mm。

A. 65　　B. 75　　C. 85　　D. 95

298. YZ85—250 型千斤顶的张拉行程为（B）。

A. 385mm　　B. 250mm　　C. 450mm　　D. 850mm

299. UN1—50 型对焊机每小时冷却水消耗量最多为（A）L。

A. 200　　B. 300　　C. 400　　D. 500

300. 用于先张施工的 YCT300 型千斤顶的顶推力为（C）kN。

A. 5000　　B. 4000　　C. 3000　　D. 2000

301. YZ85—400 型千斤顶的顶压力为（D）。

A. 450kN　　B. 390kN　　C. 850kN　　D. 2500kN

302. YZ85—600 型千斤顶的顶压行程为（B）。

A. 55mm　　B. 65mm　　C. 75mm　　D. 85mm

303. YZ150—300 型千斤顶的顶压行程为（B）。

A. 55mm　B. 65mm　C. 75mm　D. 85mm

304. 采用 UN2—150 型对焊机进行预热闪光焊时，可焊接的钢筋直径为（C）。

A. 12mm　B. 20～22mm　C. 40mm　D. 36～40mm

305. 使产品具有一定的适用性而进行的全部活动称为（C）。

A. 市场调查　B. 为用户服务　C. 质量职能　D. 生产活动

306. 加工质量的波动是（B）。

A. 可以避免的　B. 不可避免的

C. 有时可以避免的　D. 严禁出现

307. 优良的产品质量是（B）出来的。

A. 现场控制　B. 设计制造　C. 检验把关

308. 产品质量的异常波动是由（A）造成的。

A. 系统性因素　B. 不可避免因素

C. 偶然性因素　D. 必然因素

309. 产品质量好坏与否，最终要以（C）来衡量。

A. 价格低廉　B. 符合标准　C. 使用效果　D. 价格合理

310. 在高处安装预制钢筋骨架或绑扎圈梁钢筋时，不允许站在（A）上操作。

A. 模板　B. 砖墙　C. 脚手架

311. GJ4－4/14 钢筋调直机调直钢筋的直径为（C）mm。

A. 4～10　B. 4～12　C. 4～14　D. 4～16

312. 钢筋焊接时，手工电弧焊操作者不准穿（A）服装。

A. 化纤质　B. 棉毛质　C. 丝麻质

313. 混凝土和钢筋的温度变形值（C）。

A. 不同　B. 差距较大　C. 基本相同　D. 差距不大

314. 《中华人民共和国刑法》规定建筑企业职工由于不服从管理，违反规章制度，因而发生重大伤亡事故，造成严重后果的，处（C）有期徒刑或拘役。

A. 一年以下　B. 二年以下　C. 三年以下　D. 四年以下

315. 扣件式钢管脚手架每间隔（C）必须设置十字撑杆。

A. 10m　B. 20m　C. 30m　D. 40m

316. 采用长线法生产预应力构件时，张拉完毕，在（D）小时内必须浇灌混凝土。

A. 6　B. 12　C. 18　D. 24

317. 预应力混凝土的锚具的锚固能力，不得低于预应力筋标准抗拉强度的（B）。

A. 80%　B. 90%　C. 95%　D. 100%

318. 在普通混凝土中，焊接网片的光面钢筋在受拉区搭接长度最少为（C）。

A. 10d　B. 20d　C. 25d　D. 30d

319. 冬季张拉预应力钢筋，其温度不宜低于（B）。

A. －10℃　B. －15℃　C. －20℃　D. －25℃

320. 对于受拉区预应力钢筋当采用闪光对焊且有保证焊接质量的可靠措施时，受力钢筋 35d 范围内的焊接接头面积不宜超过（C）钢筋总面积。

A. 20%　B. 25%　C. 50%　D. 不限制

321. 弯曲钢筋起点位移允许偏差为（B）mm。

A. 20　B. 20　C. 25　D. 30

322. 当测定冷拉率时，如钢筋的强度偏高，平均冷拉率小于1%时，按（C）进行冷拉。

A. 0.5%　B. 按实际冷拉率　C. 1%　D. 0.8%

323. 预应力筋的实际伸长值，宜在初应力约为（C）时开始量测，但须加上初应力以下的推算伸长值。

A. 3%σ_k　B. 5%σ_k　C. 10%σ_k　D. 15%σ_k

324. 圆形水池的围壁中，受拉钢筋的搭接长度应为（C）倍钢筋直径。

A. 20～30　B. 30～40　C. 40～50　D. 50～60

325. 地震区钢筋混凝土结构中箍筋弯钩应是（C）。

A. 45°　　B. 90°　　C. 135°　　D. 180°

326. 在钢筋混凝土结构中，应用冷拉Ⅰ级钢筋时，直径大于（B）不能利用冷拉后提高的强度。

A. 10mm　　B. 12mm　　C. 14mm　　D. 16mm

327. 钢筋每次冷拔的压缩率一般经试验得出最佳压缩率其值一般为（D）。

A. 0. 7　　B. 0. 75　　C. 0. 80　　D. 0. 85

328. 当采用控制应力冷拉Ⅳ级钢筋时，其冷拉控制应力规范规定为700MPa，其最大冷拉率为（A）。

A. 4%　　B. 5%　　C. 8%　　D. 10%

329. 直径为6～12mm的冷拉Ⅰ级钢筋的抗拉强度不小于（C）。

A. 240MPa　　B. 280MPa　　C. 380MPa　　D. 400MPa

330. 在钢筋混凝土结构中，应用冷拔Ⅱ级钢筋时，设计强度取值最高只能用到（C）。

A. 340MPa　　B. 350MPa　　C. 372MPa　　D. 380MPa

331. 超筋梁的破坏特点是始于（B）混凝土的压碎。

A. 受拉区　　B. 受压区　　C. 中间区　　D. 弯超钢筋

332. 适筋梁的破坏特点是：破坏始于（A）钢筋的屈服点。

A. 受拉区　　B. 受压区　　C. 中间区　　D. 弯超钢筋

333. 先张法施工的承力台墩其抗倾覆系数规范规定不得小于（D）。

A. 1. 2　　B. 1. 3　　C. 1. 4　　D. 1. 5

334. 先张法施工的承力台墩必须具有足够的（A）。

A. 强度　　B. 刚度　　C. 挠度　　D. 变形

335. 当采用控制冷拉率方法冷拉Ⅳ级钢筋时，测定冷拉率时钢筋的冷拉应力规范规定为（D）。

A. 320MPa　　B. 450MPa　　C. 530MPa　　D. 750MPa

336. 钢筋半圆弯钩增加长度为（C）d。

A. 2. 5　　B. 4. 9　　C. 6. 25　　D. 3. 9

337. 光面钢筋屈服点 σ_a 不小于（B）MPa。

A. 225　　B. 235　　C. 245　　D. 255

338. 电焊机接地线的电阻不得大于（B）Ω。

A. 20　　B. 10　　C. 8　　D. 4

339. 同一地点有两个以上乙炔瓶时，瓶之间距离应大于（B）m。

A. 20　　B. 15　　C. 10　　D. 5

340. 预应力构件的预埋螺栓的中心线位置偏移的允许偏差为（D）mm。

A. 20　　B. 15　　C. 10　　D. 5

341. 箍筋采用搭接时，搭接处应焊接，焊接长度不小于（A）d。

A. 10　　B. 8　　C. 6　　D. 4

342. 高空悬空作业在（C）m 以上，无安全设施必须系好安全带，扣好安全帽。

A. 1　　B. 2　　C. 3　　D. 4

343. 分规的用途是（D）。

A. 画曲线用的　　B. 画直线用的

C. 画图用的　　D. 截取长度和等分线段用的

344. 混凝土保护层的厚度的保证，一般有（B）实施。

A. 垫木块　　B. 埋入 20 号的钢丝的垫块绑在柱子钢筋上

C. 垫石子　　D. 随时调整

345. 张拉过程中，预应力钢材（钢丝、钢绞线和钢筋）断裂或滑脱的数量，严禁超过结构同一截面预应力筋总根数的（C）。

A. 20%　　B. 15%　　C. 10%　　D. 5%

346. 预应力钢筋的强度标准值应具有不少于（B）的保证率。

A. 100%　　B. 95%　　C. 90%　　D. 85%

347. 梁中配有计算需要的纵向受力钢筋时，箍筋应（C）。

A. 开环式　　B. 可以任意布置

C. 封闭式　　D. 根据钢筋布置面定

348. 地基系建筑物基础下边的土层，它承受（B）荷载。

A. 人群　　B. 整个建筑物　　C. 施工脚手架　　D. 汽车

349. 预应力钢丝束应控制等长下料，同束钢丝下料长度的误差，应控制在（B）以内，但不得大于5mm。

A. $L/100$（L 为钢丝下料长度）　　B. $L/150$

C. $L/200$　　D. $L/500$

350. 绑扎骨架中的（C）应在末端做弯钩。

A. 受力钢筋　B. 变形钢筋　C. 光面钢筋　D. 受压面钢筋

351. 墙体受力筋间距的允许偏差为（D）mm。

A. 4　　B. 10　　C. 16　　D. 20

352. 后张法预应力筋的张拉是制作预应力构件的关键，必须按规范有关规定精心施工，张拉时构件或结构的混凝土强度应符合设计要求，当设计无具体要求时，不应低于设计强度标准值的（A）。

A. 75%　　B. 80%　　C. 85%　　D. 90%

353. 螺丝端杆锚具适用于锚固直径为（C）mm 的冷拉 HRB335，HRB400 级钢筋。

A. 小于12　　B. 大于36　　C. 12～36　　D. 6～8

354. 预应力筋拉锚固后实际预应力值的偏差不得大于或小于工程设计规定检验值（D）。

A. 20%　　B. 15%　　C. 10%　　D. 5%

355. 结构自重是一种（B）荷载。

A. 特殊　　B. 均布　　C. 分散　　D. 集中

356. 在钢筋混凝土构件代号中，“DB”是表示（B）。

A. 墙板　B. 吊车安全走道板　C. 槽形板　D. 吊车梁

357. 框架梁、牛腿及柱帽等钢筋，应放在柱的纵向钢筋的（B）。

A. 外侧　　B. 内侧　　C. 中间　　D. 任意位置

358. 钢筋气压焊接处隆起的直径不应小于直径的（D）倍。

A. 2. 2　B. 1. 6　C. 1. 4　D. 1. 2

359. 钢筋混凝土剪力墙体的厚度不应小于140mm，对框架剪力墙结构尚不应小于楼层高度的（A）。

A. 1/20　B. 1/15　C. 1/10　D. 1/5

360. 弯起钢筋中间部位弯折处的弯曲直径，不应小于钢筋直径（D）倍。

A. 4　B. 6　C. 8　D. 10

361. 钢筋混凝土圈梁和构造柱的作用是（D）。

A. 提高房屋的抗震性能

B. 增加房屋的整体性

C. 增加房屋的刚度

D. 增加房屋的空间刚度和整体性，提高房屋的抗震能力

362. 梁主筋最小保护层厚度为（B）。

A. 15mm　B. 25mm　C. 30mm　D. 35mm

363. 柱主筋最小保护层厚度为（C）。

A. 15mm　B. 25mm　C. 30mm　D. 40mm

364. 板和墙主筋最小保护层厚度为（A）。

A. 15mm　B. 25mm　C. 30mm　D. 40mm

365. 基础中纵向受力钢筋最小保护层厚度为（D）。

A. 15mm　B. 25mm　C. 30mm　D. 40mm

366. 板、墙、壳中分布配筋的混凝土保护层厚度不应小于（A）。

A. 10mm　B. 15mm　C. 20mm　D. 25mm

367. 梁、柱中的箍筋和构造钢筋的混凝土保护层厚度不应小于（B）。

A. 10mm　B. 15mm　C. 20mm　D. 25mm

368. 在任何情况下，锚固长度不得小于（B）。

A. 200mm　B. 250mm　C. 300mm　D. 350mm

369. 采用机械锚固措施时，锚固长度范围内箍筋不应少于

（C）个，其直径不应小于纵向钢筋直径的0.25倍，其间距不应大于纵向钢筋直径的5倍。

A. 1　B. 2　C. 3　D. 4

370. 直径大于（D）以上的钢筋，应优先采用焊接接头或机械接头。

A. 6mm　B. 8mm　C. 10mm　D. 12mm

371. 对梁、板、墙类构件，同一连接区段内，纵向受拉钢筋搭接接头面积百分率不宜大于（B）。

A. 15%　B. 25%　C. 50%　D. 75%

372. 对柱类构件，同一连接区段内，纵向受拉钢筋搭接接头面积百分率不宜大于（C）。

A. 15%　B. 25%　C. 50%　D. 75%

373. 梁、柱、剪力墙中的箍筋和拉筋的弯钩平直部分不应小于10d，并不小于（B）。

A. 50mm　B. 75mm　C. 100mm　D. 150mm

374. 钢筋混凝土筏形基础的混凝土强度等级不应低于（C）。

A. C20　B. C25　C. C30　D. C40

375. 筏形基础的钢筋间距不应小于150mm，宜为200～300mm，受力钢筋直径不宜小于（C）。

A. 8mm　B. 10mm　C. 12mm　D. 14mm

376. 对梁板式筏形基础，梁顶与板顶一平时称为（A）。

A. 高板位　B. 中板位　C. 低板位　D. 一平板位

377. 对梁板式筏形基础，梁底与板底一平时称为（C）。

A. 高板位　B. 中板位　C. 低板位　D. 一平板位

378. 对梁板式筏形基础，板在梁的中部时称为（B）。

A. 高板位　B. 中板位　C. 低板位　D. 一平板位

379. JZL为（A）的代号。

A. 基础主梁　B. 基础次梁

C. 梁板筏基础平板　D. 柱下板带

380. LPB为（C）的代号。

A. 基础主梁　　　　B. 基础次梁
C. 梁板筏基础平板　D. 柱下板带
381. ZXB 为（D）的代号。
A. 基础主梁　　　　B. 基础次梁
C. 梁板筏基础平板　D. 柱下板带
382. JZL7（5B）表示第 7 号基础主梁，5 跨，（A）。
A. 两端有外伸　　B. 一端有外伸
C. 两端均无外伸　D. B 端有外伸
383. 箱形基础的高度不应小于基础长边长度的（C），并不宜小于 3m。
A. 1/20　B. 1/15　C. 1/20　D. 1/25
384. 上弦支撑的代号为（B）。
A. XC　B. SC　C. CC　D. GX
385. 钢系杆的代号为（D）。
A. XC　B. SC　C. CC　D. GX
386. 某厂房柱的编号为 BZ8b32-8F，下列对 BZ 解释正确的是（A）。
A. 边柱　B. 中柱　C. 抗风柱　D. 牛腿柱
387. 某厂房柱的编号为 BZ8b32-8F，下列解释中正确的是（B）。
A. 32 是配筋型号，8F 是柱模板号
B. 32 是柱模板号，8F 是配筋型号
C. 32 是柱模板号，8F 是下柱配筋型号
D. 32 是上柱配筋型号，8F 是柱模板号
388. 烟囱的编号形式为 YC80/1.7-0.35-X-150-Y，80 表示（A）。
A. 烟囱高度　B. 烟囱伤口的内径
C. 基本风压　D. 地基承载力
389. 分项最细、子项目最多的一种定额称为（D）。
A. 预算定额　B. 概算定额　C. 概算指标　D. 施工定额

390. 钢筋工程时间定额的单位是（D）。

A. 工日/m　　B. 工日/m^2　　C. 工日/m^3　　D. 工日/t

391. 1.5 砖墙的墙厚尺寸为（B）m。

A. 0.178　　B. 0.365　　C. 0.49　　D. 0.615

392. 已知机械台班消耗定额为 $0.25 \times 13 \div 52$，那么，塔吊台班产量定额为（A）根/台班。

A. 52　　B. 13　　C. 0.25　　D. 4

393. 低合金钢两端采用螺杆锚具时，预应力钢筋按预留孔道长度（A）计算。

A. −350mm　　B. +350mm　　C. +300mm　　D. 直接

394. 低合金钢一端采用镦头插片，另一端采用螺杆锚具时，预应力钢筋按预留孔道长度（D）计算。

A. −350mm　　B. +350mm　　C. +300mm　　D. 直接

395. 低合金钢采用后张混凝土自锚时，预应力钢筋按预留孔道长度（B）计算。

A. −350mm　　B. +350mm　　C. +300mm　　D. 直接

396. 梁高 1.8m，当采用曲线张拉时，后张法预应力钢丝束、钢绞线计算长度按直线长度乘以系数（B）。

A. 1.015　　B. 1.025　　C. 1.02　　D. 1.035

397. 弯起角度为30°时，弯起钢筋净长 =（A）。

A. $L-2c+2\times0.268H'$　　B. $L-2c+2\times0.414H'$

C. $L-2c+2\times0.577H'$　　D. $L-2c+2\times0.115H'$

398. 弯起角度为45°时，弯起钢筋净长 =（B）。

A. $L-2c+2\times0.268H'$　　B. $L-2c+2\times0.414H'$

C. $L-2c+2\times0.577H'$　　D. $L-2c+2\times0.115H'$

399. 45°弯钩的钢筋弯曲调整值为（A）。

A. $0.5d$　　B. $0.85d$　　C. $2d$　　D. $2.5d$

400. 60°弯钩的钢筋弯曲调整值为（B）。

A. $0.5d$　　B. $0.85d$　　C. $2d$　　D. $2.5d$

401. 90°弯钩的钢筋弯曲调整值为（C）。

A. 0. 5d　B. 0. 85d　C. 2d　D. 2. 5d

402. 135°弯钩的钢筋弯曲调整值为（D）。

A. 0. 5d　B. 0. 85d　C. 2d　D. 2. 5d

403. 坡高在5m以内的密实碎石土的边坡坡度允许值为（A）。

A. 1∶035 ~1∶0. 50　B. 1∶0. 50 ~1∶0. 75

C. 1∶0. 75 ~1∶1. 00　D.1∶1. 00 ~1∶1. 25

404. 坡高在5m以内的硬塑黏性土的边坡坡度允许值为（D）。

A. 1∶035 ~1∶0. 50　B. 1∶0. 50 ~1∶0. 75

C. 1∶0. 75 ~1∶1. 00　D. 1∶1. 00 ~1∶1. 25

405. 对密实、中密的砂子和碎石类土（充填物为砂土），基坑（槽）和管沟不加支撑时的允许深度为（A）m。

A. 1. 00　B. 1. 25　C. 1. 50　D. 2. 00

406. 对硬塑、可塑的粉质黏土及粉土，基坑（槽）和管沟不加支撑时的允许深度为（B）m。

A. 1. 00　B. 1. 25　C. 1. 50　D. 2. 00

407. 对坚硬的黏土，基坑（槽）和管沟不加支撑时的允许深度为（D）m。

A. 1. 00　B. 1. 25　C. 1. 50　D. 2. 00

408. 基坑、槽每边的宽度应比基础宽（B）cm，以便于设置支撑加固结构。

A. 10 ~15　B. 15 ~20　C. 20 ~30　D. 30 ~50

409. 浅基坑、槽盒管沟开挖时，挖土应自上而下水平分段分层进行，每层（A）左右。

A. 0. 3m　B. 0. 5m　C. 0. 8m　D. 1. 2m

410. 一级基坑围护结构墙顶位移监控值为（A）。

A. 3cm　B. 6cm　C. 8cm　D. 10cm

411. 二级基坑围护结构墙顶位移监控值为（B）。

A. 3cm　B. 6cm　C. 8cm　D. 10cm

412. 三级基坑围护结构墙顶位移监控值为（C）。

A. 3cm　B. 6cm　C. 8cm　D. 10cm

413. 在基坑的两侧或四周设置排水明沟，在基坑四角或每隔（C）设置集水井，使基坑渗出的地下水通过排水明沟汇集于集水井内，然后用水泵将其排出基坑外。

A. 10～20m　B. 20～30m　C. 30～40m　D. 40～50m

414. 当基坑宽度小于6m，且降水深度不超过（D）时，可采用单排井点，布置在地下水上游一侧。

A. 3m　B. 4m　C. 5m　D. 6m

415. 井点管的埋设可用射水法、钻孔法和冲孔法成孔，井孔直径不宜大于300mm，孔深宜比滤管底深（A）m。

A. 0.5～1.0　B. 1.0～2.0　C. 2.0～3.0　D. 3.0～4.0

416. “QT”为（C）起重机的型号。

A. 履带式　B. 汽车式　C. 塔式　D. 轮胎式

417. 吊环埋入柱内长度不应小于（B），并应焊接或绑扎在钢筋骨架上。

A. $20d$　B. $30d$　C. $40d$　D. $50d$

418. 屋架平卧迭层生产时，迭层最多为（B）层。

A. 2　B. 3　C. 4　D. 5

419. 后张法预应力屋架，孔道灌浆后，端部锚具应用（C）细石混凝土封闭。

A. C20　B. C30　C. C40　D. C50

420. 箍筋内净尺寸的加工允许偏差为（A）。

A. ±5　B. ±10　C. ±15　D. ±20

421. 受力钢筋顺长度方向全长净尺寸的加工允许偏差为（B）。

A. ±5　B. ±10　C. ±15　D. ±20

422. 弯起钢筋弯折位置的加工允许偏差为（D）。

A. ±5　B. ±10　C. ±15　D. ±20

423. 在地震设防区，天然地基上的箱形基础其埋深不宜小于建筑物高度的（B）。

A. 1/10　B. 1/15　C. 1/18　D. 1/20

424. 内爬式起重机的代号是（B）。

A.　Z　B. P　C. L　D. U

425. 下回转式起重机的代号是（C）。

A. Z　B. P　C. A　D. U

426. QTZ100 是某种塔式起重机的型号，“100” 指的是（C）。

A. 起重量　B. 起重高度　C. 起重力矩　D. 回转半径

3.2　多项选择题

1. 下列环境中，属于二 a 类环境类别的有（B、C、D）。

A. 室内正常环境

B. 非严寒和非寒冷地区的露天环境

C. 室内潮湿环境

D. 与无侵蚀性的水或土壤直接接触的环境

2. 钢筋和混凝土之间的锚固作用是由（A、B、C、D）等几部分组成。

A. 铰接力　B. 摩擦阻力　C. 咬合力　D. 机械锚固力

3. 柱下板带与跨度板带的集中标注的内容有（A、B、C）。

A. 编号　B. 底部与顶部贯通纵筋

C. 截面尺寸　D. 底部附加非贯通纵筋

4. 预应力混凝土折线型屋架的（A、B、D）均为现浇混凝土杆件。

A. 上弦杆　B. 下弦杆　C. 腹杆　D. 端杆

5. 屋架与柱顶连接节点方案，在（A、B、C）时，采用焊接节点。

A. 非抗震设计　B. 6 度设防　C. 7 度设防　D. 8 度设防

6.《05G335》的适用范围包括（A、B、C）。

A. 6 度的各类场地　B. 7 度的各类场地

C. 8 度Ⅰ～Ⅲ类场地　　D. 9 度Ⅰ类场地

7.《05G335》的适用环境包括（A、B）。

A. 一类　　B. 二类　　C. 三类　　D. 四类

8. 遇有（A、B、C、D）等情况时，根据《05G335》选用柱子时应采用取相应措施后方可使用。

A. 处于侵蚀介质的环境、柱子表面温度高于 100℃，或有生产热源且柱子表面温度经常高于 60℃的厂房

B. 设有柔性下弦拉杆的屋架，对排架产生跨变影响的厂房

C. 大面积堆料或有较大振动设备对柱不利的厂房

D. 修建在湿陷性黄土、冻土、膨胀土地区等特殊地基上的厂房

9. 在制定钢筋混凝土工程的施工方法时应考虑的内容有（A、B、C、D）等。

A. 模板类型及支模方法

B. 钢筋的加工、绑扎和焊接方法

C. 选择混凝土的制备方案

D. 确定施工缝的留设位置

10. 在制定结构吊装工程时应考虑的内容有（A、B、D）等。

A. 选择吊装机械的型号和数量

B. 确定吊装方法、顺序，布置吊车行驶路线

C. 流水施工的组织

D. 考虑构件的运输、装卸、堆放方法

11. 施工准备工作计划的内容有（A、B、C、D）等。

A. 技术准备　　B. 现场准备

C. 劳动力准备　　D. 机具材料准备

12. 流水施工的工艺参数有（A、B、C）等。

A. 施工过程　B. 流水强度　C. 工作面　D. 流水步距

13. 流水施工的时间参数有（A、C、D）。

A. 流水节拍　　B. 施工过程

C. 流水步距　　D. 流水施工工期

14. 施工定额的作用有（A、B、C、D）。
A. 作为企业编制施工组织设计和施工作业计划的主要依据
B. 编制施工任务书和限额领料
C. 计算工人的劳动报酬
D. 有利于加强企业成本管理
15. 下列材料中属于实体消耗材料的有（A、D）。
A. 钢筋　B. 模板　C. 搅拌机　D. 砖
16. 下列材料中属于周转性材料的有（A、B）。
A. 砂子　B. 水泥　C. 脚手架　D. 测量仪器
17. 下列材料中属于周转性材料的有（A、B、C、D）。
A. 挡土板　B. 模板　C. 支架　D. 脚手架
18. 实体消耗性材料消耗定额的操作方法有（A、B、C、D）。
A. 现场观测法　B 试验法
C. 统计分析法　D. 理论计算法
19. 技术交底的形式可采用（A、B、C、D）等。
A. 书面交底　B. 会议交底　C. 样板交底　D. 岗位交底
20. 符合下列情况之一的，为一级基坑：（A、C、D）。
A. 重要工程或支护结构做主体结构的一部分
B. 开挖深度大于 5m
C. 与邻近建筑物、重要设施的距离在开挖深度以内的基坑
D. 基坑范围内有历史文物、近代优秀建筑、重要管线等需严加保护的基坑
21. 常用的钢板桩有（A、D）。
A. U 型　B. M 型　C. X 型　D. Z 型
22. 钢板桩质量标准的检查项目有（B、C、D）。
A. 钢材强度　B. 桩垂直度
C. 桩身弯曲度　D. 齿槽平直度及光滑度
23. 设备基础的特点有（A、B、C、D）。
A. 数量多、尺寸大，且各不相同　B. 配筋复杂
C. 高度变化、埋深不一，预埋件多　D. 沉降大且不均匀

24. 现浇整体式钢筋混凝土结构的优点有（A、B）。
A. 整体性和抗震性能好 B. 结构件布置灵活
C. 施工速度快 D. 工期短
25. 模板施工方法有（B、C、D）几种。
A. 基础模板 B. 现场装拆式模板
C. 固定式模板 D. 移动式模板
26. 模板工程中的支撑有（A、B、C）几种。
A. 卡具及柱箍 B. 支柱 C. 桁架 D. 钢筋
27. 手工除锈的方法有（A、B、D）等。
A. 钢丝刷擦锈 B. 砂堆擦锈
C. 机油除锈 D. 麻袋砂包擦锈
28. 手工切断的方法有（A、B、C、D）。
A. 断线钳切断 B. 手动切断机切断
C. 液压切断器切断 D. 克子切断
29. 钢筋焊接分为压焊和熔焊。压焊有（A、B、C）。
A. 闪光对焊 B. 电阻点焊 C. 气压焊 D. 电渣压力焊
30. 钢筋电弧焊包括（A、C、D、F、H）几种接头形式。
A. 帮条焊 B. 气压焊 C. 搭接焊 D. 坡口焊
E. 双面焊 F. 窄间隙焊 G. 单面焊 H. 熔槽帮条焊
31. 自然养护包括（A、B、D）几种。
A. 覆盖浇水养护 B. 塑料布养护
C. 热模养护 D. 薄膜养护剂养护
32. 快速（JJK 型）卷扬机主要用于（B、D）等作业。
A. 结构吊装 B. 垂直运输
C. 预应力钢筋张拉 D. 打桩
33. 慢速（JJK 型）卷扬机主要用于（A、C）等作业。
A. 结构吊装 B. 垂直运输
C. 预应力钢筋张拉 D. 打桩
34. 采用旋转法时应确保（A、C、D）“共弧”。
A. 桩基中心 B. 柱顶中心 C. 柱脚中心 D. 柱绑扎点

35. 进场时和使用前全数检查下列项目：（B、C、D）。

A. 抗拉强度　　B. 钢筋是否平直

C. 钢筋是否损伤　　D. 表面是否有裂纹、油污、老锈

36. 箍筋的末端应作弯钩，弯折角度可能是（A、B）。

A. 90°　B. 135°　C. 180°　D. 45°

37. （C、D）钢筋的冷拉率不宜大于1%。

A. HPB235 级　B. HRB335 级

C. HRB400 级　D. RRB400 级

38. 纵向受力钢筋（A、B）接头连接去段的长度为 $35d$（的为纵向受力钢筋的较大直径）且不小于500mm。

A. 机械连接　B. 焊接连接　C. 绑扎连接　D. 搭接连接

39. 班组核算的内容包括（B、C、D）。

A. 工程成本　B. 人工成本　C. 材料成本　D. 机械成本

40. 材料方面的原始记录有（A、B、D）等。

A. 限额领料单　　B. 材料退库单

C. 隐蔽工程记录　　D. 半成品委托加工单

3.3 判断题

1. 职业道德与一般道德规范具有一致性。（√）

2. 热爱本职，忠于职守的具体要求是认真履行岗位职责。（√）

3. 普通黏土砖墙的实际厚度以砖宽作为依据。（×）

4. 衡量钢筋抗拉性能的指标是屈服强度和抗拉强度。（√）

5. 在碳素钢钢筋中，低碳钢钢筋的含碳量大于0.25%。（×）

6. 热处理钢筋是对由中碳钢制成的普通低合金钢钢筋进行淬火和回火的调质热处理所得到的钢筋。（√）

7. 冷拔低碳钢丝是将直径为6~8mm的低碳钢钢筋在常温下通过拔丝模多次强力拉拔而成。（√）

8. 钢筋在加工过程中，若发生脆断，则应对该批钢筋进行

化学成分检验。(√)

9. 阻力轮式冷拉机适用于冷拉直径为6～8mm钢筋盘条，冷拉率为6%～8%的钢筋。(√)

10. 力是物体间的相互作用，它使物体的运动状态发生改变或使物体的形状发生改变。(√)

11. 根据《中华人民共和国劳动法》的规定，国家实行劳动者每日工作时间不超过8小时，平均每周工作时间不超过44小时的工时制度。(√)

12. 根据《中华人民共和国劳动法》的规定，用人单位由于生产经营需要，经与工会和劳动者协商后可以延长工作时间，一般每日不得超过3小时。(×)

13. 结构施工图的图纸目录应详列结构施工图中各部位抗震等级。(×)

14. 进行箱形基础识图时，首先要通过断面图了解该基础的分布，柱或墙的位置尺寸。(×)

15. 审核牛腿柱图纸时，通过总体各部位的标高，计算出牛腿柱的牛腿柱的截面面积，再核对牛腿柱布置图的设计尺寸，核对无误后方可安排加工绑扎。(×)

16. 预应力屋架的预应力筋应布置在屋架的上弦梁内。(×)

17. 预应力筋张拉操作时应掌握达到控制应力时的实际伸长值，与计算伸长值误差不得大于±6mm。(×)

18. 编制安全保证措施时，必须依照国家安全法规并根据施工现场或建筑物的实际情况进行制定。(√)

19. 根据建筑工程中钢筋工程的检验评定标准，钢筋焊接骨架宽度和高度的允许偏差为±10mm。(×)

20. 当直径为15mm的Ⅱ级钢筋采用双面搭接焊时，钢筋焊缝的宽度应为6mm。(×)

21. 采用坡口立焊时，坡口角度应为30°。(×)

22. 在钢筋工程施工中，锥螺纹钢筋连接只适用于直径为12mm的同直径的钢筋连接。(×)

23. 在钢筋混凝土构件中，当混凝土强度等级≥C30，受拉钢筋为Ⅲ级钢筋时的绑扎最小搭接长度应为25倍的钢筋直径。（×）

24. 在一般钢筋混凝土构件中，钢筋切断的允许偏差为±2～3mm。（×）

25. 悬臂浇筑预应力箱梁的施工程序是，在主场两侧顺桥方向做立交桥、铺设底板，先浇0号块件，然后拼装架桥机，再进行其他工序。（√）

26. 在箱形基础施工时，如果测工放线只是内外墙中线，钢筋在绑扎前应中线向两面返墙厚加灰缝厚尺寸弹线，以便确定钢筋位置线。（×）

27. 三角形预应力屋架的下弦杆钢筋应在墙板上进行绑扎。（×）

28. 在预应力箱梁的孔道灌浆时，对于短管道，若发生穿束孔道进浆堵塞，可用高浓度机油进行疏通。（×）

29. 造成交流弧焊机焊接电流忽大忽小的主要原因是动铁芯在焊接时位置不固定。（√）

30. ZB高压油泵在运转时，泵内的压力上不去的主要原因包括泵体滤网堵塞。（×）

31. YDC1500N—100型内卡式千斤顶的张拉行程为1500mm。（×）

32. YZ85—400型千斤顶的张拉行程为400mm。（√）

33. YZ85—600型千斤顶的张拉行程为850mm。（×）

34. 采用UN2—150型的对焊机进行连续闪光焊时，可焊接的钢筋直径为5～15mm范围。（×）

35. 对初、中级钢筋工进行操作技能培训一般应有长期培训目标和短期培训目标。（√）

36. 长期培训目标不可采取职校系统学习的方法进行。（×）

37. 在钢筋加工企业的长期培训方案中，应尽量安排有工作经验的工程师到中等职校系统学习，这样会较为便捷和较快地

收到培训效果。(×)

38. 一般来说，在钢筋加工企业中经过短期培训的员工必须要进行编写施工计划的能力考核。(×)

39. 因预应力张拉控制应力的检查较为困难，所以应首选年轻的初、中级工来担当油泵操作者。(×)

40. 小孙是钢筋切断的操作人员，在进行钢筋切断操作时，他发现运行的切断机刀口上有杂物，便用手去清理，这种行为没有违反钢筋切断操作的安全规程。(×)

41. 普通黏土砖墙的实际厚度以砖长作为依据。(√)

42. 热处理钢筋是对由高碳钢制成的普通低合金钢钢筋进行淬火和回火的调质热处理所得到的钢筋。(×)

43. 堆放成品钢筋时，要按工程名称依照编号顺序分别存放。(×)

44. 冷拉设备应根据冷拉钢筋的直径进行合理选择，不允许超载张拉。(√)

45. 冷拔钢筋过程中，每道工序的钢筋冷拔直径应按机械出厂说明书的规定选择，允许超量缩减模具孔径。(×)

46. 通常情况下，允许切断超过机械铭牌规定的直径和强度的钢材以及烧红的钢筋。(×)

47. 平面汇交力系的平衡条件是各力在两个坐标轴上的投影的代数和都不等于零，而力对平面内任一点的力矩等于零。(×)

48. 桥梁中行车道板受力钢筋直径不小于5mm，人行道板受力钢筋直径不大于6mm。(×)

49. 根据《中华人民共和国安全生产法》的有关规定，如果钢筋工发现事故隐患时，正确的处理方式是立即告诉与自己要好的同伴，一同远离隐患地点。(×)

50. 根据《中华人民共和国安全生产法》的规定，生产单位的从业人员发现直接危及人身安全的紧急情况时，不得停止作业，应待上级负责人批准后再做处理。(×)

51. 根据《中华人民共和国劳动法》的规定，用人单位应

当保证劳动者每月至少休息一日。（×）

52. 根据《中华人民共和国劳动法》的规定，劳动合同可以约定试用期。试用期最长不得超过一年。（×）

53. 绘制钢筋布置图时，在正、立面图中，钢筋用点画线绘制。（×）

54. 在绘制钢筋布置图时，为了便于加工，应画出剖面图以表示各种钢筋的形状和尺寸。（×）

55. 审核结构施工图时，技术交底是由监理单位向施工单位介绍设计方法和要求。（×）

56. 进行牛腿柱的识图时，除自身的钢筋配置、外形各部位尺寸外，应着重识读牛腿柱与基础、行车梁和桁架的钢筋布置。（×）

57. 施工现场的临时钢筋堆放场通常布置在加工场内不易积水的地方，可不做临时排水。（×）

58. 钢筋工程施工计划通常是在审核、熟悉技术要求的基础上，了解了用工计划和工程量的基础上制定的。（×）

59. 用工计划要根据工程工期和工人技术能力编制，且不得根据工程进展情况进行增减。（×）

60. Ⅰ级钢筋与钢板搭焊的接头形式应为E4303。（√）

61. 根据建筑工程中钢筋工程的检验评定标准，钢筋焊接骨架中受力钢筋间距的允许偏差为±8mm。（×）

62. 在钢筋混凝土构件中，当混凝土强度等级≥C30，受拉钢筋为Ⅲ级钢筋时的最小搭接长度应为45倍的钢筋直径。（√）

63. 在钢筋的加工中，弯曲角度不准是造成控制冷拉率过大的主要原因之一。（×）

64. 在用电弧焊连接钢筋时，焊缝长度的允许偏差为1mm。（×）

65. 在进行钢筋的冷加工时，冷拉Ⅱ级钢筋时拉长率的允许偏差为-2%。（×）

66. 在进行分项工程点合格率的评定时，实测总点数为250

点，合格总点数为225点，则分项工程点合格率为80%。（×）

67. 全面质量管理体系中，PDCA阶段的P是指施工。（×）

68. 对于牛腿柱钢筋的绑扎，若采用两根一组的浇筑方法，应在模板上垫木垫绑扎。（√）

69. LJ501型钢筋切断机剪切时，钢筋必须放在刀具上部，并使钢筋靠紧防护罩。（×）

70. 为保证正常工作，LJ501型钢筋切断机油箱内的90号机械油应保持在探油针中间刻度之间，每一年换油一次。（×）

71. 使用对焊机进行连续闪光焊操作时，焊接变压器不得超过30℃温度。（×）

72. 一般来说，在钢筋加工企业中开展短期培训是适应季节气候和地理环境的情况而定。（×）

73. 一般来说，从事钢筋加工的企业可不需对技校应届毕业生进行有关常规加工工艺的短期培训。（×）

74. 一般来说，在钢筋加工企业中经过短期培训的员工必须根据实际需要进行理论讲述与实际操作的培训考核。（√）

75. 钢筋工小赵在繁忙的工作之余经常找来一些专业书籍进行自学，还就有关问题与有经验的老师傅一同讨论，以不断提高自己的技能水平。他的这种做法集中体现了钢筋工钻研技术这一职业守则。（√）

76. 为防止地面水对墙体的侵蚀，应在墙身下部靠近室外地坪处设置勒脚。（√）

77. 弯曲高强度或低合金钢钢筋时，应按机械铭牌规定换算最大允许直径并应调换相应的芯轴。（√）

78. 根据《中华人民共和国劳动法》的规定，劳动合同可以约定试用期。试用期最长不得超过六个月。（√）

79. 结构施工图主要内容一般包括图纸目录、设计说明书、结构整体平面图和断面图及分部位的详图。（√）

80. 进行设备基础施工图的识图时，首先通过剖面图和分部位的断面图审视钢筋的排列与预埋螺栓或其他锚固方式预埋件

的关系。(×)

81. 在识读悬臂分段浇筑箱梁施工图时，在各分段断面上，其纵向钢筋需伸入下一段混凝土内。(×)

82. 编制钢筋工程施工计划要根据本单位的实际情况，主要按照工程预算金额制定。(×)

83. 直径为15mm的Ⅲ级钢筋采用双面帮条焊时，帮条长度应小于50mm。(×)

84. 钢筋安装时，焊接预埋件水平高差的允许偏差为±6mm。(×)

85. 在钢筋混凝土构件时，当混凝土强度等级为C25，受拉钢筋为Ⅰ级钢筋时的最小搭接长度应为10倍的钢筋直径。(×)

86. 在钢筋混凝土构件中，当混凝土强度等级为C20，受拉钢筋为Ⅱ级钢筋时的最小搭接长度应为30倍的钢筋直径。(×)

87. 钢筋的加工中，当发现钢筋弯成型后弯曲处产生断裂时，正确有效的处理方法是降低加工场地温度。(×)

88. 中型设备基础在土质比较好的地域上施工时，应采取井点排水、钻孔式开挖基槽、砂浆抹底、绑扎钢筋。(×)

89. 牛腿柱的操作程序是钢筋及预埋件加工、铺设底板支侧模、钢筋绑扎、浇筑混凝土、养护拆模、吊运整理模板。(√)

90. 在预应力屋架的操作程序中，首先应进行钢筋及预埋件的加工，再铺设底板支侧模。(√)

91. 在预应力箱梁施工中，对于长度大于50m的预应力束应在浇筑混凝土的同时穿入孔道，以防止进浆堵塞管道。(×)

92. 在预应力箱梁下部工程施工的同时，应首先进行顶板钢筋与立墙筋的加工。(×)

93. 加强班组管理必须建立以岗位责任制为中心的各项管理制度。(√)

94. 班组在施工中应对所需的材料、机具，按合格率对照劳动定额进行按质按量的计划、验收、领用、保管、统计和核算。(×)

95. 在钢筋弯曲工作台面的搭设中，工作台面应与弯曲机的弯曲转盘和滚轴在同一平面上，并应在台面上铺设薄钢板。(√)

96. 造成交流弧焊机焊接电流忽大忽小的主要原因是可动铁芯的制动螺栓太松。(√)

97. 在短期培训中，对民工队伍的操作手应重点强调其在钢筋加工中各工序操作中垫板的更换，以避免因更换不及时而带来的质量事故或出现崩勾伤人事故。(×)

98. 冬季焊接钢筋在露天作业时，应设置防风棚或防护板等以防风吹影响焊接质量。(√)

99. 预应力张拉时，构件两端不准站人，并设置防护措施。(√)

100. 钢筋的冷拉率是随被拉钢筋的抗拉强度而变化的。(√)

101. 钢筋冷拉前后的长度关系为：冷拉前长度 = 冷拉后长度/（1 + 冷拉率）。(×)

102. 钢筋经冷拉并卸去夹具后，由于弹性作用会发生一定的回缩，弹性回缩的大小与钢筋等级无关。(×)

103. 钢筋的化学成分中，锰能消除硫所引起的热脆性，故能改善钢材的热加工能力。(√)

104. 45 硅锰矾钢筋是Ⅳ级钢筋，它的屈服点不小于 550MPa。(√)

105. 箍筋的下料长度 = 箍筋外周长 + 箍筋调整值。(×)

106. 当多根预应力筋同时张拉时，必须事先调整初应力，确保应力一致。(√)

107. 在负温下采用单控冷拉时，其控制冷拉率与常温相同。(√)

108. 热处理钢筋一般用机械剪断和氧割，不得用电弧切割。(√)

109. 冷拔低碳钢丝的接头，应采用闪光对焊。(×)

110. 钢筋混凝土屋架的受压腹杆纵向受力钢筋伸入上下弦杆的锚固长度，从节点边算起，宜大于 $20d$。(√)

111. 钢筋混凝土屋架的下弦纵向受力钢筋宜对称布置。(√)

112. 钢筋混凝土屋架的上弦纵向受力钢筋的搭接点一般在节点处。(×)

113. 受力钢筋直径 35 倍的区段范围内（不小于 500mm），一根钢筋不得有三个接头。(×)

114. 冬季焊接钢筋时，由于气候寒冷，焊接冷却快，容易产生裂纹。(√)

115. 预应力钢筋符号 ϕ^{B} 表示冷拔钢丝。(×)

116. 预应力钢筋符号 ϕ^{k} 表示碳素钢丝。(×)

117. 预应力筋的超张拉数值不得大于钢筋的屈服点。(√)

118. 后张法生产构件，抽管宜在混凝土终凝以后进行。(×)

119. 叠层生产时，应待下层混凝土强度达到 8 ~ 10MPa 后，方可浇筑上层构件的混凝土。(√)

120. 叠层生产的预应力构件放松预应力筋时，应从下到上顺序进行。(×)

121. 偏心受压的构件，应先同时放松预应力较小区域的预应力筋，后同时放松预压力较大区域的预应力筋。(√)

122. 跨度在 2m 以上的悬臂构件，拆模时混凝土应达到设计强度的 70% 。(×)

123. 在浇筑混凝土前应对钢筋及预埋件进行隐蔽工程验收。(√)

124. 当有圈梁和垫梁时，主梁钢筋在上。(√)

125. 当板、次梁和主梁交叉处，板的钢筋在上，次梁钢筋在下，主梁钢筋在中。(×)

126. 梁中混凝土受压区中心就是截面中心。(×)

127. 梁、柱的主筋保护层加大了，影响不大。(×)

128. 受均布荷载作用的简支梁跨中（1/3）范围的弯矩最小。(×)

129. 板中的分布钢筋的间距一般为200~300mm。(√)

130. 后张法预应力筋锚固后的外露长度，不宜小于15mm。(×)

131. 后张法生产预应力构件，其灌浆孔间距不宜大于6m。(×)

132. 预应力用钢丝可以用电弧切割。(×)

133. 对预应力筋的锚具同一材料和同一生产工艺，不超过200套为一批。(√)

134. 预应力筋的锚具，应有出厂证明书，锚具进场还要进行外观检查。(×)

135. 先张法预应力筋的定位板，必须安装准确，其挠度不应大于1mm。(√)

136. 轴心受压构件，所有预应力筋应同时放张。(√)

137. 现浇楼板负弯矩钢筋要每个扣都绑扎。(√)

138. 制图时应先画上部，后画下部；先画左边，后画右边，以保持图面的清洁。(√)

139. 细直径的钢筋的对焊，宜采用闪光、预热、闪光焊工艺。(×)

140. 钢筋混凝土的构件中钢筋主要承受压力。(×)

141. 结构上的荷载有永久荷载和可变荷载两类。(√)

142. 钢筋混凝土的力学性能主要是抗拉。(×)

143. 框架结构可分为整体式、装配式、装配整体式等。(√)

144. 断面图主要表示构件内钢筋的布置情况，其剖面位置应定在钢筋有变化的地方。(×)

145. 在钢筋混凝土受压构件中，不宜配置高强度钢筋。(√)

146. 热轧钢筋的试验，取样方法是：从每批钢筋中任选三根钢筋，去掉钢筋端头60cm。(√)

147. 一个氧气瓶的减压器和乙炔瓶减压器装上后，施焊接火时要注意隔离。(√)

148. 带有颗粒状或片状老锈垢的、留有麻点的钢筋，可以按原规格使用。(×)

149. 负弯矩钢筋，可间隔一个绑扎。(×)

150. 钢筋混凝土构件只用于动荷载结构中，其工作环境应无酸、碱等侵蚀介质。(√)

151. 钢筋用料计划等于净用量加上加工损耗率。(√)

152. 现浇板采用绑扎钢筋作配筋时，当板厚 $h \leqslant 150\text{mm}$，受力钢筋的间距不应大于 30mm。(√)

153. 用导管灌注水下混凝土的桩，其钢筋笼内径应比导管连接处的外径大 100mm 以上，钢筋笼的外径应比钻孔直径小 50mm 左右。(√)

154. 当梁高小于 150mm 时，不论有无集中荷载，其沿梁全长都可不设箍筋。(×)

155. 热轧钢筋试样的规格是：拉力试验的试验为：$5d_0 + 250\text{mm}$；冷弯试验试样为 $5d_0 + 100\text{mm}$（d_0 为标距部分的钢筋直径)。(√)

156. 焊接钢筋的轴线夹角不得大于 10°。(√)

157. 混凝土池壁高度 $H > 4\text{m}$，且池径较大，采用一次性浇筑混凝土。(×)

158. 钢筋混凝土的钢筋主要在受压区工作，而混凝土则在受拉区工作。(×)

159. 普通碳素钢的含碳量为 0.17% ~0.52% 时为低碳钢。(×)

160. 钢筋在加工及使用前，必须核对有关试验报告，如不符合要求，应停止使用。(√)

161. 伸入梁支座范围内的纵向受力钢筋，当梁宽为 150mm 及以上时，不应少于 3 根。(×)

162. 位于梁下部或在梁截面高度范围内的分散荷载，应部分由附加横向钢筋承担。(√)

163. 混凝土保护层厚度是指钢筋中心线至混凝土表面的距

离。(×)

164. 对设计使用年限为100年的结构，在一类环境中的混凝土保护层厚度应按表中的规定增加40%。(√)

165. 钢筋基本锚固长度，取决于钢筋强度及混凝土抗拉强度，并与钢筋外形有关。(√)

166. 当HRB400和RRB400级钢筋的直径大于25mm时，其锚固长度应乘以修正系数1.1。(√)

167. 当钢筋在混凝土施工过程中易受扰动（如滑模施工）时，其锚固长度应乘以修正系数1.25。(×)

168. 当采取机械锚固措施时，包括附加锚固端头在内的锚固长度为0.7l_a或l_{aE}。(√)

169. 钢筋接头宜设置在受力较小处，且尽量设在同一根钢筋上。(×)

170. 当受拉钢筋的直径大于28mm及受压钢筋的直径大于32mm时，宜采用绑扎搭接接头。(×)

171. 轴心受拉及小偏心受拉杆件（如桁架和拱的拉杆）的纵向受力钢筋不得采用绑扎搭接接头。(√)

172. 直接承受动力荷载的结构构件中，其纵向受力钢筋不得采用绑扎搭接接头。(√)

173. 钢筋机械连接与焊接接头连接区段的长度为35d（d为纵向受力钢筋的较小直径），且不小于500mm。(×)

174. 直接承受动力荷载的结构构件，其纵向受力钢筋不宜采用焊接接头。(√)

175. 在梁、柱类构件的纵向受力钢筋搭接长度范围内不必设置箍筋。(×)

176. 受拉搭接区段的箍筋间距不应大于搭接钢筋较小直径的5倍，且不应大于100mm。(√)

177. 受压搭接区段的箍筋的间距不应大于搭接钢筋较小直径的10倍，且不应大于200mm。(√)

178. 按平法设计绘制的施工图，一般由各类结构构件的平

法施工图和标准构件详图两大部分构成。(√)

179. 梁板式筏基的板厚不小于400mm，且板厚与板格的最小跨度之比不宜小于1/20。(×)

180. 对12层以上建筑的梁板式筏基，其板厚与最大双向板格的短边净跨之比不应小于1/14，且板厚不应小于500mm。(×)

181. 平板式筏基的板厚应满足受冲切承载力的要求，板厚不宜小于300mm。(×)

182. 梁板式筏基底板的和基础梁的配筋除满足计算要求外，纵横方向的底部配筋尚应有1/2～1/3贯通全跨，且其配筋率不应小于0.15%。(√)

183. 梁板式筏基底的和基础梁的顶部钢筋应按计算配筋全部贯通。(√)

184. 平板式筏基柱下板带中，在柱宽及其两侧各0.5倍板厚且不小于1/4板跨的有效宽度范围内，其钢筋配置量不应小于钢筋数量的一半。(√)

185. 平板式筏基柱下板带中，顶部钢筋应按计算配筋全部贯通。(√)

186. 4 Φ 25；7 Φ 25 表示梁的顶部配置4 Φ 25的贯通纵筋，梁的底部配置7 Φ 25的贯通纵筋。(√)

187. G8 Φ 16，表示梁的两个侧面共配置8 Φ 16的纵向构造钢筋，每侧各配置4 Φ 16。(√)

188. G6 Φ 16＋4 Φ 16，表示梁腹板高度 h_w 较高侧面配置6 Φ 16，另一侧面配置6 Φ 16纵向构造钢筋。(√)

189. 板底部与顶部贯通纵筋集中标注的位置为各板区的第一跨。(√)

190. 箱形基础底板钢筋的间距不应小于150mm，一般宜取200～300mm。(√)

191. 箱形基础支座非贯通钢筋应伸出支座外不小于1/6短跨长度。(×)

192. 墙体内应设置双层双向钢筋，竖向和水平钢筋的直径不应小于 10mm，间距不应大于 200mm。(√)

193. 屋架与柱顶连接节点方案，在非抗震设计及抗震设防烈度为 6、7 度时，采用焊接节点。(√)

194. 屋面板与屋架上弦预埋件的焊接点不得少于三条，天沟板侧必须焊接四条。(√)

195. 在伸缩缝、防震缝及山墙处柱中心线与横向定位轴线的距离为 600mm，其余柱的中心线均与横向定位轴线重合。(√)

196. 柱的箍筋 ϕ6 可用牌号为 Q235 的 ϕ6.5 代替。(√)

197. 对抗震设防烈度为 6、7、8 度，场地类别为 Ⅰ、Ⅱ、Ⅲ（不含 8 度）时，只能采用同时配有纵筋和环筋的纵环筋砖烟囱。(√)

198. 钢筋混凝土烟囱的高度应≥100m。(×)

199. 单筒钢筋混凝土烟囱一般用于火力发电厂的高大烟囱。(×)

200. 一个只有顶板、底板和两侧腹板的箱梁称为单箱单室箱梁。(√)

201. 单项（位）工程施工组织设计由项目工程师负责编制。(√)

202. 施工组织设计应做到内容齐全，步骤清晰，层次分明，充分反映工程特点，有明确的工程质量保证措施。(√)

203. 工程概况和施工特点分析包括工程建设概况、工程建设地点特征、建筑结构设计概况、施工条件和工程施工特点分析五方面内容。(√)

204. 施工条件是指施工现成的水、电、道路及场地的“三通一平”情况，现场临时设施及周围环境，当地交通运输条件，预制构件生产及供应情况，施工企业机械、设备和劳动力的落实情况，劳动组织形式和内部承包方式等。(√)

205. 施工方案的选择是单位工程施工组织设计中的重要环

节，是决定整个工程全局的关键。(√)

206. 施工方案选择的恰当与否，将直接影响单位工程的施工效率、进度安排、施工质量、施工安全、工期长短。(√)

207. 确定施工顺序的基本原则是先地上后地下、先主体后维护、先建筑后结构、先土建后设备。(×)

208. 施工方法和施工机械选择是施工方案中的关键问题。(√)

209. 单位工程施工进度计划必须用横道图表示。(×)

210. 各项资源需用量计划包括材料需用量计划、劳动力需用量计划、构件和加工半成品需用量计划、施工机具需要量计划和运输计划。(√)

211. 施工总平面图应根据施工现场的实际情况，在建筑总平面图上进行绘制，对不同的施工阶段应分别绘制。(√)

212. 施工总平面图的绘制步骤是：确定起重机的数量及位置→布置搅拌站、加工场、材料仓库及露天堆场→布置道路→布置其他临时建筑及水电管线。(√)

213. 施工管理措施主要包括质量措施、安全文明施工与环保措施、资源管理措施、风险防范措施等。(√)

214. 施工组织方式有依次施工、平行施工和流水施工3种。(√)

215. 流水施工也称顺序施工。(×)

216. 流水施工的主要参数有工艺参数、空间参数和时间参数3种。(√)

217. 流水施工的空间参数包括工作面和施工段。(√)

218. 每个施工段内要有足够的工作面，以保证相应数量的工人、主导施工机械的生产效率，满足合理劳动组织的要求。(√)

219. 施工段的界限应尽可能与结构界限（如沉降缝、伸缩缝等）相吻合，或设在对建筑结构整体性影响小的部位，以保证建筑结构的整体性。(√)

220. 流水施工的时间参数包括流水节拍、流水步距和流水施工工期等。(√)

221. 相邻的两个施工过程相继开始施工的最小间隔时间，称为流水步距。(√)

222. 定额就是规定的额度和限度，即标准或尺度。(√)

223. 劳动消耗定额，简称劳动定额，是完成一定的合格产品（工程实体或劳务）规定活劳动消耗的数量标准。(√)

224. 劳动定额的主要表现形式是时间定额，但同时也表现为产量定额。(√)

225. 施工定额是施工企业内部的定额，也称生产定额。(√)

226. 劳动定额也称人工定额，是指在正常施工条件下完成一定数量的合格产品或完成一定数量的工作所必需的劳动消耗。(√)

227. 实体消耗材料是指在工程施工中一次性消耗并直接构成工程实体的材料，如砖、砂、石、钢筋、水泥等。(√)

228. 周转性材料是指在施工中多次使用而逐渐消耗的工具型材料。如脚手架、模板、支架、挡土板等。(√)

229. 构成产品实体的材料用量称为材料净耗量；不可避免的施工废料和操作损耗称为材料损耗量。(√)

230. 很多企业缺乏自己的施工定额。(√)

231. 施工定额并不是施工企业的商业机密，应作为社会资源进行共享。(×)

232. 企业在组织和指挥施工生产时是按照施工作业计划通过下达施工任务书和限额领料单来实现的。(√)

233. 施工定额应保持长期的稳定，不能经常修订。(×)

234. 钢筋工程应区别现浇构件、预制构件、加工厂预制构件、预应力构件、电焊网片以及不同规格分别计算。(√)

235. 计算钢筋工程量时，预应力和非预应力的钢筋工程量合并按设计长度计算，按非预应力钢筋定额执行。(×)

236. 箍筋末端作135°弯钩，弯钩平直部分的长度≥5d，有抗震要求时≥10d。（√）

237. 弯起钢筋弯终点外应留有锚固长度，在受拉区不应小于20d，在受压区不应小于10d。（√）

238. 钢材的密度是7850kN/m^3。（×）

239. 技术交底是指在工程开工前，由上级技术负责人就施工中的有关技术问题向执行人员交代的工作，是施工企业技术管理的一项重要环节与制度。（√）

240. 技术交底的目的，在于把设计要求、技术要领、施工措施等贯彻落实到基层直至操作工人，从而保证工程的质量和施工进度。（√）

241. 技术交底的制定与施工组织设计和施工方案的要求无关。（×）

242. 交底必须在正式施工前认真做好。在工程施工过程中，应反复检查技术交底的落实情况，加强监督，确保工程质量。（√）

243. 技术交底只有当签字齐全后方可生效。技术交底应发至施工班组。（√）

244. 影响建筑工程质量的因素可归纳为4M1E因素。（√）

245. 工程质量控制实施主体的不同分为自控主体和监控主体。自控主体指政府部门和监理单位，监控主体指勘察设计单位、施工单位。（×）

246. 全面质量管理的程序一般分为四个阶段，即计划（Plan）、实施（Do）、检查（Check）和处理（Action），简称PDCA循环。（√）

247. 基础工程是建筑工程的先行工程，属于地下工程，又属于隐蔽工程。（√）

248. 挖方上边缘至土堆坡脚的距离，当土质干燥密实时，不得小于5m；当土质松软时，不得小于3m。（×）

249. 场地边坡开挖应采取沿等高线自上而下，分层、分段

依次进行，在边坡上采取多台阶同时进行机械开挖时，上台阶应比下台阶开挖进深不少于30m。(√)

250. 基坑边缘堆置土方和建筑材料，或沿挖方边缘移动运输工具和机械，一般应距基坑上部边缘不少于2m，堆置高度不应超过1.5m。(√)

251. 基坑开挖完成后，应及时清底、验槽，减少暴露时间，防止暴晒和雨水浸刷破坏地基土的原状结构。(√)

252. 基坑开挖应尽量防止对地基土的扰动。(√)

253. 在地下水位以下挖土，应在基坑（槽）四侧或两侧挖好临时排水沟和集水井，或采用井点降水，将水位降低至坑、槽底以下500mm，以利挖方进行。(√)

254. 降水工作应持续到主体工程施工完成。(×)

255. 雨季施工时，基坑槽应一次性开挖完成，完成后一次性浇筑垫层。(×)

256. 基坑开挖时，应对平面控制桩、水准点、基坑平面位置、水平标高、边坡坡度等经常复测检查。(√)

257. 基坑挖完后应进行验槽，做好记录，如发现地基土质与地质勘探报告、设计要求不符时，应与有关人员研究及时处理。(√)

258. 一般来说，深度不大的大面积基坑开挖，宜采用装载机推土、装土，用自卸汽车运土。(√)

259. 大面积基础群基坑底标高不一，机械开挖次序一般采取先整片挖至平均标高，然后再挖个别较深部位。(√)

260. 机械开挖应由浅而深，基底及边坡应预留一层150～300mm厚土层用人工清底、修坡、找平，以保证基底标高和边坡坡度正确，避免超挖和土层遭受扰动。(×)

261. 基坑工程包括勘测、支护结构的设计和施工、基坑开方工程的开挖和运输、控制地下水位、基坑土方开挖过程中的工程检测和环境保护等。(√)

262. 开挖深度大于7m，周围环境无特别要求的，基坑围三

级基坑。(×)

263. 水泥土挡墙式，依靠其本身自重和刚度保护坑壁。一般不设支撑。(√)

264. 排桩与板墙式、通常由围护墙、支撑（或土层锚杆）及防渗帷幕等组成。(√)

265. 排水明沟宜布置在拟建建筑基础边 0.4m 以外，沟边缘离开边坡坡脚应不小于 0.3m。(√)

266. 排水明沟的底面应比挖土面低 0.3 ~ 0.4m。(√)

267. 井点管为直径 38 ~ 110mm 的钢管，长度 5 ~ 7m，管下端配有滤管和管尖。(√)

268. 集水总管一般用直径 75 ~ 110mm 的钢管分节连接，每节长 4m，每隔 0.8 ~ 1.6m 设一个连接井点管的接头。(√)

269. 截水是指利用截水帷幕切断基坑外的地下水流入基坑内部。通常采用注浆、旋喷法、深层搅拌水泥土桩挡墙等作为截水帷幕。(√)

270. 日本是钢板桩的生产大国。(√)

271. 深层搅拌水泥土桩墙，是采用水泥作为固化剂，通过特制的深层搅拌机械，在地基深处就地将软土和水泥强制搅拌形成水泥土，利用水泥和软土之间所产生的一系列物理—化学反应，使软土硬化成整体性的并有一定强度的挡土、防渗墙。(√)

272. 水泥土墙可采用不同品种的水泥，如普通硅酸盐水泥，矿渣水泥、火山灰水泥及其他品种的水泥，一般工程中以强度等级 32.5 的普硅酸盐水泥为宜。(√)

273. 在水泥土墙中采用湿法工艺施工时注浆量较易控制，成桩质量较为稳定，桩体均匀性好。(√)

274. “逆作法”施工，根据地下一层的顶板结构封闭还是敞开，分为“封闭式逆作法”和“敞开式逆作法”。(√)

275. 现浇整体式钢筋混凝土结构的主要施工程序为测量放线→支模板→绑扎钢筋→浇注混凝土→养护→拆模板。(√)

276. 模板工程是混凝土结构构件成型的重要组成部分，其用工量约占钢筋混凝土工程总用工量的50%。(√)

277. 模板系统由模板和支撑两部分组成。(√)

278. 按模板材料分，有木模板、钢木模板、钢模板、钢竹模板、胶合板模板、塑料模板、玻璃钢模板和铝合金模板。(√)

279. 承重模板的混凝土强度应在其表面及棱角不致因拆模而受损坏时，方可拆除。(×)

280. 非承重模板应在混凝土强度达到所规定的强度时，方能拆除。(×)

281. 普通模板的拆除顺序为先承重模板，后非承重模板；先侧板，后底板。(×)

282. 钢筋的加工一般在钢筋车间或工地的钢筋加工棚进行。(√)

283. 钢筋加工、安装的过程包括冷拉、冷拔、调直、除锈、剪切、镦头、弯曲、焊接、绑扎等。(√)

284. 钢筋的除锈方法有手工除锈、电动机械除锈以及喷砂除锈、酸洗除锈等。(√)

285. 在钢筋锈蚀不太严重而对除锈要求又不太高的情况下，粗钢筋通过锤击调直或调直机调直，细钢筋通过冷拉调直，均可达到调直除锈的目的。(√)

286. 手工调直主要用于小型工程或工地现场的钢筋加工。(√)

287. 钢丝可以采用夹轮牵引调直，也可以采用蛇形管调直。(√)

288. 钢筋调直机械一般具有除锈、调直和切断三项功能，并能一次操作完成。(√)

289. 断线钳可切断钢丝及6mm以下的钢筋。(√)

290. 钢筋弯曲成型的操作顺序是划线→试弯→弯曲成形。(√)

291. 弯制箍筋一般采用钢筋弯曲机。(×)

292. 弯制纵筋和弯起钢筋采用四头弯筋机。(×)

293. 绑扎连接是钢筋连接的主要形式，主要用于箍筋的绑扎、搭接钢筋的绑扎和交叉钢筋的绑扎。(√)

294. 搭接钢筋的绑扎点位置在搭接范围中心点及两端，共计3点。(√)

295. 梁、柱箍筋的绑扎点位置在箍筋弯钩叠合处。(√)

296. 板和墙的钢筋网，除外围两行钢筋的相交点应全部扎牢外，中间部分交叉点可相隔交错扎牢。(√)

297. 双向受力的钢筋必须将钢筋交叉点全部绑扎。(√)

298. 钢筋绑扎接头宜设置在受力较大处。(×)

299. 基础底板采用双层钢筋网时，在上层钢筋网下面应设置钢筋撑脚或混凝土撑脚，以保证钢筋位置正确。(√)

300. 钢筋的弯钩应朝上，不要倒向一边；但双层钢筋网的上层钢筋弯钩应朝下。(√)

301. 独立柱基础短边钢筋应放在长边钢筋的下面。(×)

302. 柱中的竖向钢筋搭接时，角部钢筋的弯钩应与模板成45°。(√)

303. 柱中的竖向钢筋搭接时，中间钢筋的弯钩应与模板成90°。(√)

304. 柱钢筋的绑扎，应在模板安装前进行。(√)

305. 墙的钢筋，可在基础钢筋绑扎之后浇筑混凝土前插入基础。(√)

306. 纵向受力钢筋采用双层排列时，两排钢筋之间应垫以直径≥25mm的短钢筋，以保持其设计距离。(√)

307. 板、次梁与主梁交叉处，板的钢筋在上，次梁的钢筋居中，主梁的钢筋在下；当有圈梁或垫梁时，主梁的钢筋在上。(√)

308. 点焊设备主要有单头点焊机和钢筋焊接网成型机。(√)

309. 点焊过程可分为预压、通电、锻压3个阶段。(√)

310. 闪光对焊的焊接工艺应根据钢筋品种、直径、焊机功率、施焊部位等因素选用。(√)

311. 钢筋电阻点焊是将两根钢筋安放成交叠接形式，压紧于两电极之间，利用电阻热熔化母材金属，加压形成焊点的一种压焊方法。(√)

312. 电弧焊主要用于钢筋接头、钢筋骨架焊接、装配式结构接头的焊接、钢筋与钢板的焊接及各种钢结构焊接。(√)

313. 搭接焊接头的钢筋需事先将端部进行弯折，使两段钢筋焊接后仍维持其轴线位于一条直线上。(√)

314. 窄间隙焊适用于直径16mm及以上钢筋的现场水平连接。(√)

315. 熔槽帮条焊适用于直径20mm及以上钢筋的现场安装焊接。(√)

316. 电渣压力焊适用于供电条件差、电压不稳、雨季或防火要求高的场合。(×)

317. 钢筋机械连接的接头质量稳定可靠，不受钢筋化学成分的影响，人为因素的影响小，操作简便，施工速度快，且不受钢筋化学成分的影响，人为因素的影响小，操作简便，施工速度快，且不受气候条件影响，无污染、无火灾隐患，施工安全。(√)

318. 植筋施工主要用于工程结构的加固和旧混凝土的连接。(√)

319. 混凝土搅拌时应根据设计配合比进行配料。(×)

320. 卧轴式搅拌机适用范围广、搅拌时间短、搅拌质量好，是目前国内外在大力发展的机型。(√)

321. 混凝土搅拌制度的主要内容是搅拌机转速、混凝土搅拌时间和投料顺序。(√)

322. 混凝土在运输工程中应保持原有的均匀性，不发生离析现象。(√)

323. 井架，由塔架、动力卷扬系统和料斗或平台等组成，

是目前施工现场使用较普遍的混凝土垂直运输设备。(√)

324. 混凝土浇筑前，木模板应浇水湿润，但不允许留有积水。(√)

325. 混凝土应在初凝前浇筑，浇筑前如有离析现象，须重新拌合后才能浇筑。(√)

326. 为了使混凝土振捣密实，混凝土必须一次浇筑，不能分层。(×)

327. 施工缝位置应在混凝土浇筑之前确定，并宜留置在结构受剪力较小且便于施工的部位。(√)

328. 混凝土振动设备有插入式振动器、附着式振动器、平板式振动器。(√)

329. 自然养护是指在自然气候条件下（高于5℃），对于混凝土采取相应的保湿、保温等措施所进行的养护。(√)

330. 自然养护分为覆盖浇水养护和塑料薄膜保湿养护。(√)

331. 汽车式起重机的优点是行驶速度快、转移迅速、对地面破坏小。特别适用于流动性大，经常变换地点的作业。(√)

332. 塔式起重机可分为自升式、整体快速拆装式和拼装式。(√)

333. 吊装工具主要有卷扬机、滑轮组、钢丝绳、横吊梁。(√)

334. 滑轮组由一定数量的定滑轮和动滑轮以及绳索组成。(√)

335. 吊索又称千斤绳，主要用于绑扎构件以便起吊，分为环状吊索和开口吊索两种。(√)

336. 钢板横吊梁式由3好钢钢板压制而成，一般用于吊装柱子。(√)

337. 钢管横吊梁一般用于吊装屋架，钢管长6~12m。(√)

338. 中、小型柱一般采用一点绑扎，对牛腿柱，绑扎点一般在牛腿下200mm处。(√)

339. 屋架平卧叠层生产时，叠层最多为4层，并应设置隔离层。(√)

340. 施工现场质量管理应有相应的施工技术标准，健全的质量管理体系、施工质量检验制度和综合施工质量水平评定考核制度。(√)

341. 建筑工程采用的主要材料、半成品、成品、建筑构配件、器具和设备均应进行现场验收，并按各专业工程质量验收规范规定进行复验，并应经监理工程师（建设单位技术负责人）检查认可。(×)

342. 相关各专业工种之间，应进行交接检验，并形成记录。(√)

343. 工程质量的验收均应在施工单位自行检查评定的基础上进行。(√)

344. 隐蔽工程在隐蔽前应由施工单位自行验收，并应形成验收文件。(×)

345. 涉及结构安全的试块、试件以及有关材料，应按规定进行见证取样检测。(√)

346. 检验批的质量无须按照主控项目和一般项目验收。(×)

347. 对涉及结构安全和使用功能的重要分部工程应进行抽样检验。(√)

348. 承担见证取样检测及有关结构安全检测的单位应具有相应的资质。(√)

349. 工程的观感质量应由验收人员通过现场检查，并应共同确认。(√)

350. 建筑工程质量验收应划分为单位（子单位）工程、分部（子分部）工程、分项工程和检验批。(√)

351. 分部工程的划分应按专业性质、建筑部位确定。(√)

352. 检验批的合格标准为主控项目和一般项目的质量经抽样检验合格；具有完整的施工操作依据、质量检查记录。(√)

353. 当建筑工程质量不符合要求，经返工重做或更换器具、

设备的检验批，应重新进行验收。（√）

354. 当建筑工程质量不符合要求，经有资质的检测单位检测鉴定能达到设计要求的检验批，应予以验收。（√）

355. 当建筑工程质量不符合要求，经有资质的检测单位检测鉴定达不到设计要求，但经原设计单位核算认可能够满足结构安全和使用功能的检验批，可予以验收。（√）

356. 当建筑工程质量不符合要求，经返工重做或加固处理的分项、分部工程，虽然改变外形尺寸但仍能够满足安全使用要求，可按技术处理方案和协商文件进行验收。（√）

357. 当建筑工程质量不符合要求，通过返修或加固处理仍不能满足安全使用要求的分部工程、单位（子单位）工程，严禁验收。（√）

358. 单位工程完工后，施工单位应自行组织有关人员进行检查评定，并向建设单位提交工程验收报告。（√）

359. 建设单位收到工程报告后，应由建设单位（项目）负责人组织施工（含分包单位）、设计、监理等单位（项目）负责人进行单位（子单位）工程验收。（√）

360. 单位工程质量验收合格后，建设单位应在规定时间内将工程竣工验收报告和有关文件，报建设行政管理部门备案。（√）

361. 钢筋进场检验的方法是检查产品合格证、出厂检验报告和进场复验报告。（√）

362. 当发现钢筋脆弱、焊接性能不良或力学性能显著不正常等现象，应对该批钢筋进行化学成分检验或其他专项检验。（√）

363. 当设计要求钢筋末端需作135°弯钩时，HRB400级钢筋的弯弧内直径不应小于钢筋直径的4倍。（√）

364. 同一构件中相邻纵向受力钢筋的绑扎搭接接头宜相互错开。绑扎搭接接头中钢筋的横向净距不应小于钢筋直径，且不应小于25mm。（√）

365. 同一连接区段内，纵向受拉钢筋搭接接头面积百分率应符合设计要求；当设计无具体要求时，对梁类、板类及墙类构件，不宜大于25%。(√)

366. 同一连接区段内，纵向受拉钢筋搭接接头面积百分率应符合设计要求；当设计无具体要求时，对柱类构件，不宜大于50%。(√)

367. 同一连接区段内，纵向受拉钢筋搭接接头面积百分率应符合设计要求；当设计无具体要求时，当工程中却有必要增大接头面积百分率时，对梁类构件，不应大于50%。(√)

368. 当柱中纵向受力钢筋直径大于25mm时，应搭接接头两端面外100mm范围内各设置两个箍筋，其间距宜为50mm。(√)

369. 班组管理的工作内容，主要分为生产管理、技术管理、质量管理几个方面。(√)

370. 工程成本是指完成一定质量的工程所消耗的各种直接费和间接费的总和。(√)

371. 特种作业人员必须经过专门安全培训并取得特种作业资格。(√)

372. 用机械拉直钢筋，卡头要卡牢，地锚要结实牢固，拉筋沿线2m区域内禁止行人。(√)

373. 展开盘圆钢筋要一头卡牢，防止回弹，切断时要先用脚踩紧。(√)

374. 切断小于300mm的短钢筋，应用钳子夹牢，禁止用手把扶，并应在外侧设防护笼罩。(√)

375. 绑扎立柱、墙体钢筋，不得站在钢筋骨架上合攀登骨架上下。(√)

376. 卷扬机操作人员必须看到指挥人员发出信号，并待所有人员离开危险区后方可作业。(√)

377. 夜间工作照明设施，应设在张拉危险区外，若必须装设在场地上空时，其高度应超过5m，灯泡应加防护罩，导线不

得用裸线。(√)

378. 使用钢筋弯曲机弯曲钢筋时，工作台和弯曲机台面应保持水平，作业前应准备好各种芯轴及工具，检查并确认芯轴、挡铁轴、转盘等无裂纹和损伤，防护罩坚固可靠，空载运转正常后，方可作业。(√)

379. 脚手架上可以码放钢筋，但应分散堆放。(×)

380. 机械运行中停电时，应立即切断电源。收工时应按顺序停机，拉闸，销好闸箱门，清理作业场所。(√)

381. 电路故障必须由专业电工排除，严禁非电工接、拆、修电气设备。(√)

382. 在高处（2m 或 2m 以上）、深坑绑扎钢筋和安装钢筋骨架，必须搭设脚手架或操作平台，临边应搭设防护栏杆。(√)

383. 钢筋骨架安装，下方严禁站人，必须待骨架降落至楼、地面 1m 以内方准靠近，就位支撑好，方可摘钩。(√)

384. 绑扎和安装钢筋，不得将工具、箍筋或短钢筋随意放在脚手架或模板上。(√)

385. 切断钢筋，手与刀口的距离不得少于 100cm。(×)

386. 操作时要熟悉倒顺开关控制工作盘旋转的方向，钢筋放置要和挡架、工作盘旋转方向相配合，不得放反。(√)

387. 弯曲机运转中严禁更换芯轴、成型轴和变换角度及调速，严禁在运转时加油或清扫。(√)

388. 钢筋闪光对焊前，应清除钢筋与电极表面的锈皮和污泥，使电极接触良好，以避免出现“打火”现象。(√)

389. 对焊完毕不应过早松开夹具；焊接接头尚出在高温时避免抛掷，同时不得往高温接头上浇水，较长钢筋对接时应安放在台架上操作。(√)

390. 拼装式塔式起重机在现阶段应用十分普遍。(×)

3.4 简答题

1. 预应力钢筋为什么要进行对焊？

答：（1）由于钢筋的供货长度不能满足预应力生产的需要。（2）在钢筋接头中，唯有对焊接头才能满足预应力工艺要求，尤其是后张法，只有对焊接头才能顺利通过预留孔道。

2. 对预应力工艺中的锚夹具有何具体要求？

答：（1）所用钢材、其性能要求必须符合规定指标，加工尺寸要准确，保证预应力筋安全可靠的锚固，严防滑脱。（2）构造简单，加工容易，材料省，成本低。（3）装拆容易，使用方便。

3. 何谓夹具？

答：夹具同锚具都是锚预应力钢筋、钢丝的一种工具，在张拉和混凝土成型过程中夹持预应力筋，待混凝土达到一定强度后，取下并再重复命名使用的，通常称为夹具，夹具主要用于先张法，锚具和夹具有时也能互换使用。

4. 冬季焊接钢筋时，应注意哪事项？

答：冬季气候寒冷，焊接冷却速度快，容易产生裂纹，故应注意如下几点：

（1）露天作业时，应设置防风棚或防护板，以防风吹影响焊接质量。

（2）在焊接前应除去焊缝两侧的霜、冰、雪和其他污染物，可用气焊烘烤焊缝处的潮气。

（3）焊条或焊剂应保持干燥，以保证焊接质量。

（4）不宜用重锤击焊缝，尤其在焊接的冷脆范围内。

（5）采用闪光对焊时，应增加预热次数，减缓闪光速度。

5. 钢筋冷拉和张拉是否可以在负温下进行？

答：钢筋冷拉和张拉可以在负温下进行，但温度不宜低于-20℃，预应力钢筋的张拉不宜低于-15℃。

6. 张拉钢筋时，为什么要采取超张拉的方法？

答：钢筋张拉受力后，在长度不变的条件下，张拉应力会随着时间的增长而自行降低，即产生了应力松弛现象。为了弥补这个损失，在张拉钢筋时，张拉应力可超出原定控制应力的3%或5%。

7. 采用控制冷拉率的方法冷拉钢筋时，其冷拉率如何确定？

答：采用控制冷拉率方法冷拉钢筋时，冷拉率必须由试验确定。测定同炉批钢筋冷拉率的冷拉应力符合规范规定，其试件不宜少于 4 个，并取其平均值作为该批钢筋实际采用的冷拉率。

8. 预应力钢筋为什么要冷拉？

答：(1) 冷拉后可以提高钢筋屈服点，可以节约钢材。

(2) 有些钢筋匀质性不够，强度不太一致，经过冷拉屈服点提高到一个水平上。

(3) 冷拉后可以限制构件受拉区混凝土过早出现裂纹。

(4) 冷拉后表面锈皮自动脱落。

(5) 盘圆钢筋可以展直。

(6) 可以考验对焊接头质量。

9. 钢筋对焊接头拉伸试验时，应符合哪些要求？

答案：(1) 三个试件的抗拉强度均不得低于该级别钢筋的规定抗拉强度值。(2) 至少有两个试件断于焊缝之外，并呈塑性断裂；如不符合以上要求，应取双倍数量的试件进行复检。

10. 预应力钢筋对焊接头的外观检查怎样才算合格？

答：(1) 接头要有适当的墩粗和均匀的金属毛刺。

(2) 钢筋表面没有裂纹和明显的烧伤痕迹。

(3) 接头如有弯折，其轴线的曲折倾角不超过4°。

(4) 钢筋轴线如有偏移，其偏值不大于钢筋直径的 0.1 倍，同时也不大于 2mm。

11. 何谓锚具？

答：锚具是锚固预应力钢筋、钢丝的一种工具。锚固在构件端部，与构件连成一体共同受力，不再取下，主要用于后张法。

12. 什么是双钢筋？它的适用范围如何？

答：双钢筋是两根净距较小（20~25mm）的平行纵向冷拔低碳钢丝构成，每隔一定距离（80~100mm）加一短横筋相互点焊成梯格状的钢筋肋片。双钢筋绝大部分用在民用建筑的楼板中，有时用在筒仓上。

13. 对钢绞线的检验批量如何规定的？

答：钢绞线的检验每批由同一钢号、同一规格、同一生产工艺制成的钢绞线组成，每批重量不大于60t，以每批中任取三盘进行检验。

14. 对碳素钢丝和刻痕钢丝的外观检查有何规定？

答：钢丝进场时应分批验收，以每3t为一批逐盘检查钢丝的外观和尺寸。钢丝表面不得有裂缝、小刺、劈裂、机械损伤、氧化铁皮和油迹，但表面上允许有浮锈和回火色。

15. 对热轧钢筋的机械性能检验取样有何规定？

答：钢筋进场应分批验收，每批重量不大于60t，在每批钢筋的两根上各取一套试样，在每套试样中取一根做拉力试验，另一根作冷弯试验。如有一项结果不符合规范要求时，则另取2倍数量试件对不合格项目做第二次试验，如仍有一根试件不合格，则该批钢筋为不合格品。

16. 什么是钢筋的伸长率$\delta 5$和$\delta 10$？

答：$\delta 5$是试件标距等于试件直径5倍时的伸长率。

$\delta 10$是试件标距等于试件直径10倍时的伸长率。

伸长率是钢筋试件拉断后再接起来，量其标距部分所增加的长度与原标距长度的百分比。

17. 冷拔低碳钢丝分哪些强度等级？它们的主要用途是什么？

答案：冷拔低碳钢丝分甲、乙两个强度等级，甲级钢丝主要用作预应力钢筋；乙级钢丝用于焊接网、焊接骨架、箍筋和构造钢筋。

18. 冷拔低碳钢丝适用于哪些范围？

答：适用于一般工业与民用建筑的中小型构件。对于承受动荷载作用的构件，在无可靠试验和实践经验时，不宜采用冷拔低碳钢丝做预应力构件。

19. 在浇灌混凝土前对钢筋和埋件应做哪些检查和验收？

答：（1）检查钢筋的型号、级别、规格、尺寸、数量、位置和保护层厚度。

（2）检查钢筋的使用、加工、制作、安装、摆放是否符合设计和规范的要求和规定。

（3）检查预埋件、插筋、螺栓的规格，数量、定位措施、焊接质量。

（4）对预应力构件，还应检查预应力筋的张拉质量和设备校验情况、锚、夹具情况。

20. 钢筋拉伸试验中，分几个阶段？试画出应力变图。

答：可分四个阶段，如图 3.4-20 题图所示：

（1）弹性阶段：$(0-b)$。

（2）屈服阶段：$(b-c)$。

（3）强化阶段：$(c-d)$。

（4）破坏阶段：$(d-e)$。

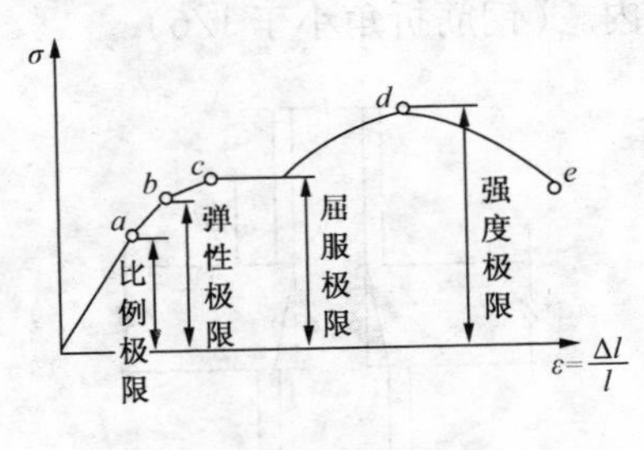

图 3.4-20　题图

21. 请说明一般工程的钢筋施工方案如何制订？

答：（1）首先应有钢筋加工场地的布置。

（2）钢筋进场如何验收和检验。

（3）钢筋制作方案：包括平直、切断、弯曲等。

（4）钢筋绑扎方案：包括：绑扎、成型、安装、运输等。

（5）钢筋工程检查方案：包括“三检”制、隐蔽检查验收等。

22. 请说明审核图纸时应该注意些什么？

答：审核图纸必须掌握关键，抓住要领，可归纳为“四先四后”“三个结合”。

先粗后细：先审平、立、剖面图，后审细部构造。

先小后大：先审小样，后审大样。

先建筑后结构：先审建筑图，后审结构图。

先一般后特殊：先审一般部位和要求，后审特殊要求和部位。

图纸与说明结合。

土建与安装结合。

图纸要求与实际情况结合。

通过对图纸的逐一审核，向技术部门提出问题，以便在设计、甲、乙方碰头会上解决处理。

23. 当上柱和下柱的截面尺寸不一样时，请画图表示下柱钢筋如何伸入上柱内。（钢筋折角小于1/6）

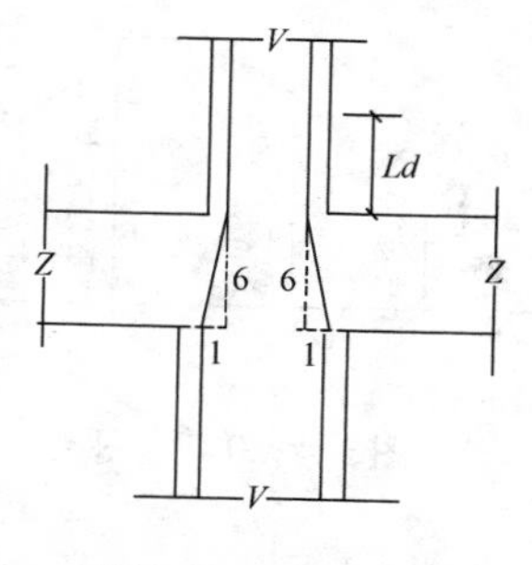

图 3.4-23　题图

答：如图 3. 4-23 题图所示。

24. 条形基础的 L 形交接处，钢筋如何摆放，请画图表示。

答：纵横墙受力钢筋重叠，分布钢筋取消，但满足搭接长度，图 3. 4-24 题图。

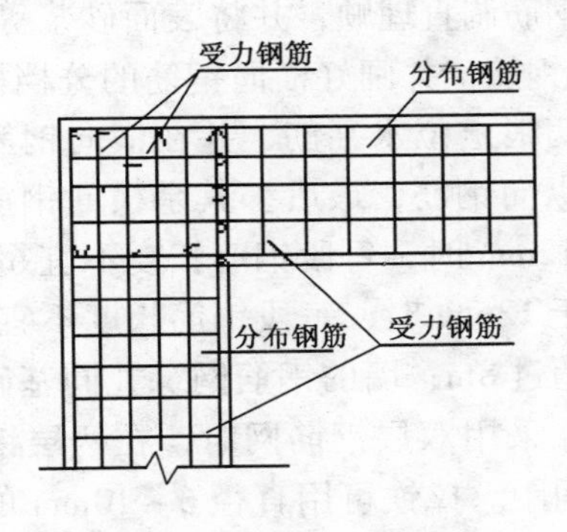

图 3. 4-24　题图

25. 简述钢筋工程的隐蔽验收内容。

答：钢筋工程的隐蔽验收应包括钢筋的品种、位置、形状、规格、数量、焊接尺寸、接头位置、搭接长度、除锈情况、预埋件的数量级位置、材料作用、工程变更等，还有焊条的品种、焊口规格、焊接长度、焊缝外观等。

26. 简述板上开洞时，钢筋应如何处理。

答：圆洞或方洞垂直于板跨方向的边长小于 300mm 时，可将板的受力钢筋绕过洞，不必加固；当开洞尺寸在 300 ~ 1000mm 时，应沿洞边每侧配置加强钢筋，其面积不小于洞口宽度内被切断的受力钢筋面积的 1/2，且不小于 2ϕ10；当开洞尺寸大于 1000mm 时，如无特殊要求，应在洞边设置梁。

27. 悬挑板钢筋绑扎的工艺要求有哪些？

答：主筋、副筋的位置应摆放正确；保证梁与板的钢筋锚固长度；钢筋骨架在模板内绑扎时，严禁脚踩在钢筋骨架上绑扎；钢筋的弯钩应全部向内；板的上部受拉，故受力钢筋在上，分布钢筋在下，切勿颠倒；板的双向钢筋的交叉点均应绑扎，钢丝方向成八字形；应垫足够数量的钢筋撑脚，确保钢筋位置的准确；高处作业时要注意安全。

28. 剪力墙的现场钢筋绑扎工艺的注意事项有哪些？

答：将预留钢筋调直理顺，并将表面砂浆等杂物清理干净。先立 2～4 根纵向钢筋，并画好横向钢筋的分档标志，然后于下部及齐胸处绑扎两根定位水平筋，并在横向钢筋上画好分档标志，然后绑其余纵向钢筋，最后绑其余横向钢筋；当墙的纵向钢筋直径不大于 12mm 时，每段钢筋长度不宜超过 4m，当墙的纵向钢筋直径大于 12mm 时，每段钢筋长度不宜超过 6m，水平段每段长度不宜超过 8m；墙的钢筋网绑扎同基础，钢筋的弯钩应朝向混凝土内；采用双层钢筋网时，在两层钢筋间应设置撑铁，以固定钢筋间距。撑铁可用直径 6～10mm 的钢筋制成，长度等于两层网片的净距，间距约为 1m，相互错开排列；全部钢筋的相交点都要扎牢，绑扎时相邻扎点的钢丝扣成八字形，以免网片歪斜变形；为控制墙体钢筋保护层厚度，宜采用比墙体竖向钢筋大一型号的钢筋梯子凳措施，在原位替代墙体钢筋，间距 1500mm 左右；墙的钢筋可在基础钢筋绑扎之后、浇筑混凝土前插入基础内；墙钢筋的绑扎应在模板安装前进行。

29. 简述绑扎梁柱节点钢筋的操作顺序，在绑扎过程中应注意哪些问题。

答：操作顺序：支模板→立下柱钢筋→绑扎下柱箍筋→上下柱钢筋绑扎→绑扎上柱钢筋→从柱主筋内侧穿梁的上部钢筋和弯起钢筋→套梁箍筋→穿入梁底部钢筋→绑扎牢固→检查。

注意事项：柱的纵向钢筋弯钩应朝向柱心；箍筋的接头应交错布置在柱四个角的纵向钢筋上；箍筋转角与纵向钢筋交叉点均应绑扎牢固，绑扎扣成八字形；梁的钢筋应放在柱的纵向钢筋内侧。

30. 简述楼梯钢筋绑扎的顺序及要点。

答：楼梯钢筋绑扎的顺序：划位置线→绑扎主筋→绑扎分

布筋→绑扎踏步筋。

工艺要点：在楼梯底板上划主筋和分布筋的位置线；钢筋的弯钩应全部向内，不准踩在钢筋骨架上进行绑扎；根据设计图纸中主筋和分布筋的方向，先绑扎主筋后绑扎分布筋，每个交点均应绑扎，有楼梯梁时，先绑扎梁后绑扎板筋，板筋要锚固到梁内；低板钢筋绑扎完，待踏步模板支好，再绑扎踏步钢筋；主筋接头数量和位置均应符合设计要求和施工质量验收规范的规定。

31. 简述梁钢筋绑扎的工艺要点。

答：核对图纸，严格按施工方案组织绑扎。在梁的侧模板上画出箍筋间距，摆放箍筋。先穿主梁的下部纵向受力钢筋及弯起钢筋，将箍筋按已画好的间距逐个分开。穿次梁的下部纵向受力钢筋及弯起钢筋，并套好箍筋。放主次梁的架立筋；隔一定间距将架立筋与箍筋绑扎牢固；按设计要求调整箍筋间距，绑架立筋，再绑主筋，初次梁同时进行。框架梁上部纵向钢筋应贯穿中间的节点，梁下部纵向钢筋伸入中间节点锚固长度及伸过中心线的长度要符合设计要求。框架梁纵向钢筋在端节点内的锚固长度也要符合设计要求。梁上部纵向钢筋与箍筋，宜采用套扣法绑扎。梁的高度较小时，梁的钢筋架空在梁顶上绑扎，然后再落位；梁的高度较大时，梁的钢筋宜在梁底模上绑扎，其两侧或一侧模板后安装。梁板钢筋绑扎时应防止水电管线将钢筋抬起或压下。板、次梁、主梁交叉处，板的钢筋在上，次梁的钢筋居中，主梁的钢筋在下；当有圈梁或垫梁与主梁连接时，主梁的钢筋在上。框架节点处钢筋穿插密集时，应保证梁顶面主筋间的净距要有30mm，以便混凝土浇筑。箍筋在叠合处的弯钩，在梁中应交错绑扎，箍筋弯钩为135°时，平直部分长度为10d，若为封闭箍筋时，单面焊缝长度为5d。梁端第一个箍筋应设置在距离柱节点边缘50mm 处。梁端与柱交接处箍筋应加密，其间距与加密区长度均要符合设计要求。在主、次梁受力筋下均应垫垫块，保证保护层厚度。受力筋为双排时，可用短钢筋垫在两层钢筋之间，钢筋排距应符合设计要求。

32. 钢筋焊接时应符合哪些要求。

答：钢筋焊接时，应根据钢筋牌号、直径、接头形式或焊接位置，选择焊条、焊接工艺和焊接参数。焊接时，引弧应在垫板、帮条或形成焊缝的部位进行，不得烧伤主筋。焊接地线与钢筋应接触紧密。焊接过程中应及时清渣，焊缝表面应光滑，焊缝余高应平缓过渡，弧坑应填满。

33. 施工缝处继续浇筑混凝土有哪些规定？

答：已浇筑的混凝土抗压强度不应小于 $1.2N/mm^2$。在已硬化的混凝土表面，应清除杂物，松软混凝土，并润湿，不得积水。在继续浇筑混凝土前，施工缝处先铺一层水泥浆或与原混凝土内成分相同的水泥砂浆。混凝土应捣密实，使新旧混凝土紧密结合。

34. 如何防止先张法预应力混凝土构件制作时钢丝滑动？

答：保持钢丝表面洁净，严防油污，冷拔钢丝在使用前可进行4h汽蒸或水煮，温度保持在90℃以上。采用废机油时，必须待台面上的油稍干后，洒上滑石粉才能铺放钢丝，并用一木条将钢丝与台面隔开。混凝土必须振捣密实；防止踩踏、敲击刚浇捣好混凝土的构件两端的外露钢丝。预应力筋的放松一般应在混凝土达到设计强度的75%以上时进行（叠层生产的构件，则应待最后一层构件混凝土达到设计强度的70%以后）。放松时，最好先试剪1~2根预应力钢。如无滑动现象，再继续进行，并尽量保持平衡对称，以防产生裂缝和薄壁构件翘曲。光面碳素钢丝强度高，与混凝土黏结力差，一般在使用前应进行刻痕加工，以增强钢丝与混凝土的黏结力，提高钢丝抗滑能力。

35. 预应力钢筋的存放应满足什么要求？

答：成盘卷的预应力钢筋宜在出厂前加防潮纸、麻布等材料进行包装；装卸无轴包装的钢绞线、钢丝时，宜采用C形钩或三根吊索，也可采用叉车，每次吊运一件，避免碰撞；在室外存放时，不得直接堆放在地面上，必须采取垫枕木并用苫布覆盖等有效措施，防止雨露和各种腐蚀性气体、介质的影响；长期存放应设置仓库，仓库应干燥、防潮、通风良好、无腐蚀气体和介质；储存时间过长，宜用乳化防锈剂喷涂预应力筋表面。

36. 简述预应力混凝土结构后张法施工的特点及操作程序。

答：特点：直接在构件上张拉预应力钢筋，构件在张拉预应力钢筋过程中，完成混凝土的弹性压缩，因此，混凝土的弹性压缩不直接影响预应力筋有效预应力值的建立。后张法适宜于在施工现场制作大型构件。以避免大型构件长途运输的麻烦。后张法除作为一种预加应力的工艺方法外，还可作为一种预制构件的拼装手段。大型构件可以预制成小型块体，运至施工现场后，通过预加应力的手段，拼装成整体预应力结构。但后张法预应力的传递主要是依靠应力筋两端的锚具，锚具作为预应力筋的组成部分，永远留在构件上，不能重复使用，这样，不仅需要多耗钢材，而且锚具加工要求高，费用较昂贵，加上后张法工艺本身要预留孔道穿筋、灌浆等工序，故施工工艺比较复杂，成本也比较高。

操作程序：预应力筋操作→张拉机具准备及检验→混凝土构件制作→张拉伸长值的校验→预应力筋的锚固→张拉及孔道灌浆。

37. 简述先张法预应力筋的张放顺序。

答：对配筋不多的预应力钢丝混凝土构件，预应力钢丝放张可用剪切、割断和熔断的方法逐根放张，并应自中间向两侧进行。对配筋较多的预应力钢丝混凝土构件，预应力钢丝放张应同时进行，不得采用逐根放张的方法，以防止最后的预应力钢丝因应力增加过大而断裂或使构件端部开裂。

对预应力钢筋混凝土构件，预应力钢筋放张应缓慢进行。预应力钢筋数量较少，可逐根放张；预应力钢筋数量较多，则应同时放张，对于轴心受压的预应力混凝土构件，预应力筋应同时放张。对于偏心受压的预应力混凝土构件，应同时放张预压应力较小区域的预应力筋，再同时放张预压应力较大区域的预应力筋。

如果轴心受压的或偏心受压的预应力混凝土构件，不能按上述规定进行预应力筋放张，则应采用分阶段、对称、相互交错的放张方法，以防止在放张过程中，预应力混凝土构件发生翘曲，出现裂缝和预应力筋断裂等现象。

采用湿热养护的预应力混凝土构件宜热态放张，不宜降温后放张。

38. 预应力钢筋的张拉设备的标定期限为多长？发生什么情况时，需要对张拉设备重新进行标定？

答：预应力钢筋的张拉设备的标定期限不宜超过半年。当发生以下情况之一时，应对张拉设备重新标定：（1）千斤顶经过拆卸修理。（2）千斤顶久置后重新使用。（3）压力表受过碰撞或出现失灵现象。（4）更换压力表。（5）张拉中预应力钢筋发生多根破断事故或张拉伸长值误差较大。

39. 后张法预应力钢筋张拉时，对混凝土的张拉强度有哪些规定？

答：张拉时构件或结构的混凝土强度应符合设计要求，当设计无具体要求时，不应低于设计强度标准值的75%。以确保在张拉过程中，混凝土不至于受压而破坏。块体拼装的预应力构件，立缝处混凝土或砂浆强度如设计无规定时，不应低于块体混凝土设计强度等级的40%，且不得低于15MPa，以防止在张拉预应力钢筋时，压裂混凝土块体或使混凝土产生过大的弹性压缩。

40. 简述预应力混凝土构件发生严重翘曲的原因。

答：预应力钢筋位置不准确，保护层厚度不一致；台面或钢模板不平整；各根预应力钢筋所建立的张拉应力不一致，放张后对构件产生偏心荷载；混凝土质量低劣。

41. 钢筋的连接应符合哪些要求？

答：受力钢筋的接头宜设置在受力较小处。接头末端至钢筋弯起点的距离不应小于钢筋直径的10倍；若采用绑扎搭接接头，则接头相邻纵向受力钢筋的绑扎接头宜相互错开，钢筋绑扎接头连接区段的长度为1.3倍搭接长度。凡搭接接头中点位于该区段的搭接接头均属于同一连接区段。位于同一区段内的受拉钢筋搭接接头面积百分率为25%；当钢筋的直径大于16mm时，不宜采用绑扎接头；纵向受力钢筋采用机械连接接头或焊接接头时，连接区段内，纵向受力钢筋的接头面积的百分率应符合设计规定，当设计无规定时，应符合下列规定：在受拉区不宜大于50%；直接承受动力荷载的基础中，不宜采用焊接接头；当采用机械接头时，不应大于50%。

42. 简述对于钢筋绑扎应进行哪些检查?

答：对照设计图纸检查钢筋的钢号、直径、根数、间距、位置是否正确，应特别注意副筋的位置；检查钢筋的接头位置和搭接长度是否符合规定；检查钢筋是否绑扎牢固，有无松动变形现象；钢筋表面不允许有油渍、漆污和片状铁锈；检查混凝土保护层的厚度是否符合规定；安装钢筋的允许偏差不得大于规范要求。

43. 简述柱子钢筋绑扎的工艺要求。

答：（1）套柱的箍筋。按图纸要求间距，计算好每根柱箍筋数量，先将箍筋套在下层伸出的搭接钢筋上，然后立柱子钢筋，在搭接长度内，绑扣不少于3个，绑扣要向柱中心。如果柱子主筋采用光圆钢筋搭接时，角部弯钩应与模板成45°，中间钢筋的弯钩应与模板成90°角。（2）搭接绑扎竖向受力钢筋。柱子主筋立起后，绑扎接头的搭接长度、接头面积百分率应符合设计要求。（3）画箍筋间距线。在立好的柱子竖向钢筋上，按图纸要求用粉笔划箍筋间距线。（4）柱规矩绑扎。按已画好的箍筋位置线，将已套好的箍筋往上移动，由上往下绑扎，宜采用缠扣绑扎；箍筋与主筋要垂直，箍筋转角处与主筋交点均要绑扎，主筋与箍筋非转角部分的相交叉点采用梅花交错绑扎；箍筋的弯钩叠合处应沿柱子竖筋交错布置，并绑扎牢固；有抗震要求的地区，柱箍筋端头应弯成135°，平直部分长度不小于10d（箍筋直径）；如箍筋采用90°搭接，搭接处应焊接，单面焊缝长度不小于10d；柱基、柱顶、梁柱交接处箍筋间距符合设计图纸要求；如设计要求箍筋设拉筋时，拉筋应钩住箍筋；柱筋保护层厚度应符合规范要求，主筋外皮为25mm，垫块应绑在柱竖筋外皮上，间距一般为1000mm，以保证主筋保护层厚度准确。当柱截面尺寸有变化时，柱应在板内弯折，弯后的尺寸要符合设计要求。

44. 简述钢筋焊接的规定。

答：电渣压力焊适用于柱、墙、构筑物等现浇混凝土结构中竖向受力钢筋的连接；不得在竖向焊接后横置于梁、板等构件中做水平钢筋用；在工程开工正式焊接之前，参与该项施焊的焊工应进行现场条件下的焊接工艺试验，并经试验合格后，方可正式生产。试验结果应符合质量检验与验收时的要求。钢筋焊接施工之前，应清除钢筋、钢板焊接部位以及钢筋与电极接触处表面上的锈斑、油污、杂物等；钢筋端部当有弯折、扭曲时，应予以矫直或切除；带肋钢筋进行闪光对焊、电弧焊、电渣压力焊和气压焊时，宜将纵肋对纵肋安放和焊接；当采用低氢型碱性焊条时，应按使用说明书的要求烘焙，且宜放入保温筒内保温使用；酸性焊条若在运输或存放中受潮，使用前亦应烘焙后方能使用；焊剂应存放在干燥的库房内，当受潮时，在使用前应经250～300℃烘焙2h。使用中回收的焊剂应清除熔渣和杂物，并应与新焊剂混合均匀后使用。

45. 简述各种钢筋焊接的方法。

答：钢筋电弧焊：以焊条作为一极，钢筋为另一极，利用焊接电流通过产生的电弧热进行焊接的一种熔焊方法。

钢筋电阻点焊：将钢筋安放成交叉叠接形式，压紧两级之间，利用电阻热熔化母材金属，加压形成焊点的一种压焊方法。

钢筋闪光对焊：将两钢筋安放成对接形式，利用电阻热使接触点金属熔化，产生强烈飞溅、形成闪光，迅速施加顶锻力完成的一种压焊方法。

钢筋电渣压力焊：将两钢筋安放成竖向对接形式，利用焊接电流通过两钢筋端面间隙，在焊剂层下形成电弧过程和电渣过程，产生电弧热和电阻热，熔化钢筋，加压完成的一种压焊方法。

钢筋气压焊：采用氧乙炔火焰或其他火焰对两钢筋对接处加热，使其达到塑性状态或熔化状态后，加压完成一种压焊方法。

46. 简述钢筋电渣压力焊接的质量检验要求。

答：电渣压力焊接头的质量检验，应分批进行外观检查和力学性能检验，并按下列规定作为一个检验批：在现浇钢筋混凝土结构中，应以 300 个同牌号钢筋接头作为一批；在房屋结构中，应以在不超过两个楼层中 300 个同牌号钢筋接头作为一批；当不足 300 个接头时，仍应作为一批。每批随机切取 3 个接头做拉伸试验。

电渣压力焊接头外观检查结果应符合下列要求：四周焊包凸出钢筋表面的高度不得小于 4mm。钢筋与电极接触处，应无烧伤缺陷。接头处的弯折角不得大于 3°。接头处的轴线偏移不得大于钢筋直径的 0.1 倍，且不得大于 2mm。

47. 钢筋进行焊接前应进行化学成分分析，其应符合哪些规定？

答：钢筋化学成分符合下列规定时，可采用电弧焊或闪光焊接触对焊：含碳量≤0.3%、碳当量≤0.55%、含硫量≤0.05%、含磷量≤0.05%。

48. 帮条电弧焊或搭接电弧焊时，钢筋的装配和焊接应符合哪些要求？

答：帮条焊时，两主筋端面的间隙应为 2～5mm；搭接焊时焊接端钢筋应预弯，并应使两钢筋的轴线在同一直线；帮条焊时，帮条与主筋之间应用四点定位焊固定；搭接焊时，应用两点固定；定位焊缝与帮条端部或搭接端部的距离宜大于或等于

20mm；焊接时，应在帮条焊或搭接焊形成焊缝中引弧；在端头收弧前应填满弧坑，并应使主焊缝与定位焊缝的始端和终端熔合。

49. 简述钢筋锥螺纹套筒的连接方法。

答：锥螺纹钢筋接头是利用锥形螺纹能承受轴向力和水平力以及密封性能较好的原理，依靠机械力将钢筋连接在一起。操作时，先用专用套丝机将钢筋的待连接端加工成锥形外螺纹；然后，通过带锥形内螺纹的钢连接套筒将两根待连接钢筋连接；最后利用力矩扳手按规定的力矩值使钢筋和连接钢套筒拧紧在一起。这种接头工艺简便，能在施工现场连接直径16～40mm的热轧HRB400级同径和异径的竖向或水平钢筋，且不受钢筋是否带肋和含碳量的限制。它适用一、二级抗震等级设施的工业和民用建筑钢筋混凝土结构的热轧HRB400级钢筋的连接施工，但不得用于预应力钢筋的连接。对于直接承受动荷载的结构构件，其接头还应满足抗疲劳性能等设计要求。锥螺纹连接套筒的材料宜采用45号优质碳素结构钢或其他经试验确认符合要求的钢材制成，其抗拉承载力不应小于被连接钢筋受拉承载力标准的1.10倍。

50. 简述钢筋电渣压力焊的工艺要点。

答：焊接夹具的上下钳口应夹紧于上、下钢筋上；钢筋一经夹紧，不得晃动；引弧可采用直接引弧法与钢丝圈引弧法；引燃电弧后，应先进行电弧过程，然后，加快上钢筋下送速度，使钢筋端面与液态渣池接触，转变为电渣过程，最后在断电的同时，迅速下压上钢筋，挤出熔化金属和熔渣；接头焊毕，应稍作停歇，然后方可回收焊剂和卸下焊接夹具；敲去渣壳后，四周焊包凸出钢筋表面的高度不得小于4mm；在焊接生产中焊工应进行自检，当发现偏心、弯折、烧伤等焊接缺陷时，应查找原因和采取措施，并及时消除。

51. 简述在特殊环境下钢筋焊接的要求。

答：（1）在环境温度低于－5℃条件下施焊时，焊接工艺应符合下列要求：闪光对焊时，宜采用预热闪光焊或闪光—预热焊；可增加调伸长度，采用较低变压器级数，增加预热次数和间歇时间；电弧焊时，宜增大焊接电流，减低焊接速度；电弧帮条焊或搭接焊时，第一层焊缝应从中间引弧，向两端施焊；以后各层控温施焊，层间温度控制在150～350℃之间。多层施焊时，可采用回火焊道施焊；当环境低于－20℃时，不宜进行各种焊接。

（2）雨天、雪天不宜在现场进行施焊；必须施焊时，应采取有效的遮蔽措施。焊后未冷却接头不得碰到冰雪。

（3）在现场进行闪光对焊或电弧焊，当风速超过7.9m/s时，应采取挡风措施。进行气压焊，当风速超过5.4m/s时，应采取挡风措施。

52. 简述钢筋除锈的方法及要点。

答：钢筋除锈的方法：手工除锈、钢筋冷拉或钢丝调直过程中除锈、机械方法除锈、喷砂或酸洗除锈等。

对大量的钢筋除锈，可通过钢筋冷拉或钢筋调直过程中完成；少量的钢筋除锈可采用电动除锈机或喷砂的方法；钢筋局部除锈可采用人工用钢丝刷或砂轮等方法进行。亦可将钢筋通过砂箱往返搓动除锈。电动除锈的圆盘钢丝刷有成品供应直径20～30cm，厚5～15cm，转速1000r/min，电动机功率为1.0～1.5kW。如除锈后钢筋表面有严重的麻坑、斑点等已伤蚀截面时，应降级使用或剔除不用，带有蜂窝状的锈迹的钢丝不得使用。

53. 简述钢筋切断操作时的注意事项。

答：钢筋切断应合理统筹配料，将相同规格钢筋根据不同长短搭配，统筹排料；一般先断长料，后断短料，以减少短头、接头和损耗。避免用短尺量长料，以免产生累积误差；切断操作时，应在工作台上标出尺寸刻度并设置控制断料尺寸用的挡板。向切断机送料时，应将钢筋摆直，避免完成弧形，操作者应将钢筋握紧，并应在冲动刀片向后退时送进钢筋；切断长

300mm以下钢筋时，应将钢筋套在钢管内送料，防止发生事故。操作中，如发现钢筋硬度异常与钢筋级别不相称时，应考虑对该批钢筋进一步检验；热处理预应力钢筋切料时，只允许用切断机或氧乙炔割断，不得用电弧切割。另外切断后的钢筋断口不得有马蹄形或起弯等现象；钢筋长度偏差不应大于±10mm。

54. 简述钢筋切断机安全操作技术要求。

答：接送料工作台面应与切刀下部保持水平，工作台的长度可根据加工材料的长度决定。启动前必须检查切刀，刀体上应该没有裂纹；还要检查刀架螺栓是否已紧固，防护罩是否牢靠。然后用手盘动带轮，检查齿轮契合情况，调整切刀间隙。启动后要先孔运转，检查各传动部分及轴承，确认运转正常后方可作业。机械未达到正常转速时不得切料。切料时必须使用切刀的中下部位，紧握钢筋对准刃口迅速送入。不得剪切直径及强度超过机械铭牌规定的钢筋，也不得剪切烧红的钢筋。一次切断多根钢筋时，钢筋的总截面积应在规定的范围内。在切断强度较高的低合金钢钢筋时，应换用高硬度切刀。一次切断的钢筋根数随直径大小不同，应符合机械铭牌的规定。切断短料时，手与切刀之间的距离应保持在150mm以上，如手握端小于400mm时，应使用套管或夹具将钢筋短头压住或夹牢。运转中，严禁用手直接清除切刀附近的断头或杂物。在钢筋摆动周围和切刀附近，非工作人员不得停留。发现机械运转不正常，有异响或切刀歪斜情况发生，应立即停机检修。作业后要用钢刷清除切刀间的杂物，进行整机清洁保养。

55. 简述钢筋弯曲成型的施工工艺。

答：手工弯曲直径12mm以下细筋可用手摇扳子，弯曲粗钢筋可用铁板扳柱和横口扳手；弯曲粗钢筋及形状比较复杂的钢筋时，必须在钢筋弯曲前，根据钢筋料牌上标明的尺寸，用石笔将各弯曲点位置划出。画线时应根据不同的弯曲角度扣除弯曲调直值，其扣法是从相邻两段长度中各扣一半。钢筋端部带半圆弯钩时，该段长度画线时增加0.5d（钢筋直径）。画线工作宜在工作台上从钢筋中线开始向两边进行，不宜用短尺接量，以免产生累积误差。弯曲细钢筋时，可以不画线，而在工作台上按各段尺寸要求，钉上若干标志，按标志进行操作；钢筋在弯曲机上成型时，芯轴直径应为钢筋直径的2.5倍，成型轴宜加偏心轴套，以适应不同直径的钢筋弯曲需要；第一根钢筋弯曲成型后应与配料表进行复核，符合要求后再成批加工；对于复杂的弯曲钢筋，如预制柱牛腿、屋架节点等宜先弯一根，经过试组装后，方可成批弯制；成型后的钢筋要求形状正确，平面上没有凹曲现象，在弯曲处不得有裂纹；曲线形钢筋成型，可在原钢筋弯曲机的工作盘中央，加装一个推进钢筋的十字架和钢套，另在工作盘四个孔内插上顶弯钢筋用的短轴与成型钢套和中央钢套相切，在插座板上加工挡轴圆套，插座板上挡轴钢套尺寸可根据钢筋曲线形状选用；螺旋形钢筋成型，小直径可用手摇滚筒成型，较粗钢筋可在钢筋弯曲机的工作盘上安设一个型钢制成的加工圆盘，圆盘外直径相当于需加工螺栓钢筋的内径，插孔相当于弯曲机板柱间距，使用时将钢筋一端固定，即可按一般钢筋弯曲加工方法弯成所需螺旋形钢筋。

56. 如何进行冷拉操作。

答：对钢筋的炉号、原材料的质量进行检查，不同炉号的钢筋分别进行冷拉，不得混杂。冷拉前，应对设备特别是测力计进行校验和复核，并做好记录，以确保冷拉质量。钢筋应先拉直，约为冷拉应力的10%，然后量其长度再进行冷拉。冷拉时，为使钢筋变形充分发展，冷拉速度不宜快，一般为0.5～1m/min为宜，当达到规定的控制应力后，须稍停1～2min，待钢筋变形充分发展后，再放松钢筋，冷拉结束。钢筋在负温下进行冷拉时，其温度不宜低于-20℃，如采用控制应力方法时，冷拉控制应力应较常温提高30MPa/m；采用控制冷拉率方法时，冷拉率与常温相同。钢筋伸长的起点应以钢筋发生初应力时为准。如无仪表观测时，可观测钢筋表面的浮锈或氧化皮，以开水剥落时计起。预应力钢筋应先对焊后冷拉，以免后焊因高温而使冷拉后的强度降低。如焊接接头被拉断，可切除该焊区，总长约为200～300mm，重新焊接后再冷拉，但一般不超过两次；钢筋时效可采用自然时效，冷拉后宜在常温下放置一段时间后使用。钢筋冷拉后应防止经常雨淋、水湿，因钢筋冷拉后性质尚未稳定，遇水易变脆，且易生锈。

57. 如何进行冷拔操作。

答：冷拔前应对原材料进行必要的检验。对钢号不明或无出厂证明的钢材，应取样检验。遇截面不规则的扁圆、带刺、过硬、潮湿的钢筋，不得用于拔制，以免损坏拔丝模和影响质量。钢筋冷拔前必须经扎头和除锈处理。除锈装置可以利用拔丝机卷筒和盘条转架，其中设3～6个单向错开或上下交错排列的带槽剥壳轮，钢筋经上、下左右反复弯曲，即可除锈。亦可使用钢筋直径级别相同的废拔丝模以机械方法除锈。为方便钢筋穿过拔丝模，钢筋头要轧细一段，轧压至直径比拔丝模孔小0.5～0.8mm，以便顺利穿过模孔。为减少轧头次数，可用对焊方法将钢筋连接，但应将焊缝处的凸缝用砂轮锉平磨滑，以保护设备及拔丝模。在操作前，应按常规对设备进行检查，并空载运转一次。安装拔丝模时，要分清正反面，安装后应将固定螺栓拧紧。为减少拔丝力和拔丝模孔损耗，抽拔时须涂以润滑剂，一般在拔丝模前安装一个润滑盒，使钢筋黏附润滑剂进入拔丝模。冷拔速度宜控制在0.2～0.3m/s。钢筋连拔不宜超过三次，如需再拔，应对钢筋消除内应力，采用低温退火处理使钢筋变软。加热后取出埋入砂中，使其缓冷，冷却速度应控制在150℃/h以内。拔丝的成品，应随时检查砂孔、沟痕、夹皮等缺陷，以便随时更换拔丝模或调整转速。

3.5 计算题

1. 有一根25m跨度的钢丝束预应力屋架，下弦配2束钢丝束，每束有18根$\phi^{P}5$碳素钢丝，采用钢质锥形锚具锚固，TD-60

型锥锚式千斤顶一端张拉。屋架孔道长度 $l=24.8\text{m}$。试计算每根钢丝的下料长度。

【解】 已知 $l_8=50\text{mm}$，$l_5=640\text{mm}$，$b=25\text{mm}$，$c=50\text{mm}$，由公式可得：

$$L=l+l_5+2l_s+2b+c+50$$
$$=24800+640+2\times50+2\times25+50+50$$
$$=25690\text{mm}$$
$$=25.69\text{m}$$

答：每根钢丝的下料长度为25.69mm。

2. 24m跨度的预应力折线形屋架，配4根冷拉RRB400 $\Phi^R 25$ 钢筋，两端用螺丝端杆锚具，采用60t拉伸机张拉，构件孔道长23.8m，试计算钢筋下料长度。

【解】 已知 $l=23800\text{mm}$，$b=25\text{mm}$，$h=45\text{mm}$，$l_7=320\text{mm}$，由公式可得：

$$L_0=l+2b+2h-2l_7+(30\sim50)$$
$$=23800+2\times25+2\times45-2\times320+50$$
$$=23350\text{mm}$$

由试验知 $r=3\%$，$\delta=0.3\%$，$n_1=2$，$l_1=25\text{mm}$，则

$$L=[L_0/(1+r-\delta)]+n_1l_1$$
$$=[23350\div(1+0.03-0.003)]+2\times25$$
$$=22786\text{mm}$$
$$=22.786\text{m}$$

答：钢筋下料长度为22.786mm。

3. 住宅楼多孔板 ϕ^P4 消除应力钢丝，单根钢丝截面积 $A_y=12.6\text{mm}^2$，已知其抗拉强度标准值 $f_{tpk}=1770\text{N/mm}^2$，张拉程序为 $0\rightarrow103\%\sigma_{con}$，试计算确定单根钢丝的张拉力。

【解】 张拉应力 σ_{con} 允许值为 $0.75f_{tpk}$，则其张拉应力为：

$$N=0.75f_{ptk}\times103\%\times A_y$$
$$=0.75\times1770\times1.03\times12.6$$
$$=17228\text{N}$$

$=17.23\mathrm{kN}$

答：单根钢丝的张拉力为 17.23kN。

4. 某建筑物第一层楼共有 5 根 L1 梁，梁的钢筋如图 3.5-4 题图所示，要求按图计算各钢筋下料长度并编制钢筋配料单。

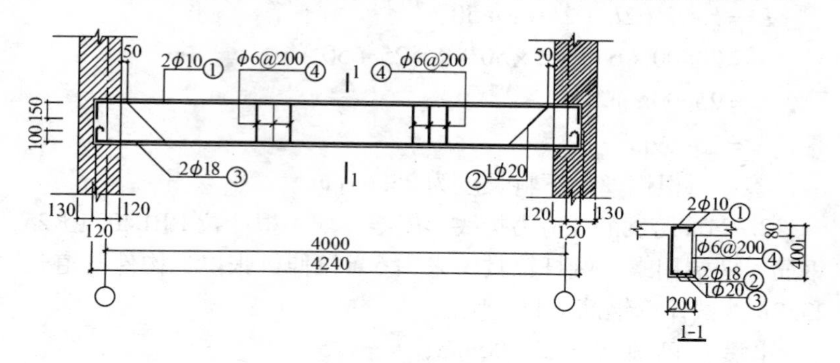

图 3.5-4 题图

【解】L1 梁各种钢筋下料长度计算如下：保护层厚度 25mm。

①号钢筋下料长度 $=(4240-2\times25)+2\times6.25\times10$

$=4135\mathrm{mm}$

②号钢筋下料长度可分段计算

端部平直长 $=240+50-25=265\mathrm{mm}$

斜段长 =（梁高 −2 倍保护层厚度）×1.41

$=(400-2\times25)\times1.41$

$=494\mathrm{mm}$

中间直线段长 $=4240-2\times25-2\times265-2\times350=2960\mathrm{mm}$

HRB335 钢筋末端无弯钩。钢筋下料长度为：

$2\times(150+265+494)+2960-4\times0.5d_0-2\times2d_0=4658\mathrm{mm}$

③号钢筋下料长度 $=4240-2\times25+2\times100+2\times6.25d_0-2\times2d_0$

$=4190+200+225-72$

$=4543\mathrm{mm}$

④号箍筋：按外包尺寸计算：

宽度 $=200-2\times25+2\times6=162\text{mm}$

高度 $=400-2\times25=2\times6=362\text{mm}$

④号箍筋下料长度 $=2\times(162+362)+100-3\times2d_0$

$=1112\text{mm}$

箍筋数量 =（构件长度 − 两端保护层）/箍筋间距 +1

$=(4240-2\times25)/200+1$

$=4190/200+1$

$=21.95$，取 22 根。

计算结果汇总于表 3.5-6：

钢筋配料单 表 3.5-6

项次	构件名称	钢筋编号	简图	直径（mm）	钢号	下料长度（mm）	单位根数	合计根数
1	L1 梁计 5 根	（1）	 4190	10	Φ	4315	2	10
2		（2）	 265 494 2960 494 265 150	20	Φ	4658	1	5
3		（3）	 100 4190 100	18	Φ	4543	2	10
4		（4）	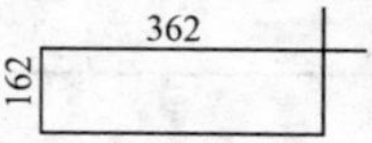 362 162	6	φ	1108	22	110

答：略。

3.6 实际操作题

1. 钢筋混凝土肋形楼板的钢筋绑扎

见表 3.6-1 所示。

考核项目及评分标准　　表 3.6-1

序号	考核项目	评分标准	满分	检测点					得分
				1	2	3	4	5	
1	受力钢筋间距	±10mm	10						
2	受力钢筋排距	±5mm	10						
3	箍筋构造筋绑扎	±20mm	10						
4	保护层	±3mm	10						
5	钢筋绑扎其他项目		10						
6	工艺符合操作规范	错误无分，局部错误扣5~10分	20						
7	文明施工	工完场清满分，不文明扣3~5分	10						
8	安全施工	重大事故不合格，不文明扣3~5分	10						
9	工效	根据项目，按照劳动定额进行，低于定额90%本项无分，在90%~100%之间酌情扣分，超过定额酌情加1~3分	10						

2. 钢筋混凝土组合柱的钢筋绑扎

见表 3.6-2 所示。

考核项目及评分标准　　表 3.6-2

序号	考核项目	评分标准	满分	检测点					得分
				1	2	3	4	5	
1	长、宽	±10mm	10						
2	高	±5mm	10						

续表

序号	考核项目	评分标准	满分	检测点					得分
				1	2	3	4	5	
3	主筋间距	±10mm	10						
4	保护层	±20mm	10						
5	配筋保护层	3mm	10						
6	工艺符合操作规范	错误无分，局部错误扣5~10分	20						
7	文明施工	工完场清满分，不文明扣3~5分	10						
8	安全施工	重大事故不合格，不文明扣3~5分	10						
9	工效	根据项目，按照劳动定额进行，低于定额90%本项无分，在90%~100%之间酌情扣分，超过定额酌情加1~3分	10						

3. 大模板墙体钢筋绑扎

见表3.6-3所示。

考核项目及评分标准　　表3.6-3

序号	考核项目	评分标准	满分	检测点					得分
				1	2	3	4	5	
1	受力钢筋间距	±10mm	10						
2	受力钢筋排距	±5mm	10						
3	箍筋构造筋绑扎	±20mm	10						
4	保护层	±3mm	10						
5	钢筋绑扎其他项目		10						

续表

序号	考核项目	评分标准	满分	检测点					得分
				1	2	3	4	5	
6	工艺符合操作规范	错误无分，局部错误扣5～10分	20						
7	文明施工	工完场清满分，不文明扣3～5分	10						
8	安全施工	重大事故不合格，不文明扣3～5分	10						
9	工效	根据项目，按照劳动定额进行，低于定额90%本项无分，在90%～100%之间酌情扣分，超过定额酌情加1～3分	10						

4. 基础钢筋绑扎

见表3.6-4所示。

考核项目及评分标准 **表3.6-4**

序号	考核项目	评分标准	满分	检测点					得分
				1	2	3	4	5	
1	受力钢筋间距	±10mm	10						
2	受力钢筋排距	±5mm	10						
3	构造筋绑扎	±20mm	10						
4	保护层	±3mm	10						
5	钢筋绑扎其他项目		10						
6	工艺符合操作规范	错误无分，局部错误扣5～10分	20						

续表

序号	考核项目	评分标准	满分	检测点					得分
				1	2	3	4	5	
7	文明施工	工完场清满分，不文明扣3~5分	10						
8	安全施工	重大事故不合格，不文明扣3~5分	10						
9	工效	根据项目，按照劳动定额进行，低于定额90%本项无分，在90%~100%之间酌情扣分，超过定额酌情加1~3分	10